本文集出版受

江苏高校优势学科建设工程资助项目（苏财教〔2011〕8 号）（PAPD）的资助

Advances in Ecological Research

——Proceedings of Symposium on Professor Wang Zhaoqian's
Academic Thought of Agroecology

李萍萍◎主编

生态学研究进展

——王兆骞教授农业生态学学术思想研讨会文集

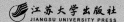

江苏大学出版社
JIANGSU UNIVERSITY PRESS

图书在版编目(CIP)数据

生态学研究进展：王兆骞教授农业生态学学术思想
研讨会文集/李萍萍主编. —镇江：江苏大学出版社，
2011.7
ISBN 978-7-81130-239-4

Ⅰ.①生… Ⅱ.①李… Ⅲ.①农业生态学－文集
Ⅳ.①S181-53

中国版本图书馆 CIP 数据核字(2011)第 140054 号

生态学研究进展：王兆骞教授农业生态学学术思想研讨会文集

主　　编/李萍萍
责任编辑/吴小娟　李经晶　吴昌兴
出版发行/江苏大学出版社
地　　址/江苏省镇江市梦溪园巷 30 号(邮编：212003)
电　　话/0511-84440890
传　　真/0511-84446464
排　　版/镇江文苑制版印刷有限责任公司
印　　刷/丹阳市兴华印刷厂
经　　销/江苏省新华书店
开　　本/718 mm×1 000 mm　1/16
印　　张/16.25
字　　数/292 千字
版　　次/2011 年 7 月第 1 版　2011 年 7 月第 1 次印刷
书　　号/ISBN 978-7-81130-239-4
定　　价/36.00 元

如有印装质量问题请与本社发行部联系(电话：0511-84440882)

※ 王兆骞教授 1992 年在联合国联农组织（FAO）总部

※ 王兆骞教授（前排中间）农业生态学学术思想研讨会与会代表合影（2010 年在杭州）

※ 王兆骞教授（前排右三）被选为浙江省生态学会第一届理事会理事长（1995 年）

※ 王兆骞名誉理事长（前排右五）参加浙江省生态学会三届九次理事会议（2009 年）

※ 王兆骞教授（前排左六）在浙江省生态学会第二届青年学术年会上（2004 年）

※ 王兆骞教授（左）和玉米专家李竞雄院士合影（1991年国庆在曼谷）

※ 1995年农业部洪绂曾副部长（左二）应SARP邀请参加在曼谷举行的国际农业模拟学术大会时和王兆骞教授（右二）合影

※ 王兆骞教授（右一）陪同原农垦部部长、农业部顾问边疆（中）访问德清干山科研基地，与农民讨论生态农业（1986 年）

※ 王兆骞教授（后排右四）参加在曼谷召开的 CGIAR 专家会议（1991 年）

※ 王兆骞教授（前排中间）组织中国生态农业和集约农作制度国际培训班（1997 年在杭州）

SARP Steering Committee Meeting

8 - 9 March 1993

The International Rice Research Institute

First row: Prof. Wang Zhaoqian (ZAU), Dr. F. A. Bernardo (IRRI), Dr. K. A. Gomez (IRRI), Dr. I. Manwan (CRIFC), Dr. S. Jayaraj (TNAU), **Second row:** Dr. M. J. Kropff (IRRI), Dr. wan Sulaiman wan Harun (UPM), Dr. T. N. Chaudhary (ICAR), Dr.P. S. Teng (IRRI) and Dr. HFM ten Berge (CABO)

※ 王兆骞教授（前排左一）和 SARP 指导委员会成员合影（1993 年）

※ 王兆骞教授（第二排中间）参加利用湿地生产水稻非洲国际大会（1985 年在尼日利亚）

※ 王兆骞教授（右一）作为世界银行聘请的专家评估团成员参加项目评估（1998 年）

※ 王兆骞教授（中）在国际农业专家咨询会议上（1988 年）

※ 王兆骞教授（右一）与国际水稻研究所原所长斯瓦米纳森博士合影（1989 年）

※ 王兆骞教授（左一）与国际水稻研究所原所长罗斯柴尔德先生合影（1987 年）

※ 王兆骞、沈惠聪教授伉俪在舟山海边（2009 年）

※ 王兆骞、沈惠聪教授伉俪在天目山（2000 年）

编者的话

（代序）

　　我国的农业生态学科是与国家的改革开放同时起步的。30 多年来,学科从无到有,从小到大,取得了快速的发展。农业生态学的研究方法从定性发展到了以定量研究为主;研究的对象从农户、村、农田、林地等微观和中观的生态系统发展到生态市、生态省等区域生态系统,乃至生物圈等宏观生态系统;研究的内容从单纯的能量流、物质流发展到应对全球气候变化、建立低碳生态系统、循环农业和生态农业等与现代社会经济发展直接相关联的综合性研究,尤其是生态农业已成为农业可持续发展的一条重要战略途径,成为各地生态文明建设的重要内容。在农业生态学科的发展壮大过程中,一批老一辈的农业生态学工作者为之作出了不懈努力,付出了辛勤劳动,取得了卓著成果,王兆骞教授就是其中杰出的一位。

　　王兆骞教授 1950 年毕业于上海市立育才中学,并于同年考入浙江大学农学院,毕业后留校(院系调整后改为浙江农业大学)任教,在农业科学事业上辛勤耕耘了整整 50 年,直到 2003 年退休。王教授 50 年的教学科研生涯正好分成有机联系的两段,前 25 年主要从事水稻栽培和耕作制度的研究,所发明的水稻"两段育秧法"荣获 1978 年首届全国科学大会优秀科技成果奖,他也是 1979 年全国第二届科学大会一等奖获奖项目"浙江省耕作制度改革研究"的主要参加者。20 世纪 80 年代初以来,王兆骞教授主要从事农业生态系统综合开发技术及理论研究,是浙江大学农业生态学科和浙江大学农业生态研究所的创始人,又是浙江省生态学会的创会理事长和名誉理事长,担任过中国生态学会常务理事、荣誉理事等职,主持过杭嘉湖平原农业生态系统研究、中国生态农业县建设(南方片)、亚洲农作制度研究、水稻系统模拟研究、水土流失的生态学原理及其监控等国家攻关、国家自然科学基金重点项目等国家和国际资助研究项目10余项。王教授因指导中央七部委主持的中国生态农业县建设项目获得了七部委专家组先进个人及农业部、浙江省等国内多个奖项,他是国内第一批国务院政府特殊津贴获得者。在国际学术交流上,他是联合国粮农组织罗马总部的专家顾问、亚洲农作系统学会常务理事、"水稻生产模拟与系统分析"(SARP)指导委员会委员。他曾应聘或应邀参加联合国粮农组织(FAO)、联合国开发署(UNDP)、世界银行(WB)及荷兰外交部等组织的讲学、作学术报告、调查研究等国际学术活动30余次。获得过国际水稻研究所、荷兰瓦赫宁根大学等授予的作物生产系统模拟国际荣誉奖。在水土保持研究中的创新方法和生态学规律屡次被FAO引用并正拟列入水土流失测定方法指南。在50年的教学科研生涯中,王兆骞教授先后指导培养了23位硕士、21位博士以及3位博士后。

2009年暑期,笔者参加了在福建农林大学召开的第14届中国农业生态学学术研讨会。会上,我碰到了陈欣、杨京平、杨武德、马琨等一批学者,他们与我一样都是王兆骞教授培养的学生或助手,他们都在农业生态学的一线从事教学和科研工作,继承或创新继承了王教授的学术思想,在各自的研究领域取得了耀眼的业绩,不少都已是国内著名的教授。他们之中有的我很熟悉,但是有的是第一次谋面,我们在一起谈得很愉快。就在这次会议上,我们几位达成了一个共识,在王兆骞教授80岁生日前夕,我们组织一个以王教授的弟子和同事为主要参加人员的王兆骞农业生态学学术思想研讨会,让更多的王教授的学术朋友一起来交流在农业生态研究上的一些新思想、新观点、新理论、新技术和新成果,并将部分成果以论文集的形式发表出来,既交流感情,又为促进农业生态学科的发展作出贡献。福建会议以后,浙江大学生态研究所副所长陈欣教授向研究所相关领导和教师通报了开展这一学术活动的设想,得到了一致赞成和积极的响应。

当组织这一学术研讨会的设想最后得到王兆骞教授的肯定后,就由浙江大学生态研究所开始筹备这次会议,并成立了会议筹备委员会。在一年左右的时间里,浙江大学生命科学学院生态研究所的陈欣、严力蛟、卢剑波(现已调任杭州师范大学)、唐建军(他们4位所在的农业生态研究所不久前与生态学与保护生物学研究所合并,成为浙江大学生命科学学院生态研究所),以及农业与生物技术学院的周伟军和陈进红等老师为会议的筹备作出了积极努力,使得"王兆骞农业生态学学术思想研讨会"于2010年12月10日—12日在杭州如期召开,来自国内外的王兆骞教授的弟子、浙江大学生态研究所的师生代表、浙江省生态学会和浙江大学生命科学学院的领导等80多人参加了会议。会议开得简朴、隆重而热烈，就农业可持续发展模式、生态规划、生态旅游、水土保持技术、设施农业与生态环境等农业生态学的热点问题进行了专题发言和座谈交流，取得了良好的效果。

本次研讨会共收到学术论文和文稿 30 多篇，经编委会筛选后编入文集。本文集分上、下两篇。上篇主要包括研讨会上王兆骞教授的演讲文稿、相关领导和代表的发言文稿以及抒发师生情怀的文章。这一部分的末尾还收录了王兆骞教授自己创作的一些未曾公开过的诗词和散文，旨在从另外一个侧面反映王教授的人文素养和高尚内涵及关注社会的知识分子风貌。下篇收录了王兆骞教授自己亲撰的论文 2 篇，以及王教授弟子近期撰写的 18 篇学术论文，内容既有农业生态方面的理论研究，也有应用研究，还有生态规划和设计等等，布局上按照环境生态、农业生态和生态规划设计进行了粗略安排。另外，上篇之前还选辑收录了一些反映王兆骞教授科研学术生涯的照片，多数未曾公开发表过，弥足珍贵。在论文集编辑出版过程中，各位编委都做了很多工作。特别值得指出的是，浙江省生态学会秘书长、浙江大学生命科学学院生态研究所教授唐建军博士为本书的内容和格式的策划、文稿格式的编辑和修改，付出了大量的劳动和艰辛。在此，向为研讨会的召开和文集的出版作出过贡献的各位专家和朋友表示诚挚的感谢！

本文集所辑的所有文章，包括内容、观点、数据等，均由作者负责。这并非是编者有意逃避责任，实乃术业有专攻，隔行如隔山，加上编者水平有限，敬请广大读者原谅。如有错漏之处，敬请广大读者批评指正。

李萍萍

2011 年 5 月 26 日

目 录

编者的话（代序）/ 001

上 篇

王兆骞：我的科研轨迹 / 003
王兆骞：闲居偶得 / 011
管竹伟：在王兆骞教授农业生态学学术思想研讨会上的讲话 / 021
蒋德安：在王兆骞教授农业生态学学术思想研讨会上的发言 / 023
方盛国：在王兆骞教授农业生态学学术思想研讨会上的发言 / 025
李萍萍：在王兆骞教授农业生态学学术思想研讨会上的发言 / 026
骆世明：在王兆骞教授农业生态学学术思想研讨会上的贺词 / 028
严力蛟：在王兆骞教授农业生态学学术思想研讨会上的开幕词 / 029
唐建军：在王兆骞教授农业生态学学术思想研讨会上的书面发言 / 031
李萍萍：共同的事业追求　永恒的师生情结 / 033
唐建军：一个"俗家弟子"对恩师的情怀 / 040
王兆骞教授诗词作品选辑：感病 / 046
　　　　　　　　病中夜思 / 047
　　　　　　　　咏荷四则 / 048
　　　　　　　　夏日阵雨 / 049
　　　　　　　　伏中喜雨 / 049
王兆骞教授散文作品选辑：水景、水乡、水城 / 050
　　　　　　　　藏在深山少人知 / 053
　　　　　　　　从松鼠乐园想起 / 055

下　篇

王兆骞,陈　欣,等:红壤坡地水土流失的监控方法研究 / 059

薛建华,郭新波,等:土壤侵蚀影响因子——降雨因子的尺度效益研究 / 068

孟庆岩,张　瀛:基于环境星 CCD 数据的环境植被指数及叶面积指数反演
　　研究 / 074

杨一松,王兆骞,等:南方红壤坡地可持续发展模式及可行性研究 / 085

吴春华,刘昌明:生态水力半径法在雅砻江干流河道内生态需水量计算中的
　　应用 / 092

吴春华,沙占江:南水北调西线一期工程区生物及生物多样性现状 / 099

祁素萍,王　萍:美国生物多样性保护的政策及措施初探 / 112

Yang Yisong:Managing Yellow River by using the three sorts of water resource of
　　virtual water and green water and blue water / 118

Chen Xin, et al. : Globally important agricultural heritage system（GIAHS）rice-
　　fish system in China:an ecological and economic analysis / 126

李萍萍:设施栽培对农业生态环境的双重性影响及其改善途径分析 / 138

马　琨,张　丽,等:马铃薯连作栽培对土壤微生物群落的影响 / 147

Shao Qingjun,et al. : Dietary phosphorus requirement of juvenile black seabream,
　　Sparus macrocephalus / 159

Miao Zewei:Models, driving factors and strategies of Chinese homestead garden
　　ecosystems / 182

王兆骞:谈生态旅游 / 200

陈　杰:安徽省脆弱生态环境区划研究 / 206

江　天,李萍萍:湿地营建与城市更新
　　　　——美国纽约城市化过程中湿地变迁对中国的启示 / 217

祁素萍,朱明丽:城市园林复合生态系统 / 229

严力蛟,苏莹雪,等:道家的生态观与现代养生旅游 / 236

严力蛟,赵雪玲,等:发展农家乐与新农村建设的耦合研究
　　　　——以浙江省德清县为例 / 244

唐建军:生态文明——和谐社会的终极标杆 / 251

上
篇

我的科研轨迹

—— 王兆骞

浙江大学生态研究所

1971年，全国高校还处于停课状态。我那时40岁，心态还像20出头的小伙子，越来越不愿意把时间消磨在"拎篮子、生炉子、抱孩子"上，就主动找上了海宁斜桥和萧山西兴两个农村的大队长朋友："我是研究水稻生产的，我把你们的水稻生产技术指导任务包下来，不过你要给我十五亩稻田，帮我找十几个有文化的人做帮手，协助我做科研来对水稻技术关键问题攻关。"大队长听了很高兴，我在农村一待就是三年。经过三年与农民合作的研究，不但解决了当地严重的烂秧、死苗问题，更创造了一套新的育秧技术——"两段育秧法"，克服了当时急需解决的既能延长水稻秧龄又能培育壮秧的难题，并迅速在江浙推广。据农业部门1976年不完全统计，仅1975年一年就在长江流域推广超过2 000万亩，增产十多亿斤。在1978年召开的第一届全国科技大会上，国家和浙江省分别为此颁发了优秀科技成果奖。有趣的是，那个奖项不是获奖人自己或所在单位申请的，而是因为江苏省向农业部呈报，农业部只知道是浙江省某人研究的，然后一级级查下来，最后知道并认定是我做的工作。

四年的田间生涯和多年的作物学研究历史，让我深刻地体会到：水稻在整个农业生产中不是孤立存在的，它的繁荣或没落离不开整个种植制度，而种植制度又和农村大环境的综合因素密切相关。因此，建立农业的良性循环机制，实现农业可持续发展，是一个很有研究价值的领域，而这也正是二战以后国际上发展起来的新兴学科领域。

原浙江农业大学是全国第一批接受世界银行贷款的学校。一天，第一期世界银行对浙农大贷款的负责人来学校考察，他个子比我高，名叫麦克·克莱蒙特，是一位澳大利亚生态学家。这位专家和我站在走廊里交谈了一个多小时。那次谈话的内容，我至今还记忆犹新，因为那是从事农业生态学研究的一次"启蒙"。在他的推荐下,美国经济学家米勒教授由世界银行派来学校讲学,课余与我交谈良久,还签名送了我一部考克斯和阿特金斯主编的《农业生态学》。我们那时候对国际动态了解非常少,他是第一个向我介绍国际动态的,我就根据他的介绍自己找资料学习,开始进行现代生态学的研究。1979 年我发表了第一篇有关农业生态的论文《从两个大队的持续增产看农业生态系统》。

1982 年,学校要派副教授以上的人去研究水稻的最高机构——国际水稻研究所(IRRI)进行合作研究,考虑到要有英语能力,就派我去了。在国际水稻研究所的一年,我接触到了很多国际上知名的生态学家,掌握了丰富的研究动态,使我对农业生态学这个学科越来越有信心。我曾被 IRRI 所长邀请在工作时间为全体研究人员作报告,介绍中国农业的经验和发展方向,反响很好。没多久,我意外地被联合国粮农组织邀请去亚太地区总部作报告,原来我在国际水稻研究所的报告被印成小册子,被联合国粮农组织知道了。就这样我被聘为粮农组织的农作与土地利用专家。浙江农业大学生态学科后来得到的一些农业生态领域的研究课题,不少就是由联合国粮农组织、联合国开发署立项资助的。

受到国际上生态学研究思潮的影响,我开始重新审视中国的农业耕作系统,认识到杭嘉湖平原有许多循环经济的良好传统,有必要继承发扬并加以现代化的改造,认为研究杭嘉湖平原农业生态系统具有很高的价值,于是在1982 年专门写了一份关于开展"杭嘉湖中部平原生态农业综合开发技术研究"的报告,向科技部提出项目申请。科技部非常赞同项目的研究意义、技术路线和方法,特地批准了 250 万元作为科研经费(当然实际上课题组只得到了一小部分),这也是浙江大学在农业生态学方面得到的第一笔科研经费。

农业生态系统是非常复杂的系统,必须多学科联合起来研究。围绕这个课题,我和土壤学俞劲炎教授牵头,与志同道合的环保系吴方正、农机系奚文斌及吴士澌、畜牧系吴兰生、农经系李百冠、数学组胡秉民、气象组庞振潮等30 多位教授、副教授组成了"农业生态研究组"。生态所的周卸乃等老师常驻,其他人流动在德清干山乡建立基地开展研究。每两周定期组织一次科研组学术讨论会。在讨论会上由各个学科的教授讲解怎样从本学科出发,为实现课题的总目标作出贡献。同时,介绍本学科最新前沿研究动态,以及这些动态与实现课题总目标的关系。

虽然课题组出版了好几部论文集,发表了百余篇学术论文,也建立了在德清的长期研究基地和工作基础,培养了一批生态学专业和跨学科的交叉知识人才。但我认为当时最有价值的,就是在国内最先组织起来并坚持了相当时期的、围绕研究总目标分工合作的、多学科综合的研究队伍和研究方式。

从此以后，浙江农业大学一方面立足中国的传统经验，一方面紧紧追随国际上农业生态学的发展动向，取得了发展(国外除了"生态农业"，日本和欧洲的"有机农业"、美国的"可持续农业"和亚洲的"综合农作制度"都是同类异名的研究与实践，而我在国际上就专以"中国生态农业"为旗号)。在此基础上，1989年1月成立了中国高校中第一个农业生态研究所。1991年经国务院学位办公室批准为全国农业院校中第一个生态学专业农业生态学方向博士点。1985年从浙江农大农业生态学方向毕业出第一位硕士生李萍萍，1995年培养出农业生态学方向第一位博士毕业生卢剑波。而到了1996年，我又作为合作教授，招收了毕业于南京农业大学的陈欣博士作为浙江农业大学生态学科的第一位博士后(应该也是浙江省境内生态学科第一个博士后)进站开展研究。

在近20年的研究探索中，德清与浙江农大共同创造了许多生态农业新技术和多种生态农业模式。对此，我曾经开心地在校报上写下一段话："使一个科学技术人员兴奋的不仅是他所创造或推广的技术本身取得了多少经济价值，更在于他的技术思路和科学理想能真正被群众接受，化为群众的思想和行动。这是我们不断努力、创新的无穷动力。"

自20世纪90年代初期开始，我国政府就启动了由农业部、林业部、水利部、国家环保总局、国家科学技术委员会、国家计划委员会、财政部七部委共同组织领导的"全国生态农业县建设"项目。我作为被聘请的专家组成员，参与了不少调查研究，并一直坚信生态农业是中国实现农业现代化的最佳途径。在与全国的生态农业县交流、访问期间，我学习了很多来自群众的好思想、好经验和应用科学知识，也尽我所知给他们支持与帮助，结交了不少朋友。在全国项目结束后的总结大会上，农业生态研究所被授予"先进技术指导单位"，我也被评为专家中的"先进个人"。

我参加工作的前30年，在农村的主要活动地区是平原。但我渐渐感到，山区和丘陵地区更需要先进技术的指导。当我们雨天在德清踩着山坡上不断流下的黄泥浆，艰难地寻找那被泥浆掩盖了的小路时，我一次又一次地感受到必须关注并参与研究水土保持这个山区最重要的生态问题。而当我在贵州的喀斯特山区看到石山上薄薄的表土被冲刷殆尽，完全裸露出嶙峋的"石林"山体时，我被这种"石漠化"的惨景震惊了。

我带领研究所的同事和博士生在浙江省西部红壤丘陵地区的兰溪县，和当地水利部门合作，又设立了新的研究站。同时，研究所注意收集国内外有关水土流失的现状、研究动态、模型和防治技术措施等信息与资料，经过分析,大家感到,不同时间和空间的水土流失数据是分析问题、解决问题的依据,而研究方法与手段的缺乏,是妨碍获取大量真实信息的重要原因。我和博士生杨武德在浙江农业大学同位素实验室王寿祥教授和上海测试中心眭国平高工的协作下,试制了适用的放样与取样工具,研究了测定方法,并在德清三桥基地用于研究实践。在初步成功的基础上,研究所努力申请到了国家自然科学基金重点项目"水土流失的生态学规律及其监控"。在浙江大学农业生态研究所陈欣教授的协助主持下,依靠博士后科研助手马琨及朱青、郭新波等五位博士生,定点浙江兰溪、湖南衡阳、长沙和贵州罗定进行研究。经过四年研究,测定3 000多个样本,不但进一步完善了一整套试验测定和计算方法,而且进一步解决了小尺度向大尺度转换的问题。浙江大学农业生态研究所的研究基本上完成了方法创新,而且为一系列农业措施、农作制度和水土保持的生态保护技术,提供了评价与利用的理论依据和技术方法(详见本文集中的专门论文《红壤坡地水土流失的监控方法研究》)。

我原本研究的学科是水稻栽培和耕作制度。1979年全国第二届科学大会上,"浙江省耕作制度改革研究"获得一等奖,当时是"三农"共同主持:浙江农大是我的恩师——水稻栽培和耕作学元老沈学年教授,农业厅是粮食专家王如海,农科院是土壤专家吴本忠。我也是这个项目的参加者。我在大学毕业后两年,就似新生牛犊,磨枪上阵讲授耕作学,以后也一直没有放弃水稻与农作制度的研究。1986年我在IRRI开会之余,走访农作制度系和复种系的朋友。在一场热切的学术交谈之后,荷兰专家潘宁(Fris Penning de Fries)提出邀请我们浙江农大农业生态研究所代表中国参加他所领导的国际合作"水稻生产模拟"研究课题,并且在以后的国际会议中我被选为指导委员会(Steering Committee)委员。我在潘德云、郑志明等年轻老师的协作下,从建模、办国内培训班到在农村大面积实验,均得了较好成果。最后,在泰国召开并邀请我国农业部洪绂曾副部长参加的"水稻生产模拟与系统分析"总结大会上,授予我"国际模拟研究贡献表彰奖"。

我的作物学和耕作学基础与我以后对农业生态系统的研究其实是顺理成章,甚至可以说是延伸或一脉相承的。说来也有趣,我热爱农业和农民,但是,我却是在上海这个大城市出生的。除了因抗日战争逃难去了昆明两年以外,我都在上海读书,家里甚至连个农村亲戚也没有。我之所以"进入"农业这个领域,似乎有些偶然,却也事出有因。我是从上海市立育才中学毕业的。在我中学毕业的1950年,清华大学在我们学校里设立了上海市招生点,我的很多同学也确实考进了理工学科。清华至今还有一个人数较多的育才同学会。只有我和另一位同学报考了农学,这倒不是因为我对农业有什么特别的认识,而是有三个"诱因":一是我母校的生物学教师孙振中先生对我的影响,他不仅以严谨的生物知识教育我,还向每位学生赠送一本他的老师秉志先生的著作《科学救中国》;二是听了当时被请到我的母校做报告的复旦大学农学院院长卢于道的一番演讲;第三,也是最重要的,是参观了首届华东农业展览会和看了两场苏联农业电影。在农业展览会上,我看到了七八百斤重的大猪,想去大规模地饲养它;在米丘林彩色电影(那是我平生第一次看到彩色电影)中,那人工培育的鲜红的"600公分安东诺夫卡"大苹果;还有那部《拖拉机站站长和总农艺师》电影中的年轻女农艺师指挥着几十辆排成长队的大型康拜因,顷刻间把一整块麦地齐齐割倒的场景,深深吸引了我。我憧憬着能在这样的地方工作,为新中国作一些贡献。所有这些因素吸引了我,我义无反顾地选择了农学专业。(虽然现在我所从事的生态学科被划分在理科,可是我却还忘不了我的"农"字头。)

后来我才知道,因此而进入农学院的人,还不止我和那位同学,至少我的同班同学沈惠聪(后来成为了我的夫人),她和她的女子中学的若干同学也是被这两部电影从上海"引导"进农学院来的。

我深切体会到所谓"T字型知识结构"的道理:我对水稻的深切了解和感情是我知识积累和扩充的支柱。我至今也忘不了,当我在萧山长河农村大庙堂里学着用萧山方言向农民讲解水稻生长和高产原理时,连手抱婴儿的妇女也静静聆听的情景,以及在田间手握稻丛便能估产的技巧。正因为我的作物学基础,才使我能举一反三,由此及彼地吸收、理解更宽阔、更广泛的知识。

我选择了农学,但我从来没有后悔。相反,我愈是深入到农业、农民当中,我对农业的认识就愈来愈深,同时我对农学的兴趣也愈来愈浓。

第一次下乡让我接触到农村,是在1954年春天。这段经历令我毕生难忘。那是大学毕业前在嘉兴农村进行的"生产实习",是首次试行学习苏联的教学计划。按苏联计划,在第八学期是生产实习,但由于没有经验,也没有任何事先准备,系领导举棋不定,我们就和老师一起与农业厅联系,先把学生分散安排到嘉兴北部农村的农户家里,同吃、同住、同劳动,就这样开始了我们的农村学习生活。那年春天,气候特别反常,是历史上少有的春雨水涝年。正是育秧季节,我们分散住在农户家里,跟着农民一起劳动,一起生活,学习和研究农业技术。那一年,时断时续、时大时小的雨,竟绵延了四五十天,三分之一以上的低洼稻田成了一片泽国。我和农民一起冒雨到秧田排涝,检查水稻秧苗,还学会了踩水车。我们很多人都是第一次身披蓑衣(那时还没有塑料雨衣)在极粘、极滑的青紫泥稻田小田埂上行走。那些田埂都是下硬上滑,即使走了好几次,有了一点经验,也尽管小心翼翼,还是会滑下田埂,弄得膝盖以下的裤腿满是烂泥。从田里回来,又和农民一起焦急而又无奈地站在屋檐下望着雨,盼望着雨儿早些停歇。

当然,在这样的天气条件下,秧苗根本无法扎根、生长,到处都发生烂秧。那是我平生第一次体会到农民的艰辛,打下了与农民交往的第一次基础。而以后农学系的几届学生都没有机会像我们那样直接去农民家里"同吃、同住、同劳动"。

进入20世纪60年代,随着"技术革新"、"四清"等运动的开展,理论结合实际、下农村这些问题又一次被强调,而我也请缨并得到领导支持率队去萧山农村建点。我在那里又一次和农民一起面对着少见的连续阴雨,一边向老农学习经验,一边用科学知识帮助他们分析,然后在"学习、总结、分析、提高"的基础上,研究解决双季稻栽培,特别是育秧中出现的问题。有一些经历至今难忘。除了发表一些防治早稻烂秧的论文和编写教材外,我认为更有意义的就是经过几年的努力帮助萧山西兴发展成为全国少见的大面积应用塑料薄膜搭架育秧的地区。

我之所以想这样写我的科研和教学经历,是因为我始终认为,交流思想方法比交流具体技术经验更有意义。诸如"授人以鱼,不及授人以渔"的哲语,中外都有。美国固然也有专业的技术博士,但是通常首先给博士毕业生的头衔是Ph.D,直接翻译成中文应该是哲学博士,可以意会为掌握了较高明的思想方法和思维能力的人才。被誉为"中国原子弹之父"的浙大校友王淦昌先生在他自己填写的履历表"学历"一栏中就填了"学士、哲学博士"。有一次在我们大学的新生大会上,有两位教师代表对新生讲话,都是勉励他们要学好外语、计算机。我听了觉得意犹未尽,于是在下一次新生大会上主动要求讲几句话。我说:"我送同学们三个英文字母,它组成一个词,就是TIP。这个词通常是在饭店里付小费的称呼,但是也还有其他意义,就是尖峰。Tip Top就是山的巅峰。我们常常讲攀登(科学)高峰,就可以用它表达。我现在想做个拆字先生,把三个字母先拆开来解释。T是Tool,是工具的意思,工具当然要掌握好,英语、更要加上自己的母语中文,以及计算机等,都是应该好好掌握的工具。但是,科学要创新,要有独立思考和工作的能力,这就要求时常有好的Idea,就是好的思想方法和路线,好的思路。那么,好的Idea又是从哪里来的呢?毛泽东在《实践论》中讲过一句著名论断'人的正确思想只能从实践中来'。所以我认为社会实践、科学实践和在科研中的亲自操作实践,非常重要。即使要掌握好英语这样的工具也要靠实践。记得我的第一位外国朋友在校园里散步时，由于当时同学们见到过的西方客人还不多，就围着他问怎样学好英语。他只是反复说一个词'Practice'，就是实践、练习。同样，在科研工作中，许多结论和理论都要通过实验来取得和论证。而在研究中有许多重要的第一手印象，一闪即过的印象、见解、点子（认识问题或破解难题的主意、思路），特别难能可贵。很多是在实践中，而且往往是在第一现场产生的，极其宝贵，有些过后就会忘记，不可追忆、不可再得。所以我建议把TIP这三个字母连起来，作为祝你们攀登科学高峰的赠言。我认为其中I是不断进步和创新的关键，而I的基础是P，要用的工具是T。仅仅强调工具是不够的。"

我只是中国众多教授中的普通一员。虽然，上个世纪80年代我曾经有过数次可能被委任做某些政府官员的机会，但都有意无意地擦肩而过。因为我自知没有这方面的能力。然而，我也自信没有辜负养育我的国家、人民和家人，认真地做好一份工作。与我共同生活半个世纪的老伴对我知之甚深。她评论我有三个特点：一是执着；二是脸皮厚；三是点子多。"脸皮厚"是专指我学英语而言。我未曾有机会进过专门集中学英语的培训班、强化班，大学又处于大家必须学俄语的时代。只是凭着20年前中学时代的一点"底子"和在农村搞科研时利用晚上自学，当时花了攒下的360元钱（相当于半年工资）买了一个三洋牌的录音机和一些英语教学磁带，把自己的发音跟录音对照着一点一点地学，"文革"后也在学校里零星旁听过几节课，才取得一点进步。但是，我"脸皮厚"，在大庭广众下，不揣冒昧，敢于献丑。上世纪80年代初期，在杭州大学开始了托福考试，当时也有和我年龄相仿的教师跃跃欲试，可是临考前都打了退堂鼓，而我却去考了，结果得了个五百零几分。这个水平，在现今的年轻同志看来或许觉得可笑，可是，我能有机会较早出国学习和研究，与此不无关系。其后，我在菲律宾国际水稻研究所期间，一天，英籍所长找我，他说该所每周有星期四和星期六两次讲演会，其中星期六是作为研究生必须参加的课程，而星期四下午是所有研究人员放下工作参加的高级讲座。这个讲座当时还没有中国人做过讲演，问我能不能开个头，我也就是厚着脸皮应承下来。当然，准备是很花了一番力气。在讲演之后，主持会议的所长居然称赞了一番。之后，曼谷联合国粮农组织亚太区域总部请我去为全体工作人员讲演，就有了与FAO及一些国际组织建立联系的后话。至于"点子多"则不过是做有心人而已。例如，萧山是我在"文革"期间在农村做科研的一个基点，我有时回杭州家里要骑一个多小时自行车，时常在路上想到一点心得或点子，就立刻下车靠边，掏出小本子记上几个字备忘，回到家里再誊写到我专门记录从实践中发现的问题和想出的点子的"生产问题集"笔记本上。从实际中来,再集中、归纳、分析,再参考前人研究经验,点子自然就来了。

我在以专家身份协助农业部指导中国生态农业的大项目(与其称"项目",还不如称它为群众性农业生产运动)的过程,做了一些工作。在这个漫长的过程中深深体会到广大农民和农村干部为建设新农村、扮靓我国大好锦绣河山的热情和激情。可以说,我在全国各地调查研究的过程,也就是自身受教育的过程。

我从20世纪80年代起到退休时共培养了21位硕士、22位博士和3位博士后。他们在学习期间既是我的学生,也是我的助手和老师,他们勤奋博览,帮助我扩充了耳目。至于走上了工作岗位,就都是我的朋友和老师了。许多昔日的学生,成了今日的良友。

我于2003年退休,其时已年届73岁。也正是在这一年的5月初,我被发现患乙状结肠癌,波及腹壁淋巴结。当然,手术、化疗、服药,我都认真对待。但是,我并不畏惧,自觉能坦然面对。开始得知患癌时,我正和老伴在昆明买了旅游票,准备去向往已久的西双版纳。杭州的医师朋友根据迟到的检查结果给我电话,叫我立即回来开刀。我不想扫老伴的兴,就说学校里临时有事,我就单独回来了。说实在的,开始只是表现镇静,心里着实紧张。但是,这种状态只存在了几天,以后便恢复到正常,因为我觉得对自己、对家人、对社会都没有多少抱愧和遗憾。我并不喜欢在人前多谈自己的病情。我感谢朋友和家人对我的关心及爱护,可是我不希望人们对我怜悯。我要自始至终做一个正常人群中的正常人,正常地学习,做该做的工作,写作,乃至出差,只要健康和体力允许。如果今后我能活得较久,也许和这种心态有关。另外,多为朋友、为家人做点事,多花点时间做自己喜欢的事,也就腾不出时间来胡思乱想,有利于保持平常心态。当然,不会忘记在我开完肠癌刀,回到病房的最困难的那个晚上,那时正值非典流行期,我的邻近床位住着个疑似非典病人,使我心情加倍紧张,我的几位博士生彻夜守在狭窄的病床边陪伴着我。还有那晚第一时间来探望我的程家安教授,我更相信他不是或不仅仅是以校长,而是以朋友的身份来关心我。在大家的鼓舞下,我从容面对,度过了那最恐怖的几天。

人的生命迟早会结束。我想在我的生命结束之前,要尽量去追寻那些最美好的回忆,然后,坦然辞世。另外,我也真的想过很多次,我辞世后不要开追悼会。如果有人还是要为我开追悼会,请千万莫放千篇一律的"哀乐",可以放贝多芬第9交响乐,或是蓝色多瑙河。

2010年9月22日(中秋节)于西子湖畔刀茅巷里向阳小阁

闲居偶得

王兆骞
浙江大学生态研究所

常有朋友们问我："在家做些什么？"或者很关心地要我多多休养,保重身体。我很感谢大家的关怀！不过,我在家里也有事可做,是做我喜欢做的事情,有时事情做到一半,怕忘记思路而不愿中断,居然也会说："我忙着呐！"我所做的主要事情之一,便是读文章、查信息、写心得。读的文章除了报章、专业杂志之外,就是用电脑搜索中外文资料,然后把有些感想写成小文章,主要是给自己看的。与我有此同好的是年近90的游修龄先生,他学识既广且深,我们时常交流,我往往是得益者。

此次生态学研究学术讨论会上,我没有实验研究资料报告,要发言只有平常写的几点思考小文章。

一、 对教育体系的思考（考分导向和启发创新）

大家都说我们的教育要改革,究竟从哪里改？教育部袁部长在新闻联播上说："交换优质教师是关键",新闻联播评论员王敬安在袁部长讲话的第二天评论说关键是教育不能产业化、商品化,有点对着干的嫌疑。此后这位王先生就不见了。可是,我很赞同他的评论意见。在共享优质资源的思想指导下,大就是好！于是超大大学、大学城大量产生了,中小学也如此。据报道:在"共享优质资源"指导下,山东省重点中学重组,一批航母重点超大型中学出现了。有个新泰一中每个年级80个班,在校学生1.2万人;临淄中学7 000名学生同时就餐,吃顿饭要一小时。连幼儿园也是这样,杭州采取的办法是组织联合舰队,打上安吉路教育集团的旗号,我那小孙子每学期缴费涨到3 500元。而在幼儿园中班,35个幼儿整个学期都困在一个小小教室里。学校也设立了什么游戏房、音乐房等等,从来只有来参观检查的领导进去过,因为就靠领导看看、夸奖两句,该园就被评上"特甲级幼儿园",学费就可以上涨。

许多舆论总说要给学生松绑,要少上课,多玩耍,以为这样就能顺其天性,发挥学生的想象力、创造力。许多学校索性取消课外作业,早早放学,把教育责任推给家长。有些老师在学校降格为学生的保安员,课余在家里收家教生,搞个人"创收"。

有位小学老师对我说,美国的小学生就是玩,而我们抓得太紧。其实不然,美国只是小学一二年级课业轻松些。我认识的一些华人的子女,凡是能进入美国著名大学的学生,从小学高年级到中学阶段平时功课都很紧,没有多少时间去玩。

由于在美国的名校里亚裔学生比例偏高,非裔的最低,于是政府搞了个调整 SAT 的"平权法案"。根据法案,非裔学生录取率能增加 40%,而华裔受到限制。据普林斯顿大学一项研究指出,华裔学生 SAT 成绩要多考 50 分才能和其他族裔获得同样录取机会,甚至有的华裔学生 SAT 满分也取不上。但是美国总统奥巴马也有说法。不久前他在一所大学里演说声称:"美国的学生在考试成绩上往往不如别国学生,但是美国人拿到的诺贝尔奖最多。"虽然诺贝尔奖有偏向,但奥巴马的话也有点道理。诺贝尔奖是奖给创新者,而创新不仅表现在高楼大厦、桥梁道路的雄伟与出奇,或是企业的做强、做大,更在于可以提供开辟新领域的转折点,为新理论、新技术、新领域的出现提供启发和契机。绝大部分得奖者都是这样的人物。

这种人才当然也要有知识基础,但是更要有异常的思考力、想象力和研究能力。教育要为培养这样的人才承担责任。美国一些名校对大一年级开每周两节的 Frontiers 课,就是尖端、前沿,由各学科教授讲,同时介绍他们实验室的工作。有兴趣的、并且符合一定条件的学生,可以申请到喜欢的实验室打工,这就是一个好的措施。不过,事物在发展,就在 2010 年 12 月 7 日,奥巴马又在演讲,警告美国在创新方面要有危机感。

所以,事情的症结在于"高考","一考定终生"的制度下,改不了几千年的读死书、死读书的习惯,不重视培养学生的创造力和自由思考能力。美国学生在小学里就被老师指导着去图书馆、上电脑查文献资料,大家都要常写独立的文章和制作手工制作品。我们的学生这样做的多吗?学校和社会又在这些方面为他们创造了多少条件?小学生除了读书、玩耍、长身体之外,他们就只有上网吧这一条出路吗?我们的学校提供的启发学生创造力的条件有多少?我们的几亿学生里,天才还会少吗?我们培养、挖掘天才们的工作做了多少？

我回忆起27年前的1983年，农业部、教育部组织了一个中美农业教育研讨会，农业部正、副部长带队，用了一个半月在四所农业院校进行了调查研究比较，最后得出的结论是中国的教材最好，教师也不错，但是致命伤是读死书，美国最大的优点是在教师的启发下学生的学术自由思考多。当时分别对中国和美国政府提交调查报告，在提交给美国政府的英文本里对四所农业院校作了排名，浙江农大第一、华中第二、南农第三、北农第四。可是那个调查没有在实践上起作用。

当然，在目前拿"一考定终生"做指挥棒的教育体系下，学生不得不紧张。因为有着那不断升级的中考、高考在步步紧逼，即使学校不去收紧，家长们仍然紧张。病急乱投医，又急于求成。像武侠小说里走旁门左道、练邪功那样，花大钱在抓紧家教、补习、学"特技"，想即时见效。这不是家长的错，是被逼无奈。

家长自己的"收紧"，有可能比正规学校收得更紧。要不然，学生时间多了，又没有好的用途，没有好的引导控制，就容易走歪路。游戏房、网吧、网络污染之类，封是封不死的，将来还会有更多吸引中小学生的玩意儿，会有不少有害的东西夹杂其中。像治水那样，封堵不如导引，导引才是正确的。

当然，教育不是仅仅鼓励玩，鼓励休闲。美国格拉德威尔（Malcolm Gladwell）在1998年写了一本新书 OUTLIERS，中译本名《异数》（超出常轨和常理的数），是世界热销书。她在书中探讨杰出的成功人士（超凡与平凡）为什么与众不同，指出："无论哪一种专业，成功的最大前提，都要有一万小时的不断练习，才能培养出一个杰出人才。"（有人称之为一万小时定律）。一万小时合十足十年，使我联想起中国古语"十载寒窗"。她说，即便是创意与创新也需要大量的磨炼，才会有出类拔萃的成功。中国学生不是学习时间花多了不对（何况中国学生还要在学习总时间中拨出大约四分之一时间来学外语），而是教育思想和方法大大不对！仅仅给学生"减负"，那是不负责任的"放羊"，白白送给网吧之类赚钱的空间。然后，再无效地去限制网吧，抱怨电脑的普及，谴责"勾引"学生的各种源头，恐怕难有实效。

我认为时间多少固然重要，而提倡自主学习、启发式学习更不可忽视，要提倡"活教法"而不是"死教法"！教学方法活了，教学技巧活了，学生的学习也就活了。

要全面提高教师质量和教学水平，非一日之功。无论现在是否是优秀教师，都仍然逃不脱"满堂灌"、"填鸭式"教学，学生只能被动适应。所以，教师和学生都需要重新学习，改变教学思想。

中国人的聪明才智绝不比外国人差。我们要学之能战,战之能胜。不必只把目光锁定诺贝尔奖,我们更要提高全民科学文化知识与技术。大量的有创造力的人才,其中必有诺贝尔奖得主和实际上比诺贝尔奖得主更高明的科学家。

教育观念与方法的改革固然重要,教育体制的改革更是根本。教育不像文艺,不能产业化、商品化,因为它是国富民强的根本大计,不是可多可少的享受。

关于大学教育不用我在这里多说,因为大家都有切身体会。

现在打着发扬传统的幌子,古装影视、叫小学生穿长袍马褂背三字经和千字文的现象屡见不鲜,而历代对教育的重视却没有落实在行动上。顺便提一下,我在越南首都河内开会时,趁便参观了保存得很好的孔庙,给我留下深刻印象的有好几件事。孔子坐像上方高悬的“万世师表”的大匾是康熙亲题,使我在异乡倍感亲切,庙内的一块大石碑上雕凿的“大宝三年(明正统七年,1442年)壬戌科进士”(越南能考到的最高学衔是进士),历史上全部共有82名,都刻在孔庙里的石碑上。“题名碑记”上有一段话令人感慨:“贤材国家之元气,元气盛则国势强以隆,元气馁则国势弱以污,是以圣帝明王莫不以育材取士培植元气为先务也。”(见下图)这当然是孔子的传统思想。中国古代通过教育培养人才的观念,在今天依然有现实的指导意义。

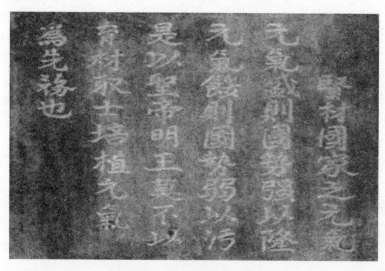

题名碑记(摄于越南河内孔庙)

观点：我认为美国对学生水平的衡量方式和现行考试制度还是可以学习的。包括：(1) 每学年衡量学生参加社会和公益活动的情况,智力和学习成绩,参加体育与文娱活动的情况等,把这些记录逐年累积就成为大学录取的标准；大学不要一次统考定终生,入学资格(类似 SAT)允许在中学里提早分科目选考,可以多次考,采用最好的一次来累计分数,具有超常能力的可以超前录取。美国的社区学院很普遍,相关课程学分可以抵充大学学分。(2) 扩充学校教育与社会的联系,指导和帮助学生创造、设计、开展社会服务甚至学习家庭用具修理等等。(3) 现在酝酿征收房产税,那应该不是补贴政府开支的新财源,而要地方政府征收,限于用在教育、卫生等公共服务上,主要指社区学院、中小学等。(4) 检讨办大学的求大、求全和单纯求多的思想。大大学不一定是一流大学。小规模的大学也能进入世界一流大学行列。钱学森、谈家桢获博士学位的母校加州理工学院(下图)总共只有 2 000 名左右的本科学生。

王兆骞教授访问美国加州理工学院

二、对节能的思考（真节能和打节能招牌赚钱）

（节能是大事,但是要做到实处,不能做样子,装面子。）

杭州搞垃圾分类试点,像小孩子玩游戏,垃圾车把居民分好类型的垃圾仍旧装在一起,运到原来的填埋场。这就是做样子,事实上仅仅将有毒电池和普通垃圾分开都还做不到。就算有的试点艰难地做到了,也难持之以恒地推广。何况现在后续处理和利用还没有到位。客气点说就是顾头不顾尾。

顾头不顾尾的另一个例子,是我对满街跑的电动自行车很害怕。赞成发展电动自行车的人说它节能、环保;可是,我认为事情不能仅仅看最后结果,还要看过程;那个又大又重的铅或锂电池,只能用两年左右,这可是重大的污染物。何况制作车子包括它的整个部件,在生产过程中要耗能,而用的电总是电厂发的,电厂特别是火电厂,既耗能又污染。所有加起来,不一定节能!至于电动自行车最容易发生交通事故,那个社会损失和经济损失,就不能仅仅用价值来计算了。与此同时,电动汽车也很热闹,在深圳买一辆电动汽车国家能补贴 6 万~8 万元。

当然,国家正在重点发展新能源,这些问题迟早能解决。我也看到国内关于发展高效洁净蓄电池的报道。这可不是那些电单车厂有力量解决的,也不是地方小企业能解决的。至于废电池污染,近几年浙江省有的山区县的某些村镇就在大搞铅酸电池处理,造成严重的铅和硫酸污染。太阳能电池是很好,但是如果我们看到浙江省某山区县生产单晶硅、多晶硅造成的环境污染,便不得不担心,这些山区正是浙江省的水系源头,他们为电动车与太阳能工业的发展做出的牺牲以及发展这些工业所造成的灾害,又该怎么办呢?

我认为,节能的保障性工业要靠力量大的现代科技来带动。美国在加州建立了世界上第一个专门处理锂离子和其他类型汽车电池的厂,回收各种稀有金属,单是这个工厂,政府就资助 950 万美元。日本也正在建造。只要抓好技术、质量和安全,电动车和其他动力车都会有前途。但是,如果只放任市场上汽车、电动车加速发展而不同步或提前抓紧发展电池废料再生产业,其结果会贻害子孙!

还有一个例子是用玉米和油料作物生产乙醇的事,我一向反对。但曾任中国科学院副院长的徐冠华说过如果全国种油菜生产乙醇,就能解决中国燃料油问题。其实国际上早就有人做过用农产品造乙醇的全面能流分析,说明了从能耗来说,用作物生产乙醇很不经济。美国布什政府刚上任时也曾经对农业投资 16 亿美元,担保贷款 21 亿美元搞作物乙醇,这是所谓的第一代。我国在近几年还一直在搞第一代,国家政策支持东北每生产一吨乙醇给 1 880 元补贴,而且全部免税。靠着优待,一批工厂生存了下来,使得东北做饲料的玉米减少,国家只得进口 1 000 多万吨玉米。幸亏最近农业部紧急叫停了东北的玉米乙醇。可是许多地方,例如长沙市至今还把第一代"生物醇"作为十大节能项目呢！第二代是用非粮食植物，如肯尼亚用欧洲夹竹桃，清华大学也用蒙古甜高粱做过研究。可是，美国能源部在四年内投资四亿另外研究用废塑料再生产乙醇，这就是所谓的第三代。欧洲国家在研究把生物质能源沼气提纯压缩做汽车动力；我国也有单位试验用垃圾生产甲醇。这些方向是对的。我相信以后我国第三、第四代都会发展，那就是科学的希望。不过，科研和国家鼓励的政策要大力支持！

同样，循环经济试点或推广，不能借题发挥，变成向上面要经费、要优惠政策的借口。这方面，我没有时间谈了。

三、 对生态农业和城市病的思考

这个话题的内涵是：不要城市扩大化，而要农村生活"城市化"！

1. 对生态农业的思考

中国的生态农业萌芽于 20 世纪 70 年代末。发展历程基本分为三个阶段：(1) 产生时期（我和同时期的农业生态学工作者都起了催生作用）；(2) 政府推动时期（七部委项目，实际上是任务书，成为群众运动）；(3) 全面开花时期。

还是回到 30 年前看看。当时是因为农业上单强调种植业，不能有效利用资源和能源。所以，我们要促进建立资源、生态、环境、经济上良性循环和再生的可持续综合农业。既要继承发扬传统经验，又要借鉴、利用现代科学新技术、新成就，于是生态农业在挣扎中上路。现在有些像遍地开花了。但是，这里面假象不少，问题很多。

生态农庄是推广生态农业的新事物，发展很快，问题也不少。模式不够多样化，千人一面，缺少个性和创造性。我曾经几次赴美国参观过不同的小农场，有种菜种花的，把蔬菜和鲜花用大纸盒装着，每周定期送到用户家。有蓝莓农场，生产蓝莓酱、酒、饼干、蛋糕、蜜、冰激凌等系列加工产品，再和市场衔接起来。我们一般生态农庄就是农田加上饭局，饭菜又不能卖到农庄外面去。采用新技术也少，当人们的物质生活水平逐步提高的同时，就会自然地要求提高精神生活水平、要求人文关怀，光是吃吃喝喝已经不能满足人性的需要。可是我们某些生态农庄只是互相照模学样，有新进展的不多。

但是更重要的是有些生态农场在技术进步中忽视了生态学的"核心利益"——包括生物多样性保护和利用、有限资源的循环再生综合利用、保护生态环境、节能这些基本方面。例如，浙江某个以建设生态农业成名的村子，原来由于农田、养猪（建有较好的沼气设施，变废为有机肥）、种果菜，综合发展，良性循环,很少有化学物质污染,所以在田间道路旁种的成行草花上五彩蝴蝶密集飞舞,别处极少见到这种景象。可是,在进一步发展规划中,取消了原有结构中的猪、沼气,乃至作物田地。生态系统的极大变化,产生了许多连锁反应,其中蝴蝶绝迹是一个明显的标记。我曾撰文疾呼"蝴蝶归来乎"。硬化道路成了生境片段化产生的罪魁祸首。

怎样进一步把生态农业建立在科学化、现代化、多样化的生态链和产业链基础上是要解决的问题。

2. 城乡一体化中的生态农业

经济改革是为了可持续发展,而发展的最终目标是为了人的幸福生活。人都是生活在社会中的,社会改革和政治体制改革如果不能同步进行,经济是不可能持续发展的。中国的社会改革开始于农村,可是广大的农村和农民却很少分享到改革的成果。靠工商业先富的农民和富不起来的农民工都集中在大中城市。城市发展与农村、农民之间的不平衡,城市病,生态环境,许多问题都亟待解决。

将近 20 年前,以马世骏为首的生态农业专家在迁安会议上就提出城乡一体化的发展方向。当时就认为城乡一体化是必然趋势,生态农业要渗透到城乡一体化的规划和实践中去。

我们理解的城乡一体化,其重点在发展农村生态经济系统。从建设好生态农业、提高农民收入和生活环境着手,以新农村支持城市,以城市带动农村。当然,这要和社会改革同步进行。如果只是城市无限扩大,吞吃农村,就不可持续。

城乡一体化建设的关键在小城镇乃至小村镇、偏僻地区,在照顾习俗、节约土地、有利于生态环境的前提下,也可以分布独居农民,城市也要给他们足够的服务。最近新出炉的《中国发展报告 2010》指出:我国 2009 年的城市人口已经达到 46.6%。战略计划到 2030 年城市化率达到 65%,超过世界平均水平 20 个百分点。报告称:以当前农民工市民化平均成本约 10 万元计算,每年要投入 2 万亿元。

不久前,国家发改委秘书长杨伟民说:"中国没有办法走分散化的城市化道路。大力发展小城镇的提法是有问题的。"可是,就在几天之后,也就是2010 年 9 月 25 日,也是发改委的另一位领导在中央台新闻联播里却又说"中国 18 亿亩耕地是不能动的红线,强调要保证粮食安全"。9 月底发改委公布的《中国发展报告 2010》说过去经验已经证明:城镇化是今后 30 年拉动 GDP发展的主要动力。还提出了 2015 年与 2020 年的"城镇化比率"和"农民进城比率"以及"2030年解决农民进城户口问题"。他也说到千年发展目标要不断修改并提出新的目标。两种说法互相矛盾，把我们都弄糊涂了。我希望他们把这些话再研究研究，多留些修改的余地。单凭过去经验不足以证明未来！我认为，小村镇乃至分散农户与城市的串联以及形成网络，也是国家大规模的"城市群"建设的需要。小（村）城镇的布局还要注意遵循自然生态规律。小（村）城镇之间的农用地是宝贵的绿色资源，不要轻易改变或破坏它的自然合理布局大框架。小（村）城镇的管理、物流、服务等，应该由市、县政府组织、协调，不要各行其是，要纳入大计划、大规划、大管理、大服务的范畴。

要从管理、领导入手进行改革，彻底克服形式主义、做样子、骗上级。上级也要实事求是，不要老是提新口号，出台脱离实际的新措施。有不少人反对城市快速发展中的摊大饼模式，城市的扩展把农村吞吃了，然后再把原属农村的树木、草地，硬生生地移进市区做点缀。杭州本地某领导说要提倡蒸小笼包模式。我看农村与小（村）城镇发展采取赤豆粽子、千层糕或者其他模式也未尝不可。我有过在国外大小城市、小城镇、小村镇居住的体验，主张从宏观上看，在广阔的比较分散的农村结构里面，有星罗棋布的小村镇（不仅是小城镇）和安居乐业的居民，切实提高小（村）城镇的当地就业率和教育、医疗、生活服务水平，没有令人头痛的城市病。我的梦想是，将来城外的人不仅能够与城里人享有同等的社会服务，包括文化教育与医疗水平、物质生活以及精神生活水平的质量和便利，更能够享受城里人得不到的环境，吃干净的土里和水里生产的食品，享山水之清静，而不是无休无止地大城市化。将来需要私家车的不应该是聚在一起赶热闹的市中心人，而应该是边远人（不论是农或非农）。大家安居乐业，天下太平。

中央强调：经济增长必须同步进行政治体制改革。我们向来就说，生态系统功能 Productivity, Stability, Sustainability, Equatibility 里的 Sustainability 就包含资源、环境，当然也包括低碳，而 Equatibility（公平性）则是社会问题，它也是我们的政治体制改革要解决的一大问题。而所谓包容性增长的英文翻译是 Inclusive growth（旅馆里包括各种费用的价目单英文是 an inclusive list of expenses）。2010年11月9日新华社报道提出"城乡平衡发展"，并已在进行新一轮农村改革试点。这又是个新的进步，但愿不要像某些地方"建设新农村"运动那样做花瓶。

美国的底特律，原来是美国第四大城市，很繁荣，单单三大汽车公司就有40万工人。和它隔河相对的是加拿大的汽车城市温莎（Windsor），也是挤过来借城市化东风、凑热闹的。金融危机和经济危机一来，两个城市都很快衰败,到处是空厂房,几乎变成空城。那个城市的资源集中效应一下子都没有了。城里原来到处是加油站,现在呢? 在美国时,学生郑志明过来看我,经过底特律想加油,几乎要跑到城外才能加到。偏偏有位住在城南郊外的富豪拿出 16 亿美元,有意搞工场废物利用,搞什么? 搞生态农业,建立汉茨生态农场。汉茨农场提出的农场建设目标就是全方位的循环、无害、无废物、以果树蔬菜为主的,多种经营、绿色的,多种能源相互补充、全面发展的现代化生态农业。为此要吸收几百个失业劳动力、加强就地就业培训,要建立一个世界上最大的"城市农场"。

他说:底特律就是占了原来的农村发展起来的,现在就还给农业。

说得好啊!

我们从来都认为中国传统农业具有宝贵的生态学元素和生态农业经验,而且一直在为建设现代化的中国生态农业而努力。当我们看到全世界都在关注、在行动时,就感到鼓舞、兴奋。不要以为我前面讲了一些挑刺的意见,就认为我在否定许多成绩。有人说,经济学家最大的责任是在经济危机发生之前或是在扩展之前提出意见和解决办法;同样,生态学家的最大责任是预见、预警和研究生态问题,提出解决办法。我们大家都还记得,上世纪 80 年代以前,美国农学和工程科学家还在讽刺生态学家"Always Say NO",近二三十年不讲了吧!

还有一个附带新闻,有报道说美国大学出现一批热门新专业,有机农业就是其中之一。华盛顿州立大学第一个招生了,其他学校正在跟进。这使我们相信农学院不会灭亡,生态学不会消失,生态农业也不会灭亡。它们必将以不断发展、不断更新的步伐和面貌向前! 向前!

在王兆骞教授农业生态学学术思想研讨会上的讲话

管竹伟

浙江省生态学会理事长

尊敬的王教授、沈教授、女士们、先生们：

很高兴参加今天的"王兆骞教授农业生态学学术思想研讨会"。借此机会，我要特别感谢的是王兆骞教授。王教授是我们浙江省生态学会的创始人，又是浙江农业大学农业生态研究所的创始人。长期以来，王教授致力于生态学的教学与研究，倾注了心血，付出了艰辛，并作出了卓越的贡献。我首先代表浙江省生态学会向王兆骞教授表示崇高的敬意，衷心祝愿王教授再延益福，健康长寿！

王兆骞教授是一位优秀的、资深的、受人尊重的生态学教授，始终坚持教学理论与生产实践紧密结合，科学严谨、求真务实。王教授早期从事过作物栽培研究，为确保粮食安全，通过采用水稻二段育秧的办法，充分利用温光资源，创新三熟制，有效解决了提高复种指数、获得粮食高产的栽培模式；从事过农作制度创新，在全国最先将计算机技术运用到水稻生产模型上，并为国内培养了这方面的优秀学生，传播了先进理念与科学知识。王教授具有强烈的事业心、进取心和责任心，敏锐地意识到社会持续健康发展，必须要有良好的生态环境做基础，是全国率先提出发展生态农业的学者，又是全国生态试点县的首位专家，在国内外具有很高的知名度、影响力。王教授数十年如一日，不图虚名，行实事，坚持教书育人，用优良的师德师风、渊博的知识给学生以智慧，教育学生做人、做事、做学问，良好的教风带出良好的学风，培养的学生既有专业知识，又有职业素养，在社会上大有作为，开创的学科后继有人。王教授这种潜心教学、辛勤耕耘、坚定执着的事业追求，乐于奉献的优秀品质，值得我们很好地学习。

浙江省生态学会能有今天的有声有色，与王兆骞教授倾注的感情、付出的心血、打下的基础分不开。他所倡导的森林生态系统、陆地生态系统、农业生态系统和保护发展生物多样性的生态学理念、观念，培育的生态示范点很有前瞻性、针对性和指导性，所弘扬的人与自然和谐相处的核心价值观，引导人们尊重自然、热爱自然、善待自然，保护良好生态环境的文化内涵，至今仍然影响着理论界、学术界和经济社会发展的实践，对建设资源节约型、环境友好型社会具有远见卓识，可以说是生态学的泰斗。王教授还非常重视年轻人、支持年轻人，对我这样一个既无高学历，又不是专家学者，更没有生态理论、生态学背景的人关爱有加，鼓励我、指点我、激励我从事学会工作，提携我担任浙江省生态学会的理事长，使我的心灵深处有一种强烈的感受，感受到了王教授对事业的执着，对年轻同志的满怀深情，折射出王教授对年轻一代的博大胸怀，言传身教，甘为人梯，关心年轻人的成长，引领晚辈锐意进取，更增添了我一份强烈的生态意识、生态义务和生态责任。王教授这种汇聚力量、共推生态事业发展的精神真真切切地感动着我，实在令人尊敬。

王兆骞教授对待教育事业忠心耿耿、踏踏实实，科学严谨、求真务实；对待同志同事真诚友善、从容随和，为人做事受人尊重；对待名利地位，品德高尚、乐观向上，坚守淡泊、甘于寂寞；对待生活平和淡定、知足常乐，和善的身心、快乐的心境值得我们敬佩。王教授这种求实创新的精神是我们宝贵的精神财富，我将用这种精神不断激励自己、充实自己、完善自己、提高自己，把生态学会的工作传承好、发扬好，这是比别的更值得去追求的东西。

衷心祝愿王兆骞教授身体健康，家庭和美，开开心心，快快乐乐，再享金色晚年。

祝王兆骞教授长寿健康！

在王兆骞教授农业生态学学术思想研讨会上的发言

蒋德安

浙江大学生命科学学院常务副院长

尊敬的王老师、沈老师、各位领导、老师们、同学们：

大家上午好！

今天我们在这里举行"王兆骞教授农业生态学学术思想研讨会"，我代表浙江大学生命科学学院对本次研讨会的召开表示衷心的祝贺，对参加本次学术研讨会的各位领导和王先生的弟子们表示最热烈的欢迎。

王兆骞教授是我国生态农业的重要奠基者，他在水稻栽培、耕作学、农业生态学和生态学方面作了大量的研究和应用推广工作。在王老师的带领下，1989年1月成立了中国第一个农业生态研究所；1991年经国务院学位办公室批准为全国农业院校中第一个生态学博士点，为新生的浙江大学生命科学学院生态学国家重点学科的建设和发展作出了重要贡献，为后来生命科学学院学科整体发展奠定了重要基础。

我1978年考进大学后，见到王老师和沈老师，后逐步熟悉。多少年来，在我的心目中，王老师就像蜜蜂一样，一直在不停地忙碌着，对事业孜孜不倦地追求，长期在生产第一线指导实践，从实践中发现问题、研究和解决问题。到了70多岁还主持国家自然科学基金重点项目"水土流失的生态学规律及其监控"，定点浙江兰溪、湖南衡阳、长沙和贵州罗定进行研究，不但进一步完善了一整套试验测定和计算方法，还进一步解决了小尺度向大尺度转换的问题。在方法创新的同时，为一系列农业措施、农作制度和水土保持的生态保护技术，提供了评价与利用的理论依据和技术方法。退休以后，他仍然关心学院和学科的发展，关心我省乃至全国的生态农业事业，就浙江生态省建设多次为省领导出谋划策。

今天我们在这里隆重举行王兆骞教授农业生态学学术思想研讨会，相信通过研讨,他的学术思想无论在理论上还是应用方面,都将会得到更好的发展,也必将成为新一代学子不断努力和创新的无穷动力。

在此,我代表浙江大学生命科学学院,向王兆骞教授对学科发展和教书育人所作的贡献表示衷心的感谢!

祝王老师和沈老师身体健康,福如东海,寿比南山!

祝研讨会圆满成功!

在王兆骞教授农业生态学学术思想研讨会上的发言

方盛国

浙江大学生态研究所所长

尊敬的王教授、沈教授、各位领导、各位来宾、各位朋友：

大家好！

今天，我们怀着无比喜悦的心情聚集一堂，在这里举行"王兆骞教授农业生态学学术思想研讨会"，并恭祝王先生八十华诞！

王先生是浙江大学农业生态学的奠基人，是浙江大学生态学博士点和国家重点学科的先驱，是深受我们尊重和爱戴的老前辈。正是由于有王先生为我们奠基、开拓，才使得浙江大学农业生态学享誉海内外，才使得今天的浙江大学生态学国家重点学科蓬勃发展。我们作为后辈，一定要永记我们生态学的发展史，弘扬王先生严谨治学和学无止境的精神，努力将浙江大学生态学国家重点学科建成名副其实的品牌学科。

我们也热诚地希望，王先生在快乐享受退休后安闲生活的同时，能多多地给我们学科发展、我们的年轻学生成长提供指导！

祝愿王兆骞先生及夫人健康、快乐！

在王兆骞教授农业生态学学术思想研讨会上的发言

李萍萍

江苏大学副校长

很高兴来参加今天的"王兆骞教授农业生态学学术思想研讨会"。我是王兆骞老师的开门弟子,在王老师身边学习了三年,接受了良好的正统教育,受益匪浅。王老师的人格魅力和学术水平,前面的领导们都说了,不再细述。这里谈谈王老师给我人生中留下深刻印象的三个鲜明特点:

一是选人和用人之道。王老师挑选学生从是否有扎实的英语基础,是否有动手能力和组织能力等多方面来综合考虑,这与一般老师只从分数高低来选人具有很大的差别。同时王老师很善于发现学生的长处,然后就是用人之长、避人之短,这对于王老师以后凝聚一个良好的团队起到了很大的作用。

二是科学研究的毅力。王老师年年都在学校农场安排田间和盆栽试验,对数十个品种的农艺性状进行考察和记载,积累了大量的水稻生态试验数据。这种持之以恒的科学态度一直激励着我,不管什么时候,什么样的大气候,科学研究上绝不急功近利,而是踏踏实实,一步一个脚印往前走,最后才获得了国家科技进步奖。

三是创新理念和洞察力。王老师将水稻栽培与耕作学科紧密结合,通过创造水稻的两段育秧技术来解决耕作制度中三熟制热量不足、产量不高的矛盾,获得国家科学技术奖励。王老师是生态农业的创始人之一。记得1987年前后,他与骆世明教授等一起在南京农业大学耕作学教研室开座谈会时就说到,我们现在的"生态农业"过二三十年以后会不会就像马寅初的人口论一样终究被人所认识和接受。事实上,当今的中国从政府到人民,生态意识已越来越强了。王老师对新生事物很易接受,1984年期间就请了杭州大学计算机专业的学生来帮助一起处理水稻生态方面的数据,早在1989年就参加了SARP项目举办的计算机作物模拟模型培训班。

一代人有一代人的事业,王老师及其团队通过自身的努力,将浙江(农业)大学的生态学科从无到有、从小到大建设成为国家重点学科,为学校、为国家作出了永远抹不去的历史贡献。作为王老师的学生,我们在三年的研究生学习期间所打下的坚实基础也让我们终身受益,历届同学们都在各自的工作岗位上作出了显著成绩,成为了优秀人才,并且在学术界产生了一定的影响。因此,我们今天济济一堂,共同探讨王老师的学术思想,共同交流工作体会,不仅对于我们各位互相促进,而且对于促进我国农业生态学科的发展都将起到积极的作用。

感谢会议筹备组的辛勤劳动。预祝会议圆满成功!

祝王老师夫妇、祝各位来宾身体健康、工作顺利、生活幸福!

在王兆骞教授农业生态学学术思想研讨会上的贺词

骆世明

华南农业大学原校长

> 穿越祖国最艰难的岁月
> 用真诚与汗水一路开拓
> 播入生态希望
> 幼苗郁郁葱葱
> 桃李遍布南北
> 八十载风雨兼程
> 八十载爱洒人间
> 大地留下了您悠长而深沉的足迹
> 实实在在！

王兆骞老师，祝您健康长寿！

2010 年 12 月 3 日

在王兆骞教授农业生态学学术思想研讨会上的开幕词

严力蛟

浙江大学生命科学学院生态规划与景观设计研究所

尊敬的王兆骞教授、沈惠聪教授、管竹伟书记、蒋德安院长、方盛国所长,尊敬的各位领导、各位老师、各位来宾、同学们:

早上好!

岁月如梭,时光荏苒。昔日的莘莘学子,已成长为如今的学科带头人、业务骨干、商界或政界的精英。作为王兆骞教授和沈惠聪教授的学生、同事和朋友,今天我们从四面八方赶来,汇聚在美丽的天堂杭州,围坐在王教授的周围,济济一堂,重叙友情,并围绕王兆骞教授农业生态学学术思想进行交流和研讨,这是一个难得的盛事,可喜可贺!

王兆骞教授是国内外知名的生态学家,尤其在水稻生理生态、作物模拟模型、农作制度、农业生态等领域均具有很高的学术造诣。同时,王兆骞教授也是浙江大学农业生态研究所、生态学科、生态学博士点和浙江省生态学会的创始人,为浙江省的生态建设和浙江大学生态学科的发展作出了重要的贡献。

一日为师,终身为父,恩情似海!恩师对我们的栽培,使我们获得了为国家、为社会、为人民服务的本领;恩师孜孜不倦的教诲,使我们终生受益;恩师对我们的殷切期望,成为我们不断前进的动力。王兆骞教授的农业生态学学术思想和敬业精神,将继续引领我们在生态科学研究领域,克服一个又一个困难,攀登一个又一个高峰。

按照王兆骞教授"不铺张、不张扬、求实效"的要求,以及"师生聚会,学术交流"的会议主题,今天我们将在此围绕王兆骞教授的农业生态学学术思想进行座谈和交流,相信今天的研讨会,必将起到增进师生之情和同窗之情、进一步活跃学术氛围、促进农业生态学科发展等作用。

　　本次会议得到农业部重点开放实验室、江苏大学副校长李萍萍教授、浙江大学农业生态与工程研究所、杭州狮峰龙井茶叶有限公司潘再芽总经理等单位和个人的资助,在此谨表谢意! 同时,我也要代表全体与会代表向筹备组和会务组的各位表示衷心的感谢,感谢你们为研讨会的筹备工作与会务工作付出的大量辛劳和作出的贡献!

　　预祝会议圆满成功!

　　祝各位领导、老师、来宾、同学身体健康! 万事如意! 幸福快乐! 工作、学习顺利!

在王兆骞教授农业生态学学术思想研讨会上的书面发言

唐建军

浙江省生态学会常务理事兼秘书长

尊敬的王兆骞教授、沈惠聪教授、各位与会代表和朋友：

欣悉"王兆骞教授农业生态学学术思想研讨会"于 2010 年 12 月 11 日在浙江大学紫金港校区紫金港大酒店召开，我感到无比兴奋。由于我现在北京挂职，不能亲赴活动现场，感染现场热烈气氛，再次亲聆两位先生的人生教诲，拜会回校参加活动的各位校友，倾听大家在农业生态学学术研究中的新发现、新感悟、新技术、新成果，百般遗憾之余，特发此贺电，向整个活动表示祝贺、祝活动取得成功！并祝王兆骞老师、沈惠聪老师身体健康，祝各位校友身体健康、工作顺利、事业进步！

王兆骞教授是浙江大学农业生态学科创始人，也是浙江大学农业生态研究所创始人，又是浙江省生态学会的创会理事长和名誉理事长。经过全体学科同仁、广大校友、学会会员多年的努力，浙江大学生态学科、生态研究所和浙江省生态学会都有了飞速的发展，成为在国内外生态学领域一支不可忽视的重要研究力量，受到了国内外学界的高度肯定。挂靠在浙江大学生态学国家重点学科之下的浙江省生态学会，目前会员规模已经超过 600 人，会员结构不断优化，先后建立了学术委员会、青年工作委员会、国际合作与交流委员会、科普与教育工作委员会四个工作委员会，以及生物多样性与基础生态专业委员会、农业生态专业委员会、林业生态专业委员会、水域生态专业委员会、旅游生态专业委员会、生态摄影与生态文化专业委员会、环境生态专业委员会、景观生态委员会、区域生态专门委员会九个专业委员会，目前也是中国生态学学会农业生态专业委员会、旅游生态专业委员会、动物生态专业委员会、科普工作委员会等专业委员会和工作委员会的副主任委员单位，严力蛟、丁平、陈欣、吴鸿等四位会员还担任着中国生态学学会理事。2009 年浙江省生态学会还获得中国生态学学会首届先进集体单位,是全国近30个省级学会中获此殊荣的三个学会之一,同年,学会秘书长被评选为中国生态学学会先进个人,成为全国获此殊荣的六个学会先进个人之一。2010年学会获得全省学会工作先进单位荣誉称号。学会的这些发展成果都是与学会名誉理事长王兆骞教授的辛勤指导分不开的。在这里,我谨代表学会秘书处,向王兆骞名誉理事长表示崇高的敬意和感谢!

我自20世纪80年代初起开始接触农业生态学,1988年在北京出差时经王如松等先生的推荐加入中国生态学学会。1995年在浙江省生态学会成立伊始即加入浙江省生态学会,并作为浙江大学生物科学与技术系的代表被选为学会第一届理事,先后担任学会青工委副主任、主任,学会副秘书长、秘书长,能够非常有幸地在王兆骞名誉理事长的指导下开展学会工作,自身也得到不断发展。过去虽然无缘拜于王老师门下,但由于学会等工作关系,我却非常荣幸地得到了王老师的很多具体的指导,并有幸拜读到先生的诸多不轻易示人的诗作,领略着先生的人格魅力和学术风采,自己也常常以王先生的"俗家弟子"自称并以此为豪。

在此,请允许我以最诚挚的心情,衷心祝愿王老师、沈老师身体健康,思想之树长青!祝与会的各位代表身体健康!祝本次学术交流活动圆满成功!

2010年12月9日于农业部

共同的事业追求　永恒的师生情结

李萍萍

南京林业大学副校长

　　我是 1982 年浙江农业大学农学系毕业后就考入该系的研究生的,是王兆骞老师的第一个硕士研究生,即通常所说的"开门弟子"。在王老师身边学习了三年,接受了良好的正统教育,受益匪浅,并且由于我毕业后在大学任教,从事相同学科的教学和科研工作,因此,与王老师一直交往很多。随着岁月的流逝,我们的师生情谊非但没有疏远,反而像酿酒一样越久越醇。在我眼里,王老师是一个不信邪、不畏权、有思想、有干劲、乐观豪爽、执着追求的大专家,他既是我敬爱的老师,又是无所不谈的忘年交。在王老师八十诞辰之际,往事像电影般一幕一幕呈现在眼前,这里以原生态的方式略作小叙。

一、学生时代的情结

　　我最早认识王兆骞老师是在 1981 年秋冬季节,我读大四期间,他来给我们的一个专题课作农业生态和作物生态方面的讲座,主要内容大概是生态学思想及其在农业生产上的指导意义,也介绍了将在德清县开展的杭嘉湖平原生态农业研究项目。这一内容使我对自己的专业有了一种新鲜感,因为先前的几个学期的作物栽培课程和耕作学等专业课程似乎都是灌输给我们一些很成熟的技术,而这个生态学课程是启发我们去全盘思考、整体规划一个地区的农业生产,让我们有创造的空间,我很感兴趣。那时也是我整个人生中英语水平最高的时期,我把王老师讲授的课程内容当即翻译成英文作了详细的笔记。

　　过了一两个月,即 1982 年 1 月,开始研究生报考了。我原本一直是想大学毕业后就去工作,因为上大学前已经有了四年的下乡经历,盼望着早日为祖国的四个现代化贡献知识和力量。但是临近研究生报名结束时,我突然决定还是要去报考,因为毕竟我太喜欢读书！在选择报考的学科方向和导师时我没有多加思考,那就是报考王兆骞老师的水稻生态研究方向。为此,我找到了王老师的家里,谈了自己的想法,并把英语记录的笔记给王老师看了。王老师当即表示同意我报考。经过了几个月的艰苦备战,我以优异的成绩过了录取线,但能否被录取还不得而知。有一天,我从绍兴农科所实习基地跑回学校,想问问录取的情况。路遇王老师,不料王老师什么也没说,快速离开了我,这让我不免有点失望。后来我知道,其实那些天王老师也在痛苦地作抉择。因为当时与我一同考取的还有一位邻班同学,虽然分数低我30来分,但是个男生,并且年龄也小我几岁。作为搞水稻生态的导师,第一次招生,招一个大龄女生？这确实有悖常理。但是几天后,我收到了录取通知书,好高兴啊,王老师还是选择了我！后来我了解到,王老师在系里作了认真调研,认定我的两大优势:一是英语基础好,英语考了80分(而且在备考期间几乎没有复习英语,集中力量攻克植物生态学这门新课);二是组织能力强,当了四年的班长,在90%以上为男生的班上很有威信。尽管表面上我并没有对王老师表示任何感激之意,但是我内心一辈子都很感谢王老师把我带进了攀登科学高峰的神圣殿堂。并且,王老师的那种是否有扎实的英语基础、是否有动手能力和组织能力的综合评判选人和用人之道,在我以后的教学及管理生涯中也被很好地继承了下来。可惜由于一直没有机会到国外作长时期的深造,我的英语水平逐年下降了。

进入到研究生阶段后,我除了选修课程外,也开始介入了王老师的研究课题。我得知了王老师年年都在学校农场安排田间和盆栽试验,对数十个品种的农艺性状要进行考察和记载,积累了大量的水稻生态试验数据。我开始体会到当一个农业科技人员真是不容易,不但要有智慧和知识,还要有体力上的付出。在研究生阶段的第一个学期,我第一次跟着王兆骞、俞劲炎、奚文斌、吴士湵等课题组的老师到杭嘉湖平原生态农业项目的德清和嘉兴现场去考察,记得是奚文斌老师事先订的旅馆,他把我报成了"男生",因为他想当然地认为王老师搞水稻的研究生,又跑外地出差,肯定是男的,引起了大家的一片笑声。那次考察后,我与王老师商定,作为这个大项目的一部分,我将其中的"不同机械耕作方法对杭嘉湖稻田土壤性状和作物生长的影响"作为学位论文研究课题。在两年共五茬的稻麦田间试验中,不知道跑了多少回嘉兴步云的乡下去测定和取样,不知道经历了多少次的"火车+汽车或汽船+步行"的旅途艰辛,有时候是与农机系吴士湵老师的研究生张立彬同学(现为浙江工业大学校长)及嘉兴市农机局技术员茆振华同志一起去,更多的则是一个人下乡去。除了下乡搞试验,大部分时间是在实验室里搞分析测定。早上五点多,天才蒙蒙亮就一路小跑拿着面包进实验室;晚上十点多,沿着华家池畔的小路,望着头顶的一轮明月,心情愉悦地回宿舍。与我一起在实验室起早贪黑、不知疲倦地工作的还有张国平(现为浙江大学农业生命环境科学部主任)同学等。

我研二时,王老师去菲律宾做访问学者前,专程与我一起到我的另一个导师沈学年老教授家(那时作物栽培与耕作学专业的大部分导师都是副教授,所以研究生招生时同时挂沈老师为导师),让我以后有事多去请教。记得有一次我跟王老师闲聊时说:"我和沈先生年龄整整差50岁,而您正好是在我们俩的中间。"王老师说:"这么巧?那沈老师当年把我留下来时也是你这个年龄喽?"所以我就知道了王老师曾是沈老师的得力助手。当年,沈学年老先生已年近八十,他德高望重,和蔼可亲。老先生在作物栽培学、耕作学乃至新兴的生态学方面的高超学问,复杂社会背景下坚定的政治信仰,谦虚低调为人处世的美德,以及对我这个末代弟子的信任和爱护等,都在我人生中留下了抹不去的印象。(更感慨沈老师居然也一直记得我,我最后一次与黄冲平同学一起去看望并合影时他已是90多岁高龄,见面第一句话就问我是从南京来的吧?)此外王老师的一些挚友如土化系俞劲炎、农机系奚文斌等课题组的老师我也经常去请教。在老师们的悉心指导和自己的发奋努力下,我如期完成了学位论文。我自豪,我能够比一个"男生"更像"男生",克服各种各样的困难,没有辜负王老师的殷切希望。三年中,除了做学位论文课题,我还在王老师的指导下,参与了校内水稻盆栽试验及数据资料的分析,阅读翻译了 *The Analysis of Ecosystem in India*,*Rice in Asia* 等书籍和资料,可谓收获颇丰,终生享用。

到了硕士毕业分配的时刻,王老师多次耐心地劝我留在浙江农业大学做他的助手,但是由于我爱人在江苏工作,为了爱情我还是不得不选择离开我热恋的美丽的华家池校园,离开熟悉的老师和同学,准备到南京农业大学任教。临毕业前,我与王老师一起到绍兴地区农科所考察,并看望实习生。当我谈到现在的学生不能吃苦,不如我们77、78级学生时,王老师说道:"不仅仅是学生问题,老师的态度和精神也不如我们年轻时候了,那个时候我们个个都是率先垂范,现在很多教师仅仅是指挥。"作为老师,不仅仅找学生的问题,还客观地找老师的问题,由此,我看到了王老师实事求是的大家风范。当农科所一些当年我的大学生产实习指导教师问起我毕业后的去处时,王老师风趣地跟他们说,"我要把她嫁出去了",看来老师在恋恋不舍中已经很开明地接受了我要离开的现实。

二、在南京农业大学任教时的情结

1985 年我研究生毕业时,国家还处在计划经济时代,要从浙江到江苏工作,那可真是费尽了周折。到了位于钟山脚下、与国父寝陵相伴的南京农业大学报到以后,又费了很多的口舌,做了很多的努力,我终于如愿到耕作学教研室任教,从事农业生态与耕作制度的教学和研究。

当年的 10 月间,王兆骞老师来南京双门楼宾馆开会,约我去见他。那时我已怀孕数月,行动不很自如,但是知道恩师来了,还是转了几路的公共汽车,到宾馆去看望。后来,大概是 1987 年前后,王兆骞与骆世明教授等一起来到南京农业大学,这是我们第二次在南京见面。那天,我们教研室的章熙谷教授等一起,在我们耕作学北面的小教室里开了一个农业生态的非正式研讨会。就是在这次非正式会议上,我第一次听到王老师的一个惊人观点:我们现在在搞的生态农业不受重视,在几十年以后会不会与当年马寅初的人口论一样,被证明我们是对的、是很有意义的? 20 多年过去,中国的生态农业越来越得到各级政府的重视,并且已经是遍地开花了,作为我们从事该领域研究的人,都与王老师一样感到欣慰。

女儿江天出生后,我在寒暑假都要带她去宁波老家探亲。但是当时的交通条件差,来回路途很不方便。有一次,我带江天经过杭州去看望王老师夫妇,王老师跟我提出来,以后回家探亲时都可以在杭州住一下,"与我的两段育秧一样",可见王老师对他发明的两段育秧科研成果的入迷,以及对我和女儿的爱怜。由于王老师来南京时曾经不止一次看到小江天在树上爬、在满地奔跑玩耍,后来他就一直称江天为"小调皮",一碰到我就会问"你的那个小调皮近况如何?"前不久,我将江天大学毕业时写的小说《天之信》送给他时,他感觉到仿佛已经隔了几个年代了,第二天早上告诉我说:"昨天几乎是彻夜未眠地读小天天的书,真是爱不释手啊。"

1989 年秋天,王兆骞老师在浙江农业大学举办了由国际水稻所发起、荷兰瓦赫宁根大学 Penning de Vries 教授亲自来指导的 SARP 项目培训,作为对王老师工作的支持,也出于对计算机作物模拟新研究领域的兴趣,我在南京农业大学组织了一个 group 前去参加。第二年的秋天,王老师又组织开展了一次关于如何实施作物生长模拟模型研究的具体 program 研讨会,由 Penning de Vries 教授亲自到场进行逐个 program 的指导。通过这两次学术活动,我大大提高了计算机应用水平,也掌握了作物生长模拟的基本技能,并在此后把它作为了我的一个研究方向。1995年,我到江苏理工大学(2001年改为江苏大学)从事设施农业工程研究,后来在国内第一个把作物生长模拟模型技术应用到设施园艺中,这确实得益于王老师的支持。

1991年,我在南京农业大学在职报考了章熙谷老师(也是国内农业生态学的著名专家、王老师的多年好友)的博士研究生。为什么等了这么多年才想到考博呢,这里确实有对王老师的感情因素。因为先前王老师还没有担任博士生导师,如果我去考博怕他心里会不高兴,所以直到他成了博导后我才去考。当然,实际上我的顾虑是多余的,但毕竟也是对恩师的一种感情吧。那年,在考取博士生的同时,我申报的国家自然科学基金项目也获批了。在接下来的三年期间,我边教学、边科研、边学习、边带孩子,而且试验田在百公里以外的丹阳乡下,每月要来回几次很不方便。当国家自然基金项目完成时,我的博士学位论文也写成了,这比学校规定的在职研究生必须满四年才能毕业提前了半年多(所以,学校发给我的博士毕业证书时间也推后到1995年3月)。

1994年12月15日,是我博士学位论文答辩的日子,我请王老师千里迢迢来担任答辩委员。记得头一天傍晚我去南京火车站接站,一上了出租汽车,王老师就笑着拿出身份证给我看,让我看看明天是什么日子。我一看明天正好是他的生日,就说"太巧了,明天也是我们小江天的生日",一听这话,王老师更加爽朗地笑了。一路上,王老师跟我聊起了我的毕业论文。他说:"我真佩服你的综合能力,能够把这么多看似不相干的试验串起来,形成'冬作物—玉米—稻种植方式的生态经济分析'这么一个连贯的学位论文,我看很不错!"

在南京农业大学工作的十年间,我得到了王老师的诸多帮助。当然我也在尽我的努力支持着王老师,如举荐人才、传递信息、参加活动等。

三、在江苏大学工作任教期间的情结

1995年9月,我因为要照顾家庭,又离开了我所热爱的南京农业大学校园和教学及科研工作,来到地处古城镇江的长江岸边的江苏理工大学做农业工程的博士后(是该校的第一个博士后),出站以后就留在了那里,一直工作了十五年零六个月。一个农学博士来到一个工科院校,我自己已经做好了从红花(主流学科)变成绿叶的足够心理准备,但是我知道王老师听到这个消息是高兴不起来的,毕竟对我的专业业务发展有影响,而且以后业务上的联系会少了。1996年我们一起在福建农林大学参加全国农业生态学学术研讨会,

王老师在会议总结中把我仍然作为是南京农业大学的代表,我也表示充分的理解。

到了1998年夏天,我接到王老师的一个电话,说是他参加国家自然科学基金项目的会审才回来,在会上看到我的申报材料才知道我在一年多前已获得教授职称。他一方面为自己的学生成长为教授感到高兴和自豪(可能我是他学生中的第一个教授吧),同时也对我不及时告诉他这一消息表示了不满。那一年在王老师的支持下,我的国家自然科学基金项目顺利获批,这是我获得的第二个国家自然科学基金资助项目。由于那个时候,江苏理工大学每年获批的国家自然科学基金项目数极少,这也为我今后的发展树立了信心和赢得了口碑。在以后的十多年中,特别是自2001年初起我走上了学院、研究生处和学校的领导岗位,我把全部的精力都放在了学校农业工程学科的打造上,从1998年申报农业生物环境与能源工程的硕士点开始,到现在有了一级学科博士点、江苏省一级学科重点学科、江苏省优势学科、国家重点学科和教育部重点实验室,这里边主要是我的领导的支持和同仁们的努力,当然也包含了我的心血和智慧。在为学校事业作贡献的同时,个人的业务也得到了发展,我把农业生态学的理论和方法运用到农业工程中,发展设施农业生态等交叉学科领域,获得了一批国家级和省部级的项目及科技成果奖,成为二级教授,并担任了中国农业工程学会副理事长等学术职务。当然比起王老师的学术声望,我是自愧不如,尤其是国际交往方面差距更大。

在江苏大学工作的10多年里,王老师几次来镇江看我,有时是路过,也有是专程的。每次我们相见都是那么的亲切,那么的随和。记得有一次,我带王老师和师母沈惠聪老师游览镇江金山,在金山寺寺庙的墙上写着"度一切苦厄"五个大字,他很有感慨地说:他现在就是在度一切苦厄。他跟我讲述了浙江农业大学等校与浙江大学合并后,他对生态学科发展的忧虑。我很理解王老师,我是看着他一步一步把生态学科从无到有做起来的,在我读硕士时,他一手张罗成立了农业生态研究所,挂靠农学系。后来不断培养和引进人才,不断发展壮大学科,直至为学校获得了生态学的国家重点学科,这是多么了不起的功绩啊,在农业大学要拿到生态学国家重点学科谈何容易! 面对新的情况和新的形势,老先生心存忧虑是不足为奇的。但是考虑到王老师的年龄和学校的实际情况,我一直劝慰王老师:"一代人有一代人的责任,一代人有一代人的使命,王老师您的历史使命完成得很好,下面就是年轻人的事了。您已经70多岁了,他们如果尊重您,您就多给一点指导,否则您就自己想干什么就干点什么,乐得享清闲。"王老师说:"听你这么一说,我觉得着实轻松了不少。"当然我也知道，让王老师一下子放弃追求了一辈子的事业也不是说说那么容易的，作为学生能做的也是尽力让老师心理减负而已。

生老病死是人世间不可抗拒的自然规律。2003年王老师被查出患了结肠癌。当我的好友、王老师的助手和同事陈欣博士告诉我这一消息时，我伤感得说不出话来。王老师刚做完手术和化疗后不久，我就去杭州刀茅巷他家中看望。我惊奇地发现病后的王老师精神还不错，尤其是情绪仍然很乐观。王老师告诉我，医生原来叫他要做n次化疗，考虑到生存的质量，就跟医生要求少做了两次。他说自己病后其他没有什么大的变化，只是不能骑自行车了，让他感到很不方便，不能随时到华家池校区办公室去了。听了王老师的话，我顿时肃然起敬。一般的老人病后想到的只是如何生存下去，而王老师想到的是怎样过得有意义，这是多么高的人生境界啊，值得我们学生辈学习！

四、永恒的情结

今年4月，由于我爱人调到南京工作已整三载，我为了家庭再次离开了我极其热爱的江苏大学和农业工程事业，到风景秀丽的玄武湖畔——南京林业大学任教。我告诉王老师这一消息后，他很快给我回了一个e-mail，写道：

萍萍：极其高兴地知道您去做南林大副校长。是金子总会发光，祝贺并相信您在新的岗位上会做出更出色的业绩！前天我收到越南阮攻丹(是"文革"开始提早毕业的耕作学研究生)的e-mail，说他也刚刚任了大学校长(他原来当过越南副总理)。看来，我的校长朋友越来越多了。很开心。

邮件中还是照例附了一些他的近期学习心得。真是心有灵犀一点通，王老师也把我当做是"朋友"。我深深地知道，王老师对我的感情是很复杂的：一方面他一直关心和支持着我，为我取得的每一点进步而感到高兴；另一方面，他越发现我的潜力，就越遗憾没能留我在他的身边成为他的助手。因为王老师很多次跟我说过，如果我当初能留在他身边工作的话，他这一辈子可能就不会奋斗得这么辛苦！

我只是一位普通的大学教师，只是王兆骞老师一大群学生中的普通一员，我深深感谢王老师对我的厚爱！然而，我已到了中年后期，可能做不到像王老师信中所说的"在新的岗位上会做出更出色的业绩"，我能做的只有像老师一样不断地辛勤耕耘，满腔热情、竭尽全力为社会作贡献。也唯有这样，才能回报诸多的母校和老师对我的培养之恩。

2011年5月4日于南京

一个"俗家弟子"对恩师的情怀

唐建军

浙江大学生命科学学院

我的学历学位教育官控档案记录中,开列着一串串长长的指导我学位论文的导师的名字,1979 年—1983 年大学时期的张明龙、王春生,1983 年—1986 年硕士生时期的刁操铨、余铁桥、谢咏枫,1986 年—1992 年在中国科学院长沙农业现代化研究所(现在改为中国科学院亚热带农业生态研究所)工作期间追随的李达模,1992 年—1995 年博士生时期的傅家瑞、王永锐,1999 年—2000 年以中国政府派遣研究员身份在日本筑波大学访学期间的上田尧夫、横尾正雄,2002 年暑期以客座研究者身份在筑波大学合作期间的志水胜好,2002 年—2003 年以共同研究员身份在东京大学高访期间的宝月岱造……名单里面并没有王兆骞教授的名字。但是,我却一直把王兆骞老师当做自己的授业导师,把自己当成他的"俗家弟子",虽然没有机会"剃发拜师",但却仍然非常幸运地得到了王先生的很多专业指导和人生指引。我就是他的学生!

最早见到王兆骞老师的这个名字,应该是我于 20 世纪 70 年代末期在安徽劳动大学就读大学时期。从 1980 年大一结束的初夏起,我就跟着王春生老师,在学校农场试验田里开展沈农 1033 的分期播栽实验,以观察沈农 1033 南移到长江流域之后生育期及其他各种性状的变化(那个时候几乎每个从事谷类作物栽培的老师和同学都要进行分期播栽试验,以了解水稻等作物的两性—期和叶蘖同伸规律)。到了 1982 年考研究生时,我毫不犹豫地报考了湖南农学院水稻生态生理研究室。从 1982 年开始备考到 1983 年初夏被录取的那些时间里,我除了跟着老师进行田间实验外,还花了大量的时间几乎读透背熟了全国范围内(尤其是南方)几乎所有的水稻栽培和水稻生理及耕作学方面的参考书籍(如《实用水稻栽培学》、《水稻栽培》、《水稻生理》、《稻作理论与技术》、《气候与水稻》、《作物生理》等)以及能够在学校图书馆查到的杂志。在逐渐熟悉丁颖、刁操铨、沈学年、杨守仁、梁光商、刘巽浩、吴光南、潘瑞炽等水稻栽培生理与耕作领域中这些属于那个年代青年学生的偶像的同时，也逐渐了解了包括刘鑫涛、戚昌翰、李泽炳等水稻栽培生理学家以及王兆骞、余铁桥、章熙谷、骆世明、陈聿华、闻大中、吴志强这些活跃在农业生态学的中坚力量。正因为自己的刻苦用功，1983 年大学毕业时，我和另外三位同学（包括现在美国北卡州立大学担任终生教授的胡水金、现任中国农业科学研究院科技管理局副局长的袁龙江及现为北京市农林科学院杂交小麦研究中心主任的赵昌平）成为皖南农学院第一届毕业生中四位考研成功的同学。我考入湖南农学院水稻生态生理研究室，师从我国著名耕作学家刁操铨（1944 年毕业于浙江大学农学院，曾任湖南农学院副院长）、水稻生态学家余铁桥（我入学时余先生刚刚从湖南农学院院长一职上卸任）、作物栽培生理学家谢咏枫三位先生，攻读硕士学位期间就认真阅读过王兆骞教授有关耕作制度和水稻栽培的文章，并逐渐对王老师的学识产生敬仰。而有意追踪王兆骞教授的名字应该在 20 世纪 80 年代中期。那时获得作物栽培学与耕作学硕士学位的我已经在中国科学院亚热带农业生态研究所（当年叫中国科学院长沙农业现代化研究所）追随着遗传学家李达模研究员从事耐不良土壤的水稻生态育种工作。无疑，这个既要遗传育种，又要栽培生理，还要土壤农化，同时更要生态学背景的综合性攻关项目，跨越专业的视野十分重要。王兆骞老师的生态学思想，重在学科间交融的生态学思想已经开始渐渐融入我的学术思路。

和王老师第一次面对面的接触则是在 10 年后的 1995 年。1995 年，我的人生发生了太多太多的大事。那年夏天，我从中山大学生命科学学院获得博士学位，只身一人来到浙江大学生物科学与技术系的生物物理研究室工作。而杭州对于我来说，是一个比较陌生的城市，因为杭州既不是我的出生地，也不是我成长和求学过的地方，我和我的爱人都没有任何熟识的关系在杭州，没有家人、没有亲戚，没有教过我课程的老师，没有一起学习过的同学，没有熟悉的朋友，没有曾有交往的同乡，除了亲自去广州母校对我进行面试的系领导李玲娣书记以及曾经在全国学术会议上有过一面之交的二三同行之外，可以说是举目无亲。就在那一年，由于工作上的关系，加上那时我一个人独自在杭州工作，时间也比较充裕，又恰时值壮年体力好，我经常从求是村骑车去浙江农业大学，去请教老师、游览校园及观赏标本。其间，曾经不止一次遇到了校园里精神焕发的王兆骞教授。

1995 年 12 月 27 日，浙江省生态学会成立。作为浙江省生态学会的创会理事长，王兆骞老师在此之前的筹备工作中所付出的精力，估计没有亲身经历的人是无法想象的。只是到了后来,我进入学会理事会,先后担任理事、常务理事,青工委副主任、主任,国际合作与交流委员会主任,学会副秘书长、秘书长后,才知道生态学会这样的社团组织里,工作是多么的繁杂,做好学会工作既让会员满意、让上级满意,又对得起自己应当承担的社会责任,是多么的不容易。当然此乃后话。作为一个代表着整个浙江省生态学界的省级学会的创会理事长,王兆骞教授注意到了理事单位应该有尽可能多的代表性,所以也通过生态学会筹备委员会给浙江大学生物科学与技术系(坦率地说,当时的生物系因为主要偏向生物物理和生物医学工程等一些特色专业,真正有生态学背景的也只有我这个 80 年代就加入中国生态学学会的"资深"会员了)发来了有关函件,商议浙大生物系应该有一位理事候选人名额并建议人选。感谢当时的生物系领导在我和另外一个青年教师之间做出了艰难的、正确的(对我而言又是幸运的)选择,我成了浙江省生态学会的首批会员,并很荣幸地在第一次会员代表大会上被选为理事。而这个于 1995 年底在浙江农业大学生物技术所会议室召开的浙江省生态学会成立大会,不仅成了我和王兆骞教授近距离的首次接触,更成了我此后 16 年里和王老师师生情谊的重要开始。

1996 年夏天,我的爱人陈欣从南京农业大学章熙谷教授实验室博士毕业。此前,她就想到浙江农业大学王兆骞教授的实验室做博士后。或许是由于陈欣在南京农业大学期间曾经获得南京农业大学优秀博士生和首届金善宝优秀奖学金的缘故;也许是由于陈欣在赴南京攻读博士学位之前就在中国科学院长沙农业现代化研究所这个以宏观区域农业综合发展为主要研究对象的国家级研究所里连续从事过 6 年农业生态学研究,并获得过省科技进步奖和中国科学院科技进步奖,以及在诸多生态刊物上发表了多篇学术论文;又或许是因为当年硕士期间同样有过师从著名耕作学家刁操铨教授和水稻生态专家余铁桥教授并获得过国家科技进步二等奖的科研经历,国务院博士后管理办公室很快批准了陈欣的博士后进站资格申请,并同意王兆骞教授作为生态学专业博士后流动站合作导师,接纳陈欣作为浙江农业大学生态学学科第一个博士后进站开展研究。我们也在浙江农业大学的博士后公寓安下一个新家,儿子唐若谷也在华家池小学上学了。从此,有了我们一家和王兆骞老师一家更加密切的联系。

四校联合之后,原来的浙江大学和浙江农业大学等四校成了同一所大学,我所在的生命科学学院院部坐落在新成立的浙江大学华家池校区。我和王兆骞老师的联系更加紧密了。虽然我的主要教学科研任务仍在玉泉校区,但我却因生态学会的关系经常见到王兆骞教授。2000年,浙江省生态学会换届改选成立第二届理事会。虽然那时我正在以中国政府派遣研究员的身份在日本筑波科学城的国立筑波大学进行访问研究,非常遗憾地缺席了理事会换届选举盛况,但依然在王兆骞教授等老一辈生态学家的关怀下连任生态学会理事并新任学会副秘书长。生态学会是一个民间社团,也是浙江省生态科技工作者的交流平台。在第一届、第二届理事长王兆骞教授的无私奉献和努力经营下,浙江省生态学会从无到有,学会会员规模不断扩大,并越来越广泛地覆盖到全省的众多高等院校、科研单位、政府职能部门、企事业单位及社会服务机构,越来越多的关心社会、关心生态环境健康发展的各界人士逐渐加入到这个大家庭。学会的专业委员会设置越来越健全,活动范围越来越广泛,各行各业参与的越来越多,本着服务于会员、服务于社会的基本宗旨,在王兆骞理事长的带领下,学会通过编辑出版论文集、评选优秀论文、开展联谊活动、巡回全省各地举办学术活动的方式,支持全省各地市的生态学科推进、生态建设事业推进和生态建设队伍的体系建设。

　　生态学会和很多专业学会有较大的不同。第一,很多学会上有头下有脚,上可通中央部委,下可达乡镇村委会,他们有自己的靠山——政府当中有对应的职能部门。如林学会有林业部、林业厅、林业局,农学会有农业部、农业厅、农业局,水利学会有水利部、水利厅、水利局,甚至水保站,医学会有卫生部、卫生厅、卫生局,虽然说生态与环境保护有些关联,也进行着一些相同的工作,但环保部、环保厅、环保局乃至环监站的"亲生儿子"是环境学会和环保协会,虽然有时也看生态学会一眼,但目光总是偏向那些"亲生"的。即使像生态省建设这样的含有"生态"两字的,由于归环保厅管辖,所召集的专家仍然主要是环境科学系列的,生态学家仍然充其量是配角。所以这些有靠山的学会生存土壤是比较肥沃的,政府一重视,办什么"事情"还是很方便的。第二,很多学会专业性强,一个省里从上至下,哪些专家学术水平高,哪些专家社会影响力大,哪些专家比较活跃,同行专家之间心里比较明白,也比较信服,推选理事过程比较容易,也不太有不同意见,如茶叶学会、植病学会、昆虫学会、土壤肥料学会、植物学会等,推选理事、常务理事、理事长什么的都非常容易进行。但生态学会和他们有很大的不同,因为生态学会不仅涉及政府职能部门、大专院校、科研院所、社会公共服务等,还在不同专业领域具有很大的跨度,生态学会的会员既有从事真正生态学研究的,更多的是一些和生态学科相关的专业领域,如植物、动物、微生物、自然保护、计算机模拟、环境化学、农药学、水域、森林、湿地、农田、旅游、土地管理、城市发展、资源回收,以及公共卫生、农业经济、生态安全、农业政策、人口管理、生态经济等,他们都对生态问题高度关注并参与其中,生态学会不仅没有理由把他们拒之门外,而且在做出重大决策前还必须倾听他们的建议和看法。同样,在组建和改选理事会时,有限的理事名额往往让生态学会的领导感到特别地为难。王兆骞教授在担任生态学会第一届和第二届理事长期间,周到考虑、真诚沟通,确定副理事长和常务理事候选单位既考虑到学术带头人的学术水平,也充分考虑到理事单位的社会影响力和社会资源,让一些既有能力更有热心的年富力强的同志参与到理事会中来,为生态学会的健康发展作出了不可磨灭的贡献。在学会第三次会员代表大会上,王兆骞教授又主动辞去理事长一职,并推荐热心学会工作、特别了解浙江省生产实际、又有强大组织能力的管竹伟先生出任理事长一职,为学会理事会的组织建设规范化、制度化的健康发展起了典范作用。而在王兆骞教授卸任理事长担任名誉理事长至今的日子里,王兆骞教授一如既往地关心着学会的发展,并特别支持学会秘书处全体同志的工作,只要秘书处安排王兆骞老师出席什么活动,王老师一定会克服种种困难出席并认真准备各种学术报告和讲话,绝不敷衍;而如果学会没有安排王老师参加某项活动,不管是否属于秘书处的疏忽,王老师也从不自行强行参加,更不责怪秘书处的同志;但当我们要征求他对学会重要工作的意见时,他总是非常客气地说,你们大胆放手去干,我支持你们!同时又非常细心细致地审阅我们的方案,指出我们计划的不足。种种一切,让所有后辈感受到了王老师的博大胸怀和高尚情操。

王老师不仅生态学知识渊博,而且人文涵养丰富。他有许多秘不示人的诗词佳作,都是对生活阅历的提炼和对社会诸种现象认识的凝练。由于我是杭州市科普作家协会的理事,也喜欢中华历史文化,偶尔也写点散文什么的,还担任着《杭州徽学通讯》这样的由杭州区域文化人组成的历史文化社团主办的历史文化类刊物,有时也和王老师谈谈徽州文化的一些问题。没有想到,王老师不仅也感兴趣,还常常发表一些很有深度的、对诸多社会文化问题的见解,让晚辈认识到作为生态学家的王兆骞教授同时还是一个文理兼通、学贯中西的大家!正因为有着这些共同语言,王老师和我平日谈论的更多的还不是生态学理论,而是文化、哲学、政治。可能正是这些原因,王老师就把那一首首本来秘不宣人的诗词散文佳作惠赐于我,让我学习、揣摩、体会、临摹,感受着王老师思维天马的纵横驰骋。

在我的反复请求下,王兆骞教授终于同意在本篇中选辑他的部分作品,包括诗词和散文。从这些难得的佳作(很多撰就于王先生大病将愈期间)中,特别是诗词《感病》一首,我们从中不仅可以感受王兆骞教授朴素的文风,更能领悟王先生对待人生、疾病、事业、荣誉的人生态度,领略他不同于一般专业学者的文采。

这就是王兆骞教授,这就是真实地生活在我们身边的王教授。他豁达开朗,他勇敢面对病魔,他正确面对人生中的生老病死,他矢志追求自己一生挚爱的生态学事业。他既是一个学者,也是一个才子;他既是一个科学家,更是一个有社会责任感的知识分子。他敢于揭露社会生活中的丑陋现象,他乐于将自己的智慧和才华奉献给社会,回报社会的恩泽。

他是值得我们青年一代生态学工作者认真学习的榜样。

2011 年 6 月 5 日(国际环境日)于城西紫金港竹林下居

王兆骞教授诗词作品选辑

感　病

乍闻医判患肠痈，
惊而后安终想通。
错综世事须放弃，
死生由命两从容。

恶疾早生十几年，
骤感生命已有限。
此时常忆往昔事，
再难奔波艺桑田。

自然生我天地间，
生生息息万物繁。
而今回归大自然，
不废江河总流转。

勘破死生第一关，
辞世早晚亦等闲。
亲朋情谊诚可贵，
人生同行难相携。

任是谁个地球人，
终须在世画刻痕。
不争有深亦有浅，
尽力利他是本分。

平生处世无亏心，
烟酒牌戏皆无缘。
百般努力仅得一，
此番治病理亦然。

中年认定生态学，
欲求发展可持续。
乐此不疲三十载，
欣见唱和日渐多。

我闻彭祖寿八百，
十倍于众又如何。
有得有失贻后人，
但求无愧此一生。

尚盼治癌有良术，
一刀割去烦恼除。
再与师友说古今，
品茗论道不知愁。

病中夜思

万般无奈卧床头，
恶病侵我三重楼。
浑身疼痛无定处，
五脏翻腾须忍受。
卧床常忆往昔事，
恩怨得失一起丢。
殷殷病室勤医护，
拳拳难友互勉多。
当效陶令寻安乐，
少吟屈子离骚歌。
夺过阎君生死簿，
为我添寿二十秋。
但等云开乌霾散，
再携老妻乐遨游。

咏荷四则

　　生癌住院逾百日，心态平和。见杭州电视台气象节目开始前播发四幅国画，是荷花在四季的不同表现，颇具新意。乃习作。

荷塘春早
残荷覆池兮，偶现一尖。
黄中透碧兮，水出露沾。
残藁苍黄兮，我独孑立。
勃勃生机兮，蕴藏无限。

夏日荷塘
夏日炎炎兮，汗滴颜面。
觅得树荫兮，小坐恬歇。
满池荷香兮，醉我心田。
安得闲暇兮，相融自然。

春日荷塘
满池新翠兮，是彼荷叶。
含羞半露兮，生机勃勃。
日长盈寸兮，亭亭玉立。
偶见嫩苞兮，盛夏来见。

冬日荷塘
冬日严寒兮，绿色难觅。
满池残梗兮，枯藁曲折。
荷池月色兮，已成追忆。
却留壮藕兮，蓄势来年。

2003 年 8 月 8 日

夏日阵雨

昨日山染夕阳红，
泼墨乌云连天涌。
人变一如天变快，
旦夕祸福应从容。

伏中喜雨

云头翻滚云脚深，
风催云动罩杭城。
雷鸣惊退三伏旱，
行人乐在雨中奔。

王兆骞教授散文作品选辑

水景、水乡、水城

　　水是风景的精灵。水,或奔腾澎湃,如飞瀑之从天而降,宏伟壮观,震慑心灵,能使人雄心勃发,壮志顿生;水,或灵动、安详、深邃、清澈,如饮甘醇、沐清泉,能发人之遐想,情思绵绵。

　　我两者皆爱。可惜瀑布之美在其与深山、峡谷、断崖构成一体,地处边远,不得常见;而以水为主、以水为衬、以水为名、以水为灵的景观却不少。

　　世人皆称道意大利威尼斯的水乡风光,更有人将江南吴越水乡的旖旎风光称作中国威尼斯。那么,像云南丽江的来自融雪、如蛛网般穿城而过的滚滚急流,又当何属?

　　其实,威尼斯、江南、丽江,各有独特的风韵,很难、也没有必要相互比拟。

　　威尼斯已经被人介绍得很多了。它濒临亚德利亚海,整个城市浸在海水中,与陆地以运河相隔,不大的城市被数不清的纵横交错的小河沟所分割,因此,各式各样的桥,包括古朴的木桥、精雕细凿的石桥、有顶有窗的廊桥、简单实用的钢板桥、小河交叉处的"三通桥",这些形形色色、丰富多彩的桥梁群体,构成了联系城市一切活动的必不可少的纽带。河、桥,家家临水、户户靠河的水边人家,加上那仅容数人并行的、窄窄的卵石或块石路,更有那些相互簇拥着矗立在小型广场四周的哥特式、拜占庭式的教堂和其他中世纪以来的建筑群体;植根于海水的众多中世纪式样的尖顶建筑,成为西方古典美的代表。向外看,是波浪不兴的平静的大海,海边居民家家户户的船坞式拴船桩,所有这些共同融成独特的整体美。如果你再在水城的小餐馆里安闲地、美美地享受一顿意大利传统风味的西式大餐,你会觉得这水城、这大餐和你自己都和谐在同一种体验之中。

威尼斯就是威尼斯,苏州就是苏州,莫把苏州比威尼斯(有人把绍兴、甚至江南的众多的水乡小镇比作威尼斯)。苏州的水是内河,流经苏州城内的众多小河汊基本上都和京杭大运河相通,但是和大海并无关系。然而,园中的水,园外的水,小桥下的水和大运河的水相连相通,烘托造就了这个东方水乡、水城、水都的一切,她是东方美的凸现。

然而,苏州和威尼斯的不同绝不在此。苏州的水是充满东方神韵的苏州园林的精髓,是东方文化的荟萃。苏州的园林都是诗,而诗的核心是水。苏州的大小庭院都少不了水,而且尽可能地在有限的方寸之地把水面设计得尽可能宽阔些。那些曲折的回廊、有着变化万千的图案和形状的窗格、玲珑剔透因势蜿蜒的太湖石假山和偶然出现在水之一角的石舫,所有这一切都围绕着那一泓水,没有水就显现不出苏州园林的整体之美。苏州园林水的情结,在方寸之地尽量造成水的最大扩张,水的情思寄托、人格寄托。

你可以想象,在有水的苏州园林中,既可以在夜深时静听雨打蕉叶和石隙间涓涓细流的铮淙,更可以让想象飞驰到园林之外,延伸到穿街过巷的小河,古色古香的石拱桥,乃至延伸到日夜繁忙、闻名遐迩的千古南北航运通道——京杭大运河,让思绪与天下相连。苏州的水乡就是让你产生这样的水情,驰骋你的想象。这也正是闻名世界的苏州园林小中见大的宗旨。

云南的丽江也是水城,但是和苏州、威尼斯迥然不同。粗犷、天然、古风、动感是丽江水的特征。

如果说"黄河之水天上来"是诗人对理性认识的夸张,那么,来到丽江,你便能真正感受到什么是"丽江之水天上来"。那流遍丽江的小溪,那汹涌奔腾而又清澈见底的溪水,当你情不自禁地把手伸进水里又蓦然感触到那份冰凉时,你会很自然地抬头向北仰望那高耸入云、直指蓝天的玉龙雪山。那儿就是水的来源,你可以清晰地遥望和确信这圣洁的水就是来自天上。它是从那样的可望而又可及、层次分明的高山的雪水融化而来。玉龙雪山的上层覆满皑皑白雪,山腰的中层以下是难得的、保护得很好的、分层次代表不同气候带的森林和草地,正是它们保护着水土,使那源源不绝的溪流始终像神圣的雪山那般纯净。

丽江城范围不大,没有现代化的高层建筑。从雪山奔来的急流在丽江城北被分割成条条小溪,鳞次栉比的、保持着传统结构的民居就分布在这些溪流的两岸。真个是家家临溪、户户濒水。为便于交往,在溪流上有不少居民自建的小桥,由于建桥的居民各有所好,这些桥也就呈"百花齐放",有木结构的,有石砌的,也有以竹为材的,有比较精致的,也有比较粗犷、简约的。我信步走过一座竹桥,桥那边是一个茶庄,以卖茶叶为主,但专门辟出一角,为饮茶用。里面的布置简洁典雅,以原木段和藤条构筑成桌、几、凳、椅。处此环境,手捧香茗,近观流水,纵有百般愁绪,也都会在滚滚清流的荡涤中消逝。

晚上,在丽江城欣赏著名的民间丝竹乐队演奏唐代古乐,据说唐代古乐在内地久已失传,而这些古乐,包括著名的《霓裳羽衣曲》在内,却被这边远的、滇藏之交的、尊重并善于保存历史文化遗产的东巴族保留,并在今天重新奉献给世人。

可是,令我注意的不是古乐,而是这个"戏院"的建筑。这是一座四方形的建筑,由于中间留出好大的天井作为主要的观众席,那除了天井以外的有屋顶的部分,既是斜对戏台的边座,又是走廊。在天井的边缘,我又看到了水,听到了潺潺流动的水声。原来,还是来自雪山的圣洁的水,被引入天井四周的明沟。这水流经天井、戏院,带来了活泼和欢快。在丽江城,你能感受到水的无处不在,它给古老的丽江城带来的是永不衰减的活力。

水是有生命的,水的生命又是多种多样、绚丽多彩的。它的生命活力和不同的环境条件相结合而得到充分表现。不同的水景、水乡、水城自有它的特色,而它所带来的环境、文化、美学方面的效益,更是无与伦比的。

藏在深山少人知

在黑龙江省哈尔滨市向北偏西,通向边境商贸名城黑河的中途,有一处绝妙风景,虽然知道她的人不少,真正去探访的游客还不多。这就是我国独特的火山景观——五大连池。

五大连池是指有五个相互关联却又互相分割的大池。最大的有三平方公里,约相当于半个西湖大小。五个池呈带状镶嵌在巍然卓立的最大的火山——老黑山的东南方。这五个池原本是一条河,老黑火山爆发时,奔流而下的岩浆把原来的河道分割开来,形成了现今的五大连池,拱卫着巍峨的火山。

沿着通向五大连池的公路,最先到达的是药泉池。池以泉名,泉以药效著称。走近药泉就见到人们用杯、壶、桶甚至脸盆来盛水。好在泉水充沛,又有严格的卫生保护。不仅取之不尽,而且绝对清洁,尽可放心畅饮。特别值得一提的是此水有特殊的滋味,比一般含苏打饮料的苏打味更浓,气泡也很多。据分析,药泉水富含铁和30多种元素,可直饮,也可沐浴洗身,对多种皮肤及胃肠病有效。当地农民早就信之不疑,还有用池底黑泥涂抹全身,进行泥浴的习惯。从我亲身饮用体验来看,此水确有与众不同之处,有药效之说似甚可信。

出药泉至老黑山脚不过二三公里路程,走出不久就见沿途多有漆黑的怪石,有的瘦削嶙峋,有的粗大若磬,都是一律黑得发亮,上面寸草不生。愈近山脚愈见遍地黑石,逶迤方圆十几里,或绵延似巨龙之身,或高耸似塔,或形似神话中的人物、动物,仿佛重临云南石林而又黑于石林之石。当地称之为石海,甚是恰当。身临其境,深感天地造化之奇。遥想二百多年前火山爆发时,火红灼热的岩浆从火山口喷薄而出,奔腾直泻而下,在震天动地之中凝固成这一片石海的情景,怎能让人不感叹自然力之伟大、人类之渺小。

经过黑石海就要爬老黑山。山高约400公尺,山路均由岩浆形成的黑色条石铺成台阶,并且每爬三四十级就有一小段缓冲地带,爬上去并不困难。

中途见山体横出一个直径十多公尺的黑洞,是火山爆发时岩浆涌出之处。爬到山顶便看到了火山口。

火山口直径约 200 公尺,呈倒圆锥形。火山口及其周围也都是寸草不生。站在火山口的边缘朝下看,很有些惊心动魄,又有些担心某一天在地球深处躁动着的极高能量又会从这口子里喷射出灼热的岩浆。火山口附近地面随处可见形似多孔海绵、质地甚轻的石块。当地老乡把它打磨成肥皂块状,可以擦背。这种黑色多孔石干燥之后放进一盆水里,甚至可以较长时间浮在水面上。正因为质地甚轻,它们都被留在山顶,山下绝不能见。

老黑山是当地最高的一座火山。站在这最高处可以清楚地看到五大连池和 12 座较为低矮的火山群。最近的一座呈赤红色,当地称为火烧山。可能是既富含铁又有较高的氧化程度,故呈红色。火烧山也是新开辟的旅游点,在那里有相距不远而又同时存在的次泉和热泉以及又一大片石海。不过,从老黑山下来的游客,余惊犹存,大有除却巫山不是云之感,倒是能加深对火山博物馆壮观的记忆。

从松鼠乐园想起

有消息说,某生态旅游景区因为生态环境较好,常见松鼠出没,于是要建立"松鼠乐园"。据该消息说世界上第一个松鼠乐园在澳大利亚,而这一个将是"世界第二"。我没有去过那个世界第一的乐园,倒是对这世界第二心向往焉。可是当我把这消息读完,不禁惶惑不已。

据报道,计划建立的松鼠乐园将包括卖装在笼子里的松鼠,还包括卖松鼠皮制品。我在惶惑中仿佛已经看到那些丧失了自由被关在笼子里的可怜的松鼠(一旦卖笼装松鼠的生意兴隆,当地的"鼠源"就可能不够,而要从外地捕捉、采购松鼠供"爱鼠者"关在笼子里,那里会变成松鼠市场),也似乎看到了松鼠们被"食其肉,衣其皮"的惨景。在这样的"乐园"里,松鼠们何乐之有?

在许多欧美国家,不仅在树林、公园里,甚至在大街旁的行道树上都有松鼠在欢快地跳跃。没有人去妨碍它,也没有人过分地去"关心"它。松鼠与人和谐相处,习以为常。人家并没有曲不离口地打什么"生态旅游"的招牌,他们社会的商业意识并不会比我们差,可是就不像我们这样"全面""系统"地在松鼠身上打生意算盘。

想到这里,在我眼前又浮现出一幕幕难忘的画面,那是我连续几天深夜在美的享受中兴奋不眠的经历。

几年前我应邀去美国芝加哥郊外 60 公里的某单位访问,住了两周。这个单位处于大片树林和湿地之中。在国际上湿地往往是被保护的对象,因此这个单位也必然处于众多的自然保护区范围之内。我被安顿在单位的宾馆里。宾馆是一排平房,每套两间,卧室有整体的落地玻璃窗,用长窗帘遮着。玻璃窗外是一片大约一两公顷的草地,草地中均匀地分布着许多参天大树。透过玻璃窗看到外面的树和草地,好像是一幅镶嵌在大镜框里的西洋油画天然美景。

半夜醒来,透过窗帘见到窗外的灯光较亮,心想这窗外的夜景不知如何,便打开窗帘看看。乍看一眼,不禁惊讶于窗外的奇景。只见那幅天然画面中增添了新的内容——一大批灰色羽毛的天鹅在草地上悠闲地游荡。总数不下两三百只的天鹅分成七八群,各群之间相互有序地保持一定距离。再仔细观察,每一群都有一只体重至少七八公斤的大鹅为一群 30 来只天鹅领头,它一面低头啃食地上的草,一面不时昂首向四周警惕地瞭望。显然,它担负着领队兼保卫的重任。它身后的群鹅都埋头啃草,体态蹒跚而又啄食敏捷地缓慢前行。在鹅群中走在后面的是小鹅,不知它们是因为跨步不大,还是因为年龄小而显得自由散漫,总是落在鹅群的最后。天鹅们在明亮的灯光下自由自在、无忧无虑地挪动着脚步,虽然没有芭蕾舞《天鹅湖》那般飘逸灵动,却是静中有动,动中有静,在安详中尽享大自然赐给一切生物(包括人类在内)的勃勃生机。我在半夜里静静地欣赏这应该常见而却难得一见的美景,忘记了时间,忘记了睡眠。

我怎么能放弃这第二天还可能再现的"动画"。半夜醒来,我又满怀希望地坐在窗前,当我打开窗帘时,惊异地发现场景变了。草地舞台上的灰色天鹅不见了,出现了许多白色的四足动物。哦! 我记起研究院主人曾经向我介绍过,说若干年前这里曾经有个德国人带了一对白鹿来,这白鹿繁殖至今已成为一个相当大的种群。那出现在草地舞台上的必定就是白鹿群了。我就着灯光仔细看去,草地上竟有三四十只白鹿,既有矫角分叉的雄鹿,又有鼓着大腹的雌鹿,那些在草地上追逐游戏的白棉球似的小鹿,使安静的舞台上平添了几分热闹。

在好奇心驱使下,次日中午,我专门去寻找鹿群集中地。在距我较远处许多白鹿夹杂着淡棕色鹿聚集在汽车路旁的草地上、树荫下。偶尔有汽车飞驰而过,与鹿群仅三四米之遥,那鹿照样低头吃草,"旁若无车"(当然,鹿对公路上汽车的麻痹,常导致不幸的车祸,在北美的公路旁常见有"此地有鹿群出没,谨慎驾驶"的警示标语,有时还画上鹿头)。可是,当我想凑过去为鹿群拍几张特写镜头时,那些鹿便警觉地跑开,保持至少 20 米的"安全距离",然后回过头来朝我望望。看来,它们已经总结了经验,坐在汽车里的人不足畏,而单个的人毕竟与之保持一定距离为好。

人啊,什么时候能让众生和你亲切交往,在大地母亲的养育下和谐相处。从某种意义上说,我们都是地球上平等的一员。只有共生共荣才能保持我们的朋友和我们自己生活与生存的环境,以及我们自己子孙后代的可持续发展。切莫见利忘义,为了眼前的短期利益而自绝后路。我们之所以强调人们要真正有一点生态学的知识、思想和办法,其意义也在于此。

下 篇

红壤坡地水土流失的监控方法研究[*]

王兆骞[1]　陈欣[1*]　马琨[1,2*]　朱青[1]　杨武德[1]　郭新波[1]　李新平[1]

丁军[1]　袁东海[1]　卢剑波[1]

（1. 浙江大学农业生态研究所，杭州 310058；2. 宁夏大学农学院，银川 750021）

摘　要：本文利用野外人工模拟降雨和径流小区观测相结合的方法，研究了 Eu 定位土芯的布设、取样和分析方法。结果表明：Eu 定位土芯中子活化分析技术可以准确测定不同地形、部位的土壤侵蚀量。利用 $Er\text{-}Es$ 的经验模型可以描述坡面单位面积流失量的变化趋势，预测坡面土壤流失量，无论 Eu 定位土芯示踪技术用在休闲裸坡地还是植被覆盖条件下，试验的预测结果都和实际情况比较相近。最大误差为 7.671 t/hm^2，取样误差为 1 mm。坡面上，由于地表粗糙度的不一致，土壤侵蚀发生在坡面上有其随机性，但侵蚀发生区与沉积发生区是交错出现的。在小坡面尺度监测使用时必须谨慎。

关键词：红壤；Eu 定位土芯；示踪；中子活化分析；土壤流失

Study of the monitor method of soil and water loss on red soil slope

Wang Zhaoqian[1]　Chen Xin[1]　Ma Kun[1,2]　Zhu Qing[1]　Yang Wude[1]

Guo Xinbo[1]　Li Xinping[1]　Ding Jun[1]　Yuan Donghai[1]　Lu Jianbo[1]

（1. *Agro-ecology Institute of Zhejiang University*, *Hangzhou*, 310058；2. *College of Agriculture*,
Ningxia University, *Yinchuan*, 750021）

Abstract: The method of setting and sampling of fixed soil core Eu tracer were studied by combination of rainfall simulation and a runoff plot. The result showed that the method of fixed soil core Eu tracer associated with the Instrument

＊ 国家自然科学基金重点项目（30030030），王兆骞教授为项目第一主持人，陈欣教授为项目协助主持。

作者名单中，除王兆骞、陈欣、卢剑波为浙江大学农业生态所教师外，其余作者均为项目进行期间的在读博士后或者博士生。他们目前的工作单位是：马琨（宁夏大学农学院），朱青（贵州省农业科学院），杨武德（山西农业大学农学院），郭新波（广东省水利水电科学研究院），李新平（山东省烟台市环保局），丁军（河南省平顶山市环保局），袁东海（南京信息工程大学）。

陈欣（chen-tang@zju.edu.cn）和马琨（makun0411@163.com）为本文通讯作者。

Neutron Activate Analysis（INAA）technique could be used to determine soil erosion in different topography site exactly. The tendency of soil loss per area on red soil slope using experiential model was predicted. The maximum error between the actual soil loss and the result predicted by model was about 6. 71 t/hm^2 and the sampling error can reach to 1mm. Soil erosion take place in the slope with fully random owning to the different surface roughness, but soil erosion area and the sediment area are overlapping. The method must be careful use for monitoring soil erosion in the south red soil area.

Key words: red soil; fixed soil core Eu; tracer; INAA; soil loss

1 引言

　　水土流失是制约山区可持续发展的因素。我国的水土流失现象除了存在于素为人知的北方黄土高原和东北地区外,在广大的南方红黄壤地区也很严重。南方的喀斯特山区薄层表土常被冲刷殆尽,完全裸露出嶙峋峥嵘的"石漠化"景观,使人深刻认识到研究水土保持对山区可持续发展的重要意义,以及它在生态学中的重要地位。南方红壤地区的当地气候、地形、地貌、土壤和复杂的农作制度决定了它的水土流失表现有其独特的生态学规律,而对水土流失进行监控和治理的措施及依据也不同。过去在这些方面研究不多的原因除了重视不够外,传统的径流小区等研究测定方法过于费时费事,也带来研究的局限性。为了进一步研究得出规律,我们除在浙江省德清县三桥乡建立固有基地外,还选择浙江省西部红壤丘陵地区的兰溪县和当地水利部门结合,设立了新的研究站。为了使研究更具有代表性,在湖南衡阳、长沙、贵州罗定喀斯特地区也分别建立了协作研究点。

　　利用铯 137 示踪方法测定水土流失的信息是国际上的研究方式热点。但是,二战遗留在地面的铯 137 随着时间的推移越来越少,人工放置又会造成二次污染。美国和个别中国科学家在实验室模拟用稀土元素经短时间中子活化测定水土流失已获得成功[1-4],但是还未见用于田间实验。我们经过近十年研究,试制了适当的放样与取样工具,研究了测定方法并不断改进完善。借助于国家自然科学基金的重点项目"红壤坡地水土流失的生态学原理及其监控途径",于执行项目的 4 年中在浙江、贵州、湖南三省的基地,设点、取样、分析了总共 3 000 多个样点,得到了丰富、可靠的数据。这在过去用传统的径流小区收集方法是不可能做到的。同时,创新的技术方法经过进一步检验,不但明确了它的有效性和应用范围,而且揭示了不同的农作制度与农业生态系统在防治水土流失上的作用、功能和措施。

2 材料与方法

2.1 Eu 土芯布样、取样方法

布设的每个土芯(高 5 cm,直径 10 cm)的 Eu 的释放量确定为 10 mg,(其中 Eu 浓度矫正系数为 0.99,氧化物矫正系数为 0.863)。每个 Eu 土芯中加载体 SiO_2 2.5 g。用 Eu 定位土芯测定的土壤侵蚀结果代替该面积内某一坡段的平均侵蚀模数。

布样土芯深度的确定主要考虑研究期间研究区域内土壤最大的侵蚀深度。示踪土芯布设前,先用特制环刀(高 5 cm,直径 10 cm)取土,然后将取出的土壤同以 SiO_2 为载体的稀土元素 Eu 的氧化物混匀,重新放回原位置。在放回原位置时,要适当压紧,使放回的土芯与取出的土芯体积相同。经过一段时间,选择在晴天进行取样。用小于原土芯直径,但高度相同的取土器取样,土芯取出后分上、下两部分,野外取回的 Eu 定位土芯样品在室温下风干后,以 105℃烘干至衡重。

2.2 中子活化分析原理

中子活化分析法是一种核分析方法,它的基础就是核反应。该法是用一定能量和流强的中子(包括热中子、中能中子和快中子)轰击靶核(待测样品),引起核反应。其一般过程可用下式表示:

$$n + A \text{······} \rightarrow [A+n] \text{······} \rightarrow B + b$$

中子 靶核　　　　　复合核　　　　生成核 出射中子

通过测定核反应生成的放射性核衰变时放出的缓发辐射或直接测定核反应中的瞬发辐射,从而实现元素的定量分析,由于射线能量具有放射性核素特征,因此通过测定放射性核素的射线能,便能完成定量分析[1]。在实验分析中,放射性强度的测量需作一系列校正,为了避免过多的参数测量引起误差积累,通过将标准样品在相同条件下进行中子照射和放射性测量,比较其放射性强度,可得出待测元素含量。其中:

$$C_j = (S_{c_j}/S_{d_j}) \times S_{p_j}$$

式中,$j = 1,2,3,\cdots,n$;n 为被测元素数,C_j 为第 j 种元素含量;S_{c_j} 为标准样品第 j 种元素浓度保证值;S_{d_j} 为标准样品中单位重量第 j 种元素的计数;S_{p_j} 为被测样品中单位重量第 j 种元素的计数(李雅琦,2000)。

2.3 中子活化分析原理与方法

由于野外土壤构成复杂,样品的均匀性会影响数据的精度,因此试验样品研磨后细度应达到或超过 200 目。随后准确称取土样 100 mg 密封于 1 cm ×

1 cm 的聚乙烯薄膜内。样品照射在上海计量测试技术研究院的核反应堆进行,每 13 个样品(包括 1 个土壤标样 GSS-4 和 2 个质控标样 GBW-07407)组成一个活化靶,然后置于"跑兔盒"内,样品和标准物在微堆同一孔道进行照射,中子通量为 5×10^{11} n·cm^{-2}·s^{-1},辐照时间为 2 h,冷却时间 3 d,测量时间为 10 min[2]。

测量系统采用 EG-G 公司的同轴高锗 GE 探测器及 4096 道多道脉冲分析器系统。仪器分辨率对^{60}Co 的 1 332 Kev 处 γ 射线的能量分辨率为 1.90 Kev,相对效率为 40%,分析元素 Eu 所对应的放射性基本核素特征如下:^{152m}Eu(Eu 的同质异能素)半衰期为 9.3 h,稳定性核素^{151}Eu 中子活化截面为 3 300 × 10^{-24} cm^2。

2.4 Eu 土芯监测土壤侵蚀的原理及侵蚀量的计算

土芯布设深度为 5 cm,由于在单位面积的点穴内,中子活化示踪方法是采用化学吸附的原理在土壤上标记示踪元素的,因此客观上并不改变泥沙的粒径和比重。试验布设 Eu 定位土芯时基本能够保证 Eu 均匀分布于土芯内,这样在没有发生侵蚀时,0~2.5 cm 深度及 2.5~5.0 cm 深度的地方,单位重量的土壤中,Eu 的浓度应该是相同的。当土壤发生侵蚀时,Eu 定位土芯面积内的表层土壤也会由于侵蚀随坡面径流的携带、搬运离开原土芯的位置。上方或周围泥沙也会搬运到土芯位点上方,产生堆积。因此,土芯的布设深度在周年中由于侵蚀或沉积就会发生变化,而由于取样深度不变,则会在取出土芯的上、下两层的 Eu 浓度间产生分异。利用中子活化灵敏度高、准确度好、基体效应小的特点(现代核分析技术及其在环境学中的应用项目组,1995),可以测定出两个层次的 Eu 浓度。利用土芯上、下两层 Eu 浓度的差值,推算出单位面积土芯的土壤侵蚀量。

中子活化分析测得样品待测元素浓度后,每个土芯土壤侵蚀量用下式计算:

$$E = W(C_u - C_d)/\mathrm{Max}(C_u, C_d)$$

式中,E 为取样点土芯的侵蚀量(g);W 为取出的土芯样点上层土壤的干重(g);C_u 为土芯样点上层土壤的 Eu 浓度(mg/kg);C_d 为土芯样点下层土壤的 Eu 浓度(mg/kg)。

E_r 土芯代表地点的土壤侵蚀模数:

$$E_r = 100W(C_u - C_d)/19.625\mathrm{Max}(C_u, C_d)$$

式中,E_r 为单位面积的土壤侵蚀模数(t/hm^2);19.625 cm^2:取出 Eu 定位土芯的横截面积。

3 结果与讨论

3.1 植被覆盖及裸露无植被下泥沙流失量的分析比较

试验发现,当利用多项式的最小二乘法拟合时,随着多项式拟合阶数的提高,相关系数(R)值逐渐提高。对于 $E_r - R$ 的拟合关系而言,相关系数 R 随阶数的提高而提高。虽然拟合结果与实际观测值之间仍有差异,但还是较为接近 Eu 定位土芯测定的土壤侵蚀量的。

其中 6 阶多项式拟合最好。$E_s - R$ 的拟合关系中相关系数(R)值均达到极显著相关。T 拟合曲线与原曲线非常接近,由拟合曲线计算出的拟合值与实际测定值很接近。由此推断认为 E_r 与降雨侵蚀力(R),E_s 与降雨侵蚀力(R)的关系都是符合 6 阶多项式的变化规律的。因此,以降雨侵蚀力 R 作为桥梁,利用同样的拟合方法对 $E_r - E_s$ 进行拟合,拟合结果见图 1。可以看出,土壤侵蚀量在 40 ~ 140 t/hm² 左右的时候,对应的实际土壤流失量 E_s 均落在拟合曲线上,小于 40 t/hm² 的实际土壤流失量表现为在拟合曲线上下方波动,同拟合曲线的误差保持在 8.5 t/hm²。上述结果表明:用此拟合模型推导出的土壤流失量,当定位土芯 Eu 测定的结果比较小时,可能会产生误差,误差大小在 600 kg/666.7 m² 左右。因此,根据 Er 在拟合曲线上的两种分布,推断认为,降雨强度越大,降雨量越大,Eu 定位土芯测定的土壤点穴侵蚀量或沉积量越大,利用模型计算出的单位面积土壤流失量就会越准确。而当雨强比较小,降雨量也小的时候,推算出的土壤流失量可能受到的误差影响就大。

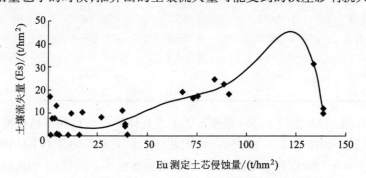

图 1 模拟区土壤流失量与 Eu 测定土壤侵蚀量的拟合关系

Fig. 1 Imitation of the amount of soil erosion determined by Eu and the soil loss

表 1 中可以看出利用全年 87 个 Eu 定位土芯位点的单位面积土壤流失量,通过积分求出全坡面土壤流失量。在 5# 坡面上(有覆盖),表现出较好的结果,最大取样误差出现在 10 月 15 日,达到 1.051 9 t/hm²,即坡面每 666.7 m² 土壤流失量的最大误差仅为 70.13 kg,这同休闲裸坡地相比,都是处于同一取样时段。可见,在试验过程中,最终推算出来的流失量和实际流失量之间的误差是来自于定位土芯 Eu 的监测结果。由于中子活化分析的精度极高,因此推断认为,从 Eu 定位土芯布设后到 Eu 土芯被取出的过程,是出现误差的阶段。如果能够精确取出 5 cm 土芯,则误差有可能降低到最小限度。在本试验结果中,不同处理下 Eu 定位土芯多次取样的最大误差约为 1 mm 和 0.2 mm 左右。

表 1 不同样点推算出的预测值与实际流失量的比较
Table 1 Comparison of the amount of soil loss measured and the result predicted by the model

取样日期 The sampling time	径流小区 5#87 测点积分预测土壤流失量(t/hm²)The result forecasted	5# 小区实际流失量(t/hm²)The amount of soil loss practicality in the runoff plot 5#	径流小区 4#87 测点积分预测土壤流失量(t/hm²)The result forecasted	4# 小区实际流量(t/hm²)The amount of soil loss practicality in the runoff plot 4#
3 月 9 日	0.107 3	0.068 5	0.053	0.684
4 月 9 日	0.548 7	0.026 1	3.691	0.181
5 月 17 日	0.782 6	0.015 7	6.306	0.596
7 月 1 日	−0.236 9	0.157 1	0.365	0.407
9 月 4 日	−0.576 3	0.045 1	−6.221	2.603
10 月 15 日	1.051 9	0	7.693	0.022
12 月 3 日	−0.112 5	0.003 0	−2.240	0.008

试验揭示 Eu 定位土芯示踪技术无论用在休闲裸坡地还是植被覆盖条件下,试验的预测结果都和实际情况比较相近。最大误差为 7.671 t/hm²,取样误差为 1 mm。Eu 定位土芯施放由于经济,释放量小,可以用于小流域土壤侵蚀研究,布设应采用网格法,但网格选择的大小应根据具体情况确定。

3.2 坡面土壤侵蚀模型建立研究

通过多因子回归分析发现,Eu 定位土芯测定的土壤侵蚀量与年降雨侵蚀力 R、坡面粗糙度变化率、土壤容重变化率呈相关关系,利用径流小区坡面土壤侵蚀空间分异特征,通过面积积分,求出坡面实际土壤侵蚀量和径流小区出口实际土壤流失量的关系,土壤流失量符合方程:

$$E_s = 0.03E_u = 0.03\sum_{i=1}^{n} f_i(R,C,Z)$$

式中,E_s 为坡面土壤实际流失量;E_u 为利用 Eu 定位土芯测定的坡面土壤侵蚀变化量;R 为降雨侵蚀力;C 为自由粗糙度变化率;Z 为坡面土壤容重变化率。

3.3 坡面土壤侵蚀空间异质性差异比较特征研究

由图2可以看出,利用 Eu 定位土芯中子活化示踪技术测定出的坡面土壤侵蚀空间变异较复杂,局部呈现斑块状分布,斑块主要集中在上坡的下部、中坡和下坡靠近径流小区出口的位置。上坡中、下部斑块密度较大,土壤侵蚀量为 $9.16 \sim 141.73$ t·km^{-2}·yr^{-1},说明有明显的土壤侵蚀发生,在其下部,土壤有一明显的沉积斑块,沉积量可达 57.12 t·km^{-2}·yr^{-1},其下方是一明显的侵蚀斑块区。可见在坡面上,由于地表粗糙度不一致,土壤侵蚀发生在坡面上有随机性,但侵蚀发生区与沉积发生区是交错出现的。在泥沙运移过程中随坡面沿程的增加,在坡面下部的变化比较均一,斑块的密度较小,在坡面径流出口附近位置有少量沉积和侵蚀斑块出现,侵蚀量的范围在 $9.16 \sim 75.45$ t·km^{-2}·yr^{-1},而沉积量在 $57.12 \sim 123.41$ t·km^{-2}·yr^{-1}。我们也发现,局部土壤侵蚀与沉积发生变化的坡面位置,正是坡面土壤粗糙度变化较复杂的位置。坡面自由粗糙度变化率较大,可能就是因为坡面径流影响,局部土壤被剥蚀和泥沙在输移过程中局部堆积的结果。

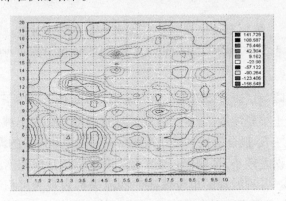

图2　中子活化技术测定坡面土壤侵蚀空间分布
Fig. 2　The spatial distribution of soil erosion on slope neutron activation analysis

侵蚀针-垫圈法是将侵蚀针穿过一个较大的垫圈,垂直钉入土内,垫圈底部与地面齐平。垫圈的直径是几个厘米,中心孔稍大于侵蚀针的直径。侵蚀针的应用,能使侵蚀或沉积分布的垂直高度被记录在树立在坡面上及细沟中的立桩上。当侵蚀冲刷使土壤向下移动时,垫圈下降。通过侵蚀针-垫圈法测定出的每一网格土壤侵蚀变化的等值线如图 3 所示。坡面斑块分布密集,密度较大,但整个坡面以沉积为主,沉积量在 47.0 ~ 82.73 t·km^{-2}·yr^{-1}。只有在下坡的下部,有两个明显的侵蚀斑块,侵蚀量在 24.16 t·km^{-2}·yr^{-1},两个斑块所占全坡面比例较小。一般认为,在坡面上,坡面下部和中部受降雨径流的影响,易发生侵蚀,而利用侵蚀针-垫圈法测定,结果不尽相同,可能是对于第四纪红色黏土发育的红筋泥,坡面在长期侵蚀过程中,径流在输送泥沙过程中,坡面每个障碍物都会改变局部流路和侵蚀形状,并且,障碍物越大,改变得越多。利用侵蚀针监测时,由于侵蚀针本身具有阻挡作用,泥沙遇侵蚀针阻挡,更容易表现为沉积。

图 3　侵蚀针-垫圈法测定坡面土壤侵蚀空间分布

Fig. 3　The spatial distribution of soil erosion by erosion needle

4　讨论与小结

　　人工模拟降雨试验及径流小区试验表明,Eu 定位土芯中子活化分析技术可以精确测定土壤侵蚀量,指示降雨侵蚀过程各地形部位土壤侵蚀量的变化趋势。利用 $E_r - E_s$ 拟合模型可以计算坡面不同区域和时段的泥沙流失量,且与实际测定值误差较小,证明 Eu 定位土芯中子活化示踪技术在坡面土壤研究中是可行的。各种处理的单位坡面泥沙流失都表现为沉积和侵蚀交错出现,其趋势符合多项式的变化,其中以 6 阶拟合方程的决定系数最高。单位面积土壤流失的变化趋势与国内学者得出的波动性趋势比较一致[1,4]。

　　考虑到红壤坡地土壤 Eu 背景值(试验区内红壤 Eu 背景值平均为 0.93 mg/kg)及中子活化分析的精度,按照最初的推荐浓度[3]施放。施放量确定以后,施放方法就要从技术上确保示踪元素必须能够代表载体的运移规律。从理论上说,如果能够保证示踪元素均匀分布于被示踪的土体,并且随侵蚀泥沙一起运移,就能够保证研究结果的可靠性。但是在实际操作中,要做到这一点比较困难,特别是大面积的实验研究,不可能要求在所有研究区域都均匀地分布稀土元素。如果采用类似条带及断面的施放方法,在野外研究中也会受到限制。而采用点穴法,多点布样,找到代表监测土壤地形、地貌的布样位置,就可以在野外研究中灵活地应用。

为保证样各点中 Eu 能够与土壤充分混匀,每个 Eu 土芯中加载体 SiO_2 2.5 g。用 Eu 定位土芯测定的土壤侵蚀结果代替该面积内某一坡段的平均侵蚀模数。土芯的布设应该选择在连续多日的晴天后进行,以保证土壤表层 $0 \sim 5$ cm 的土壤比较干燥,土壤湿度太大,会造成混合不均。取样也选择在晴天进行。因此,即使这样一个简单的方法,在小坡面尺度监测时也存在相当大的问题,使用时必须谨慎。

参考文献

[1] 李雅琦,田均良,刘普灵:《可活化稳定核素示踪法在土壤侵蚀研究中的应用》,《核技术》,1997 年第 7 期。

[2] 眭国平,徐锴,罗雯泓,等:《中子活化分析技术在野外红壤侵蚀研究中的应用》,《核技术》,2000 年第 4 期。

[3] 杨武德,王兆骞,眭国平,等:《红壤坡地土壤侵蚀定位土芯 Eu 示踪法研究》,《土壤侵蚀与水土保持学报》,1998 年第 1 期。

[4] 刘普灵,武春龙,琚彤军,等:《稀土元素示踪法在坡面土壤侵蚀垂直分布研究中的应用》,《水科学进展》,2001 年第 3 期。

土壤侵蚀影响因子——降雨因子的尺度效益研究

薛建华[1]　郭新波[1]　王兆骞[2]

（1. 广东粤源水利水电工程咨询有限公司 广州 510150；2. 浙江大学生态研究所，杭州 310058）

摘　要：本文利用兰溪水保站坡面径流小区及小流域卡口站多年试验资料对降雨量、降雨强度、降雨侵蚀力（R）及径流量与土壤流失量之间的关系进行了相关分析。结果表明：在小区水平上，单位面积土壤流失量与降雨量、降雨强度、降雨侵蚀力及径流量之间的相关性均达到极显著水平；但在流域水平上，单位面积土壤流失量仅仅与径流量和降雨量之间的相关性达到极显著水平。

关键词：降雨侵蚀力；R 值；季节分布；模型

Study on temporal distribution of rainfall erosivity and a daily rainfall erosivity model for the red soil area in Zhejiang

Xue Jianhua　Guo Xinbo[1]　Wang Zhaoqian[2]

（1. *Guangdong Province Research Institute of Water Conservancy and Hydropower*, *Guangzhou* 510150；2. *Institute of Ecology*, *College of Life Sciences*, *Zhejiang University*, *Hangzhou* 310058）

Abstract: Pluviograph data at Lanxi Soil and Water Conservation Experiment Station in the Zhejiang were used to compute the rainfall and runoff factor (R-factor) for the Universal Soil Loss Equation (USLE), and rainfall erosivity model using daily rainfall amounts to estimate rainfall erosivity was validated. The distribution of rainfall erosivity are highly seasonal with a single peak in June in Zhejiang. Summer months (3–9) typically contribute 94.5% of the R-factor. The daily model could adequately describe the temporal variation and seasonal distribution of rainfall erosivity. The coefficient of determination of model is 0.89.

Key words: rainfall erosivity; R-factor; seasonal distribution; model

降雨是导致水土流失最重要的外部因素,在其他条件相同的情况下,降雨造成的土壤侵蚀程度与降雨量、降雨强度、降雨侵蚀力和降雨径流有关。这里的降雨强度主要指时段最大降雨强度(I_n),降雨侵蚀力是降雨动能与最大时段降雨强度的乘积,是评价降雨侵蚀能力的一个重要指标[1-3]。文献报道[2],在北方地区,降雨强度是决定土壤流失量的关键因素,降雨量与土壤流失量之间几乎没有多大关系;在南方地区,降雨量对土壤流失量的影响程度则明显高于北方。降雨因子对土壤侵蚀影响的不同除了地域差异外,还存在一定的空间尺度效应,即随着研究范围的变化,影响土壤侵蚀或流失的主要因素的数目和主次排序发生变化[2]。

本文利用浙江省兰溪市水保站多年坡面径流小区和小流域土壤侵蚀试验资料,对影响土壤侵蚀的降雨因子——降雨量、降雨强度、降雨侵蚀力和降雨径流在空间和时间上的变异进行了研究,为土壤侵蚀与治理提供定量的研究方法。

1 研究区概况和研究方法

1.1 研究区概况

试验区设在浙江省兰溪市水保站及蒋家塘小流域,该试验区地处浙江省中部偏西,金衢盆地北缘,钱塘江上游,属亚热带季风气候区,年降雨量 1 400 ~ 1 600 mm,集中在 4—8 月份,多年平均气温 15 ~ 17.7℃,大于等于 10℃的年积温 5 600℃,地带性土壤为第四纪红色黏土发育的红壤,地形地貌为低丘岗地。蒋家塘小流域面积约 32 ha,河谷地约 12 ha,梯田和坡地约 20 ha,流域高差 30 m,坡地坡度 5% ~30%。1992 年兰溪市水保站对流域内土地进行开发,大部分土地改造为梯田,梯田宽 3 ~6 m。土地利用方式有种植雷竹(笋用)、板栗、胡柚、特早橘、桃形李、白桃等。1995 年后在果园内套种大豆、冬瓜、花生等。本区地带性植被是常绿阔叶——落叶林,由于长期人为破坏,目前植被比较简单,在低丘岗地上大多只见到马尾松(*Pinus massoniana*)、杉树(*Cunnighania ianceolata*)等次生耐旱、耐瘠薄的人工针叶林,及野棉皮(*Wistroemia micrantha*)、白檀(*Symplocos paniculata*)等灌木和草本植物。

1.2 坡面径流小区试验

根据原山坡地形和坡向建成 6 个径流小区。各小区由四周控制墙控制,控制墙高 30 cm,墙顶做成 45°刀棱形分水线,各小区单独设置观测室,室内建有沉沙池、自记水位计、三角量水堰和放空阀。小区处理情况见表 1。

表 1　坡面径流小区处理

Table 1　Experimental design of runoff plots along slope

处　理	耕作方式
顺坡农作	油菜—大豆、青豆
草粮轮作	黑麦草、油菜—大豆
等高农作	油菜—大豆、青豆

1.3　小流域开发治理水土流失试验

根据流域地形,选择 6 个不同类型的集水区进行试验,每个集水区各为一个处理方式,在出口处设置径流泥沙观测设施,包括测流槽、沉沙池、三角堰、观测室,室内安装自记水位计。其中 6 号区在兰溪市水保站院内,另外 5 个区在蒋家塘。各集水区设置及处理措施情况见表 2。

表 2　集水区试验处理措施

Table 2　Experimental treatments designed in the watershed

区号	面积/ha	处　理
1	4.34	上部裸地、坡地蕾竹、坡地板栗、梯田板栗、梯田作物
2	6.67	上部斜坡雷竹、坡地胡柚,中下部梯田胡柚、柑橘(套种作物)
3	1.90	上部裸地(30%),中下部马尾松、灌丛、杂草
4	5.74	坡地桃形李,梯田桃形李、白桃(2000 年大部分改为农田)
5	0.84	上部裸地、下部杉树(30%)
6	1.20	边缘裸地(10%),中下部自然生长马尾松、杂草

1.4　测定方法

降雨量的测定:ST 型自记虹吸式雨量计自行测定并辅以 SMI 型人工雨量计人工测定。降雨侵蚀力则根据自记雨量记录结果求出 30 min 最大雨强(I_{30}),采用 Wischmeier 降雨侵蚀力的求算公式计算。

径流量测定:采用 SW40 型日自记水位计记录,根据自记水位计记录、水池面积、三角堰出水口角度,以一次降水过程为单位,测定逐次降水的径流历时、径流量。

悬移质测定:在水池出口(或水池中)取水样测定含沙量,乘以径流量而得。

推移质测定:每次径流过后,排水测定水池中泥沙体积,取一定体积泥沙样烘干称重,按体积换算重量,泥沙较少时,直接称量(需测含水量)。

悬移质加推移质即为小区内土壤流失量。

2 结果讨论

2.1 降雨因子的空间尺度

降雨是土壤侵蚀发生的原动力,在地表条件相同的情况下,降雨对侵蚀的影响与降雨量、降雨强度、降雨雨型有关。由于年降雨与月降雨中,部分降雨并没有产生侵蚀,所以在分析降雨与侵蚀的关系时,选择引起侵蚀的降雨(坡面径流小区共212场次,1—5集水区79场次),以场次降雨的降雨量、最大30 min雨强、降雨侵蚀力三项因子与侵蚀模数进行相关分析,结果列于表3。

表3 土壤侵蚀模数与降雨因子的相关系数
Table 3 Coefficient of relation between soil erosion and rainfall factors

土地利用类型 Land use patterns		降雨量 rainfall	最大雨强 I_{30}	降雨侵蚀力 R
坡面 $n=212$	顺坡农作 crop	0.384**	0.352**	0.540**
	草粮轮作 grass-crop	0.399**	0.303**	0.515**
	梯田农作 terrace	0.399**	0.231**	0.409**
集水区 $n=79$	1	0.581**	0.061	0.198
	2	0.530**	0.082	0.197
	3	0.590**	0.105	0.231*
	4	0.537**	0.063	0.173
	5	0.570**	0.124	0.265*

由表3可以看出,三项降雨因子与侵蚀模数的相关性在坡面径流小区与集水区中表现出不同的规律。在坡面径流小区,不同利用方式下三项因子与侵蚀模数的相关程度均达到极显著水平,其相关程度的排列顺序为:降雨侵蚀力 > 降雨量 > 最大30 min雨强(I_{30})。但在流域层次上,只有降雨量与侵蚀模数的相关程度达到了极显著水平,降雨侵蚀力与侵蚀模数的相关程度只在3号、5号集水区,达到了显著水平,而 I_{30} 与侵蚀模数的相关性各区均很低。值得注意的是,在所有集水区三项因子与侵蚀模数的相关性排序均为:降雨量 > 降雨侵蚀力 > I_{30},与坡面小区的排序不一样。在坡面小区,排在第一位的是降雨侵蚀力,而在集水区排在第一位的是降雨量。

降雨侵蚀力反映的是降雨动能(取决于时段降雨量和雨强)与最大30 min雨强两项因子(雨量与雨强)的综合效果,在坡面径流小区,坡面流失量由降雨量及 I_{30} 两项因素决定,因此降雨侵蚀力与侵蚀的相关性高于降雨量;但在流域层次上,由于 I_{30} 与侵蚀模数的相关性很低,所以综合因子降雨侵蚀力与侵蚀的相关性反而下降。也就是说,对单一的坡面来说,侵蚀模数取决于降雨量和时段最大降雨强度(I_{30})两项因素,当研究的区域扩大到流域层次上时,侵蚀模数主要取决于降雨量。

2.2 径流与土壤侵蚀

从土壤侵蚀的过程来看,雨滴的直接击溅作用引起的土壤颗粒的移动范围很小,分散颗粒最终必须由径流运送到下坡或流域出口。另一方面,径流本身也具有一定的冲刷作用,因此径流与土壤侵蚀有着密切的关系。相关分析表明(见表4),无论是在坡面不同利用方式下还是在集水区,径流与土壤侵蚀模数的相关性均达到了极显著水平,而且普遍好于降雨因子与侵蚀模数的相关性(见表3,4)。从表4还可以看出,当侵蚀泥沙主要是推移质(悬移质较少)时,径流与侵蚀模数的相关性增强(见顺坡农作和5号集水区);当侵蚀泥沙中悬移质比例较高时,径流与侵蚀模数的相关性下降,此时,径流与悬移质的相关性好于径流与侵蚀模数的相关性。

表4　土壤侵蚀模数、悬移质与径流的相关系数

Table 4　Coefficient of relation between soil erosion, particles in suspend and runoff

土地利用类型 Land use patterns		侵蚀模数 Erosion modulus	悬移质 Particles in Suspend
坡 面 $n=212$	顺坡农作 crop	0.760**	0.653**
	草粮轮作 grass-crop	0.737**	0.791**
	梯田农作 terrace	0.582**	0.781**
集 水 区 $n=79$	1	0.883**	0.939**
	2	0.830**	0.953**
	3	0.683**	0.806**
	4	0.804**	0.754**
	5	0.900**	0.652**

3 结论

降雨、径流和植被是红壤小流域土壤侵蚀的三项主要影响因素。本研究表明,降雨因子中降雨量、最大30 min雨强和降雨侵蚀力对土壤侵蚀的影响在坡面和小流域层次上表现出不同的规律。在范围较小的坡面上,三项降雨因子与侵蚀的相关性均达到了显著水平,但以综合因子降雨侵蚀力的相关性最好;当范围扩大到流域层次时,降雨量变成了主导因子,最大30 min雨强的作用变小,因而综合因子降雨侵蚀力与侵蚀的相关性变小。降雨因子在坡面和集水区中的这种主导性易位,反映了土壤侵蚀影响因子的一种尺度效应(Imeson and Lovee,1998)。也就是说在小范围内对土壤侵蚀有影响或影响较大的因子,当范围变大时影响可能变小或根本没有影响。这正是许多因子模型不能广泛应用的原因所在,因为研究者在提取因子时,常常忽略了影响因

子的这种尺度效应。

　　径流对土壤侵蚀的影响是显而易见的,但由于其测定上的困难性,在通用土壤流失方程及大部分的因子模型中都不包含径流。本研究表明,无论是在坡面上还是在集水区,径流与侵蚀的相关性都普遍优于降雨因子与侵蚀的相关性。因而在建立模型或应用模型预测时应该考虑径流的作用。

参考文献

　　[1] 王万忠,等:《中国降雨侵蚀力 R 值的计算与分布(Ⅰ)》,《水土保持学报》,1995年第 4 期。

　　[2] 王万忠,等:《中国降雨侵蚀力 R 值的计算与分布(Ⅱ)》,《土壤侵蚀与水土保持学报》,1996 年第 1 期。

　　[3] 吴素业:《安徽大别山区降雨侵蚀力简化算法与时空分布规律》,《中国水土保持》,1994 年第 4 期。

基于环境星 CCD 数据的环境植被
指数及叶面积指数反演研究*

孟庆岩[1,2]　张　瀛[1,2]

（1. 中国科学院遥感应用研究所遥感科学国家重点实验室；2. 国家航天局航天遥感论证中心,北京 100101）

摘　要：本研究利用 PROSAIL 前向模型模拟的植被冠层光谱,在植被指数构造时,引入修正大气、土壤背景影响的蓝、绿波段,构建了避免过早饱和的环境植被指数(Huan Jing Vegetation Index,简称 HJVI)。本文基于多个典型冬小麦生育期的地面观测数据,建立 HJVI-LAI 长时间序列反演模型,并对模型进行不同品种间的交叉检验。结果表明,HJVI 建立的叶面积指数(Leaf Area Index,简称 LAI)反演模型精度优于同类植被指数模型,并具有较好的普适性,能应用于冬小麦遥感多时相长势监测及 LAI 反演。

关键词：环境植被指数；模型；交叉检验；LAI

Study on HJ vegetation Index based on environment
satellite CCD data and LAI inversion

Meng Qingyan[1,2]　Zhang Ying[1,2]

（1. *Institute of Remote Sensing Applications, chinese Academy of Sciences, Beijing*；2. *Center for Spaceborne Remote Sensing Demonstration, National Space Administration, Beijing*,100101）

Abstract: This study used the PROSAIL forward model to simulate vegetation canopy spectrum, introducing blue and green bands to amend the effects of atmosphere and soil background, constructing HuanJing Vegetation Index (HJVI) to avoid premature saturation. Based on ground observation data of different typical winter wheat to establish HJVI-LAI long time series inversion models and implement different varieties cross-validation to the models. The results showed

* 基金项目：国家自然科学基金(40971227),科技部国际科技合作计划(2010DFA21880)与中国博士后科学基金资助。
作者简介：孟庆岩(1971 -),男,黑龙江肇东人,博士,研究员,研究方向：航天遥感论证、农业生态实验遥感。E-mail：mqy@ irsa. ac. cn。张瀛(1986 -),男,浙江嵊州人,硕士在读,研究方向：遥感反演真实性检验、生态环境遥感。E-mail: zhangying3662273@163. com。

that the LAI inversion model of HJVI has higher precision than similar vegetation index model, and has good universality, can be applied to remote sensing multi-temporal winter wheat growth monitoring and LAI inversion.

Key words: HuanJing Vegetation Index; model; cross-validation; LAI

1 引言

叶面积指数(Leaf Area Index，简称 LAI)是单位地表面积上单面叶面面积总和[1]，它对植物光合作用和能量交换具有重要意义。目前常用的 LAI 遥感反演方法主要是利用植被指数与 LAI 相关关系建立的经验反演法[2-5]。植被指数种类繁多，但它们的主要缺点是很难消除土壤背景及大气影响，忽略了地物二向性反射的基本特征以及出现的饱和现象，这正是植被指数法反演精度不高的主要原因。

本研究在植被指数设计时，针对我国自主研发的环境星 CCD 数据载荷波段特点及对冬小麦 LAI 变化的响应能力，引入蓝、绿波段修正大气、土壤背景影响来提高 LAI 对植被指数的敏感性。结合 PROSAIL 前向模型模拟光谱数据与地面同步测量数据，研制出适合于环境星 CCD 数据(HJ-CCD)的环境植被指数(HJVI)。分析各类 HJVI 对 LAI 的敏感性及相关性，优选出适合于 HJ-CCD 数据的最佳 HJVI，建立优化的 LAI 估算模型，并应用于遥感反演。

2 研究方法

2.1 试验设计

本研究在小汤山精准农业示范基地选取了 3 种株型冬小麦品种(即紧凑型品种京冬 13;披散型品种京 9428;中间型品种农大 195)进行实验。3 个试验区东西长 90 m，南北长 56 m，并将实验区划分为等长等宽的 3 个小区，分别播种京冬 13、京 9428、农大 195。在每个小区中选取长势均匀的 8 个样本点，定点测量了 2010 年 4 月到 2010 年 6 月不同小麦生育期的冠层光谱反射率、结构参数、生理生化参数及 LAI。

2.2 光谱反射率数据与 LAI 测量

采用美国 ASD 便携式野外光谱仪测定小麦冠层反射率数据，视场角度为 25°，波段范围为 350~2 500 nm，输出波段数为 2 151 个，光谱分辨率在 350~1 000 nm 区间为 3 nm，通道数为 512;在 1 000~2 500 nm 区间为 10 nm，通道数为 537。选择晴朗无云、风力较小的天气，分别在冬小麦的返青期、孕穗中期、孕穗后期、扬花期、灌浆期、乳熟期及蜡熟期 7 个时期选取有代表性的地块进行光谱测量，测量时间为北京时间 12:00。探头距冠层顶部 160 cm 处垂直向下测定。

叶片采样与光谱测量同目标同步或准同步,采用干重法,即在同一处取部分叶片,测量面积后烘干称重,再根据被测对象的干重反推单株叶面积,依据栽培密度计算群体叶面积指数。

2.3 遥感数据预处理

本研究使用环境星 HJ-1A CCD1 影像,数据级别为 2 级。数据经过辐射定标、大气校正、几何精校正后得到环境星 CCD 数据 4 个波段的地表反射率。大气校正采用常用的 6S 模型(Second Simulation of the Satellite Signal in the Solar Spectrum);几何精校正基于中国 TM 参考影像数据库,采用二次多项式法进行,纠正误差控制在 0.5 个像元内。

本研究的技术路线如图 1 所示。

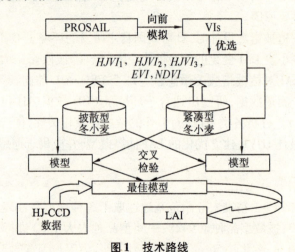

图 1 技术路线

Fig. 1 Technical routine

3 数据分析

3.1 基于 PROSAIL 模型的冠层光谱模拟

PROSAIL 模型是 PROSPECT 模型和 SAIL 模型在叶片尺度上的耦合模型,它是在 SAIL,PROSPECT 模型基础上,建立包含化学组分含量的叶片散射和吸收模型(机理模型),将叶片模型耦合到冠层模型中反演整个冠层的生化组分含量[6]。PROSAIL 模型的输入参数包括 3 部分:冠层生理生化参数、土壤参数和其他参数。

本研究对冠层生理生化参数的设置参考 LOPEX' 93 (Leaf Optical Properties Experiment)数据库[7]、我国典型地物波普知识库及试验地取样分析结果,土壤背景由小汤山试验同步测得,LAD 根据以往研究者的经验并结合实际测量,选择为球形分布(spherical),结构参数 N 设为经验值 1.5。

在模型中除 LAI 外,各项参数在短时间内是基本不变的。因此,只需变动 LAI 值,即可获得相应 LAI 下的反射率曲线。

3.2 利用模拟光谱反射率构建环境植被指数(HJVI)

在以往 LAI 反演研究中,归一化植被指数(NDVI; Rouse et al.,1974)被广泛应用,其定义为:

$$NDVI = (NIR/RED - 1)/(NIR/RED + 1) \tag{1}$$

然而,NDVI 会在高植被覆盖时出现饱和现象。在植被覆盖度较高时,对 RED 的吸收基本饱和,只要 NIR 的反射继续增加,比值式 NIR/RED 将持续增加。NDVI 算式本身是"非线性的",只是在低植被覆盖区植被指数被夸大,当 NIR/RED < 3 时,NDVI 夸大了 NIR/RED 的效果;当 NIR/RED > 4 时,饱和问题开始显现。

考虑到 NDVI 存在的缺陷,Liu 和 Huete 提出了综合处理土壤、大气、饱和问题的增强型植被指数(Enhanced Vegetation Index,简称 EVI;Liu and Huete,1995)。把对能消除大气干扰的大气抵抗植被指数(ARVI;Kaufman and Tanre,1992)和消除土壤背景干扰的抗土壤植被指数(SAVI;Huete et al.,1988)综合在一起时发现,土壤和大气互相影响。减少其中一个噪音就可能增加了另一个,于是通过参数构建了同时校正土壤和大气影响的反馈机制,即增强型植被指数:

$$EVI = 2.5 \times (NIR - RED)/(NIR + C_1 \times RED - C_2 \times BLUE + L) \tag{2}$$

式(2)中,NIR,RED,BLUE 分别为经过大气校正的反射值;$L=1$,为土壤调节参数;参数 C_1 和 C_2 分别为 6.0 和 7.5;通过 BLUE 来修正大气对 RED 的影响[8]。

分析环境一号星的 CCD 相机的光谱响应因子,计算出环境星 CCD 数据 4 个波段的反射率,即:

$$\rho_i = \sum_{\lambda_{u_i}}^{\lambda_{l_i}} r(\lambda) \Phi_i(\lambda) / \sum_{\lambda_{u_i}}^{\lambda_{l_i}} \Phi_i(\lambda) \tag{3}$$

式(3)中,ρ_i 为波段 i 的反射率;λ_{u_i} 是波段 i 的起始波长;λ_{l_i} 是波段 i 的终止波长;$r(\lambda)$ 为波长 λ 处的反射率值;$\Phi_i(\lambda)$ 为波段 i 在波长 λ 处的光谱响应因子[9]。

针对环境小卫星的波段特征(见表1),在构造 HJVI 时引入反映植被长势、叶绿素浓度变化的绿色植被反射波段 GREEN,增强植被与土壤背景之间的辐射差异,其表达式为:

$$HJVI = C_1 \times (NIR - RED)/(C_2 \times GREEN + C_3 \times RED - C_4 \times BLUE + C_5) \tag{4}$$

式(4)中,参数 C_i 为经验系数,在参数确定时,C_1 作为变量,其余 4 个参数赋予

初始值 1 不变，C_1 以 0.5 为步长在 $1 \sim 9$ 范围间改变，即可得到不同 C_1 下 $HJVI$ 的光谱曲线，选择拟合效果最佳的 C_1，确定为经验值；同理即可得到其余 4 个参数值。

表 1　HJ-1A CCD 相机波段分布

Table 1　HJ-1A CCD camera band distribution

波段 Band	范围 Range	波段 Band	范围 Range
B01	$0.45 \sim 0.52$ 蓝	B02	$0.52 \sim 0.59$ 绿
B03	$0.63 \sim 0.69$ 红	B04	$0.77 \sim 0.89$ 近红

用 PROSAIL 前向模型来模拟各波段的反射率值，经过多次实验验证，构建出较好的适合于环境卫星 CCD 载荷特点的 3 个 $HJVI$，如下所示：

$$HJVI_1 = (NIR - RED)/(GREEN - BLUE) \tag{5}$$

$$HJVI_2 = 2 \times (NIR - RED)/(GREEN + 6 \times RED - 7.5 \times BLUE + 1) \tag{6}$$

$$HJVI_3 = 2 \times (NIR - RED)/(7 \times GREEN - 7.5 \times BLUE + 0.9) \tag{7}$$

图 2 为各植被指数与叶面积指数间的关系对比分析。

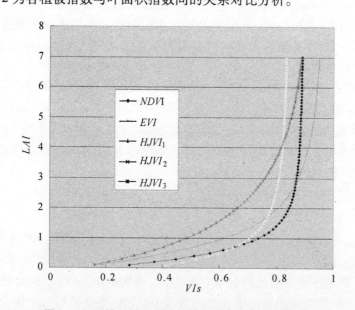

图 2　SAIL 模型模拟出的各种植被指数与 LAI 的关系

Fig. 2　SAIL VIs simulate and relationship between VIs and LAI

由图 2 可见，$NDVI$ 过早出现饱和现象，而针对 HJ-CCD 数据特点和波段

设置构造的 $HJVI_2$，$HJVI_3$ 的拟合效果明显优于 $NDVI$，有效避免了饱和现象的过早出现，提高了 LAI 对植被指数的敏感性。因此，本文针对 $HJVI_3$，$HJVI_2$，$NDVI$ 与 LAI 的相关性开展了深入研究。

4 基于环境植被指数的 LAI 反演模型构建

本文根据实测 LAI 与冠层光谱数据，计算在时间和空间上一致的 $NDVI$，$HJVI_2$，$HJVI_3$，并对数据进行统计分析，剔除奇异点，形成 LAI 与所在像元植被指数的数据对，表 2 给出部分实测建模数据。

表 2　部分实测建模数据

Table 2　Parts of simulating data

冬小麦京冬 13 Winter Wheat JingDong-13				冬小麦京 9428 Winter Wheat Jing-9428			
LAI	$NDVI$	$HJVI_2$	$HJVI_3$	LAI	$NDVI$	$HJVI_2$	$HJVI_3$
1.33	0.672 554	0.271 318	0.282 612	1.46	0.675 038	0.303 156	0.312 683
1.56	0.672 188	0.282 511	0.29 166	1.56	0.695 344	0.310 584	0.31 4331
2.79	0.889 287	0.561 558	0.542 258	1.93	0.724 262	0.338 905	0.338 136
2.62	0.843 022	0.469 926	0.454 003	2.05	0.762 7	0.411 181	0.407 275
……	……	……	……	……	……	……	……
2.38	0.886 196	0.591 519	0.568 389	2.70	0.847 008	0.530 977	0.511 763
2.27	0.796 591	0.436 337	0.416 544	3.02	0.851 967	0.548 874	0.508 791
2.06	0.783 635	0.39 473	0.393 779	3.50	0.862 412	0.549 474	0.525 329
3.59	0.869 248	0.585 267	0.564 418	3.56	0.867 207	0.564 899	0.536 729
……	……	……	……	……	……	……	……

本研究选取直立型冬小麦品种京 9428 和披散型冬小麦品种京冬 13 为研究对象，建立 LAI 与 VI 的回归模型，并对模型进行两个品种间的交叉检验。图 3 为 LAI 与 VI 之间的关系模型。

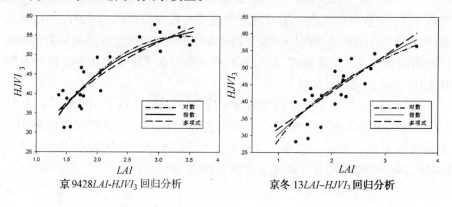

京 9428LAI-$HJVI_3$ 回归分析　　　　京冬 13LAI-$HJVI_3$ 回归分析

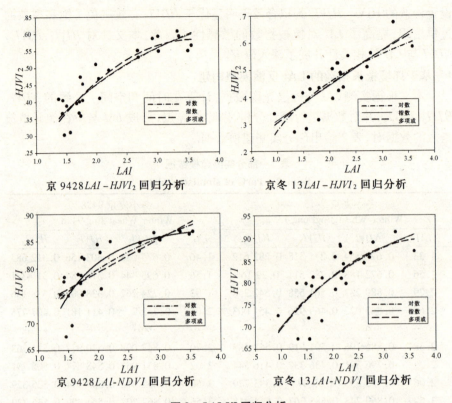

图 3　*LAI-VI* 回归分析

Fig. 3　*LAI-VI* **regression analysis**

由植被指数与 *LAI* 相关性所建立的估算模型及交叉检验结果如表 3 所示。

由表 3 可见,针对环境星 CCD 数据构建的 *HJVI* 与 *LAI* 建立的模型精度均高于 *NDVI* 建立的模型。*HJVI* 建立的模型中精度最低的是 $HJVI_2$ 的指数关系模型,R^2 和 *RMSE* 分别为 0.801 2 和 0.476 2,而 *NDVI* 建立的关系模型中精度最高的是多项式关系模型,R^2 和 *RMSE* 分别为 0.721 2 和 0.542 2,可见利用 *HJVI* 建立的模型效果最佳。

HJVI 与 *LAI* 建立的关系模型精度较高,R^2 均在 0.8 以上,*RMSE* 均在 0.45 以下。多项式关系模型的精度高于其他关系模型,其中 $HJVI_3$ 建立的多项式关系模型 R^2 和 *RMSE* 分别为 0.859 2 和 0.540 5,优于 $HJVI_2$ 的 0.817 4 和 0.426。因此,$HJVI_3$-*LAI* 多项式关系模型最优。

表3 关系模型及交叉检验结果

Table 3　Relationship model and cross-validation result

植被指数 VI	模型建立(京 9428) Model establish $N=32$			模型检验(京冬 13) Model validation $N=32$	
	关系模型/Relationship model	R^2	RMSE	R^2	RMSE
$HJVI_3$	$y=0.236\,6\mathrm{Ln}(x)+0.279\,8$	0.817 4	0.423 1	0.801 2	0.441 2
	$y=-0.053\,9x^2+0.362\,2x-0.054\,2$	0.859 2	0.405 2	0.824 1	0.410 3
	$y=0.274\,5e^{0.221\,3x}$	0.820 9	0.419 5	0.812 0	0.423 2
$HJVI_2$	$y=0.271\,5\mathrm{Ln}(x)+0.264\,6$	0.807 4	0.446 1	0.781 2	0.448 9
	$y=-0.049\,5x^2+0.356\,4x-0.054\,5$	0.817 4	0.426 2	0.791 0	0.431 2
	$y=0.263\,5e^{0.248\,9x}$	0.801 8	0.450 3	0.780 3	0.456 9
$NDVI$	$y=0.143\,6\mathrm{Ln}(x)+0.699\,4$	0.695 8	0.557 3	0.674 2	0.589 0
	$y=-0.034\,9x^2+0.23x+0.485\,9$	0.715 3	0.552 5	0.703 2	0.567 2
	$y=0.679\,7e^{0.076\,1x}$	0.637 2	0.567 1	0.612 5	0.587 4

植被指数 VI	模型建立(京冬 13) Model establish $N=32$			模型检验(京 9428) Model validation $N=32$	
	关系模型/Relationship model	R^2	RMSE	R^2	RMSE
$HJVI_3$	$y=0.219\,8\mathrm{Ln}(x)+0.287\,8$	0.802 1	0.430 4	0.800 9	0.481 2
	$y=-0.016\,6x^2+0.183\,1x-0.136\,4$	0.851 0	0.411 1	0.817 1	0.419 3
	$y=0.264\,5e^{0.133\,7x}$	0.815 9	0.423 3	0.821 0	0.430 2
$HJVI_2$	$y=0.271\,5\mathrm{Ln}(x)+0.264\,6$	0.801 2	0.476 2	0.772 0	0.475 0
	$y=-0.132\,5x^2+0.129\,0x-0.184\,5$	0.815 5	0.429 3	0.783 5	0.434 2
	$y=0.276\,1e^{0.256\,69x}$	0.805 6	0.441 7	0.791 2	0.446 9
$NDVI$	$y=0.165\,0\mathrm{Ln}(x)+0.696\,6$	0.678 4	0.565 0	0.665 1	0.590 1
	$y=-0.025\,6x^2+0.53x+0.625\,4$	0.721 2	0.542 2	0.712 3	0.565 2
	$y=0.521\,7e^{0.126\,1x}$	0.641 2	0.587 1	0.621 6	0.589 3

5　结果及验证

5.1　结果分析

　　根据上文分析,选择 2010 年 5 月 7 日、5 月 19 日两个时相的 HJ－1A

CCD1 2 数据,经过几何校正、大气校正等数据处理,使用 $HJVI_3$-LAI 多项式反演模型,计算北京昌平地区冬小麦的 LAI,计算结果如图 4 所示。

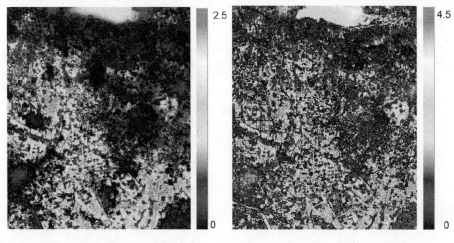

(a) 5 月 7 日 LAI 分布图
(b) 5 月 19 日 LAI 分布图
(a) May 7th LAI distribution image
(b) May 19th LAI distribution image

图 4 北京昌平地区冬小麦 LAI 分布图

Fig. 4 Winter wheat LAI distribution image in Changping district of Beijing

由图 4 可见,北京昌平地区的冬小麦种植主要分布在西南部和东南部,该区域冬小麦的生长状况良好。根据冬小麦的正常生育期,5 月中旬为冬小麦的开花期,此时的 LAI 应达到整个生育期的最大值 5 左右。然而,由于 2010 年入春以来寒潮的影响,冬小麦的生育期推迟半个月左右。由图 4 可见,2010 年 5 月 19 日冬小麦 LAI 反演结果在 4. 5 左右,与 2010 年冬小麦的生长状况一致。

5.2 结果验证

建立 LAI 估算模型时往往会出现"过度拟合"现象[10],现有的验证表明,中高分辨率的 LAI 误差在 25% ~50% 之间,这是一个很大的误差区间[11],所以为增加反演结果的可靠性,通过野外实测数据对反演结果进行检验是必要的。

为保证 LAI 图像反演值与野外实测 LAI 值在像元尺度上绝对匹配,取试验区前后相邻的 4 个样本点的平均 LAI 值与模型反演结果进行对比,结果如图 5 所示。

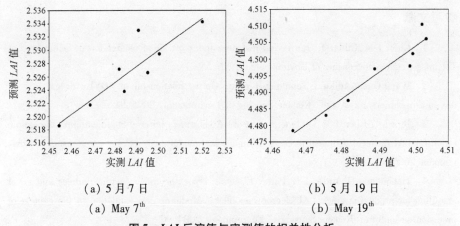

（a）5 月 7 日
（a）May 7th

（b）5 月 19 日
（b）May 19th

图 5　LAI 反演值与实测值的相关性分析
Fig. 5　Correlation between LAI inversion value and test value

通过对 5 月 7 日与 5 月 19 日两个不同冬小麦生育期 16 组实测 LAI 数据与图像反演 LAI 数据的比较发现,实测值与反演值之间的斜率分别为 0.821 2 和 0.832 1,反演模型达到了较高的精度,反演结果真实可信。说明利用环境星 CCD 数据可以准确地动态监测冬小麦生长状况。

6　结论

（1）本研究针对环境星 CCD 数据特点与波段设置,在构建环境植被指数（HJVI）中引入了能在一定程度上消除大气和土壤背景干扰的蓝、绿波段,改善了基于红波段和近红外波段比值植被指数的饱和问题。与传统的 NDVI 在高植被覆盖区容易出现饱和现象相比,HJVI 明显改善了在植被覆盖度较高时过早出现饱和的现象,提高了 LAI 对植被指数的敏感性。

（2）利用实地测量的 LAI 与冠层光谱数据计算的植被指数,建立了长时间序列冬小麦 LAI 的估算模型。由品种京 9428 建立的 $HJVI_3$-LAI 二次多项式估算模型 R^2 和 RMSE 分别为 0.859 2 与 0.405,模型验证的 R^2 和 RMSE 分别为 0.824 1 和 0.410 3,其精度明显高于其他植被指数构建的估算模型,与同类研究相比取得的结果最佳。

（3）考虑到利用统计方法建立模型存在的局限性,本研究选取不同品种的冬小麦分别构建模型,并对模型进行不同品种间的交叉检验来验证模型的普适性程度。验证结果表明由 HJVI 建立的模型复相关系数 R^2 均在 0.8 以上,说明 HJVI 建立的模型适合于不同品种的冬小麦 LAI 反演,具有较高普适性,能推广应用于环境星 LAI 反演及动态监测冬小麦生长状况。

参考文献

［1］Chen J M,Cihlar J. Retrieving leaf area index of boreal conifer forests using landsat TM images. Remote Sensing of Environment, 1996,55.

［2］Wang Quan,Adiku S,Tenhunen J,et al. On the relationship of NDVI with leaf area index in a deciduous forest site. Remote Sensing of Environment ,2005,94.

［3］Brown L,Chen J M,Leblanc S G,et al. A shortwave infrared modification to the simple ration for LAI retrieval in boreal forest：An image and model analysis. Remote Sensing of Environment,2000,71.

［4］Haboudane D,Miller J R,Pattey E,et al. Hyperspectral vegetation indices and novel algorithm for predicting green LAI of crop canopies：Modeling and validation in the context of precision agriculture. Remote Sensing of Environment,2004,90.

［5］Turner D P, Cohen W B, Kennedy R E , et al. Relationships between leaf area index and Landsat TM spectral vegetation indices across three temperate zone sites. Remote Sensing of Environment , 1999,70.

［6］阮伟利,牛铮:《利用统计和物理模型反演植物生化组分的比较》,《中国科学院研究生院学报》,2004 年第 1 期。

［7］Hosgood, Jacquemoud, et al. The JRC leaf optical properties experiment(LOPEX' 93) report EUR-16096-EN. European commission joint research centre,Italy：Institute for Remote Sensing App lication, 1995.

［8］王正兴,刘闯,Huete A:《植被指数研究进展:从 AVHRR-NDVl 到 MODIS-EVI》,《生态学报》,2003 年第 5 期。

［9］王璐,蔺启忠,贾东,等:《多光谱数据定量反演土壤营养元素含量可行性分析》,《环境科学》, 2007 年第 8 期。

［10］浦瑞良,宫鹏:《高光谱遥感及其应用》,高等教育出版社,2003 年。

［11］吴炳方,曾源,黄进良:《遥感提取植物生理参数 LAI/FPAR 的研究进展与应用》,《地球科学进展》,2004 年第 4 期。

南方红壤坡地可持续发展
模式及可行性研究[*]

杨一松[1,2]　王兆骞[2]　陈　欣[2]

（1. 黄河水利科学研究院，郑州 450003；2. 浙江大学生态研究所，杭州 310058）

摘　要：对红壤坡地不同农作模式与林作模式的水土保持效应与经济效益研究表明，南方红壤坡地可持续发展模式有林作模式，及农作模式中等高梯化种植、顺坡水平沟种植及顺坡植物篱种植模式，但要实现可持续发展，还必须依赖各级政府政策的稳定性与服务职能体现的充分性。

关键词：红壤坡地；农作利用模式；林作利用模式；可持续发展

The sustainable development model and its
feasibility in red soil region of south China

Yang Yisong[1,2]　Wang Zhaoqian[2]　Chen Xin[2]

（1. *Yellow River Institute of Hydraulic Research*, *Zhengzhou* 450003；2. *Institute of Ecology*, *College of Life Sciences*, *Zhejiang University*, *Hangzhou* 310058）

Abstract: The soil water conservation and the economic benefit on different agricultural utilization models and forestry utilization models in red soil region of south China are studied in this paper. The results with seventeen-year researches showed that the forestry utilization models and the three agricultural utilization models are the sustainable development models. But the key problem of realizing sustainable development is that the government takes a good policy and does it well.

Key words: sloping land of red soil；agricultural utilization model；forestry utilization model；sustainable development

＊基金项目：国家"十一·五"科技支撑计划项目（2006BAD03A15），国家自然科学基金重点资助项目（30030030），黄科院基金项目黄科发 200603。
作者简介：杨一松（1971－），男，皖望江人，博士，高级工程师，主要从事生态恢复、生态水文等方面研究。E-mail：anhuiyys@yahoo.com.cn；anhuiyys@163.com。

我国南方红壤主要位于北纬 10°—30°之间,总面积 2.03 × 10⁶ km²,总人口近 7 亿(据第 5 次人口普查结果计算得到)。土壤侵蚀以水蚀为主,据南方东部闽、粤、赣、浙、桂、湘、豫和皖等部分地区统计,该区水土流失面积达 20 万 km²,占总土地面积的 17.5%。南方红壤区水热资源丰富,具有巨大的生产潜力,由于长期的不合理利用与人口的迅速增长,特别是在新中国成立后 40—50 年内,南方红壤区植被遭到严重破坏,水土流失严重,一度被称为"红色沙漠"[1-5]。近十几年来,通过不断加强科学研究与综合治理,该区水土流失工作已取得一定成果,如江西省的婺源县、湖南省的慈利县、海南省文昌县、广西壮族自治区的武鸣县[6]。但水土流失导致的土壤严重退化,水土资源恶化,生态环境破坏,仍是国民经济持续发展的主要障碍。本研究从水土保持与生态学角度探讨红壤丘陵区坡地最优土地利用模式,已冀达到防治水土流失、提高土壤肥力、改善生态环境、取得较好经济效果,并最终实现可持续发展的目的。

1 研究区概况及试验设置

1.1 研究区概况

试验区设在浙江省兰溪市城南 15 km 处,属于金衢盆地中的平缓低丘陵区,地理位置为 119°13′04″—119°53′40″E,29°05′41″—29°27′27″N,海拔 53 ~ 68 m,坡度一般小于 15°。土壤是第四纪红壤砾石层上形成的红壤,年日照时数为 2 013.7 h,年平均气温 17 ~ 18℃,≥10℃的年积温为 5 651℃,无霜期 265 d,年均蒸发量 835.98 mm,年均降水量 1 400 mm,6 月—10 月降雨量约占全年降雨量的 50%。全年湿润温热,干湿季分明,无霜期长,属亚热带气候。

1.2 试验设置及方法

由于立地条件的限制,试验分坡地农耕区和坡地林作区两大区共 11 个小区。在各小区四周边缘筑起高出地面 30 cm 的地面分水界,并配套建造了 11 个水土流失观测室。室内建有两个底部连通的沉沙池,其中 Ⅰ ~ Ⅵ区沉沙池规格长 170 cm、宽 60 cm 和 80 cm、高 100 cm,容积为 2.38 m³;Ⅶ ~ Ⅹ区沉沙池规格长 170 cm、宽 80 cm 和 100 cm、高 100 cm,容积 3.06 m³。池的出口安装有一个"V"形薄壁三角堰,高 40 cm,能通过的最大流量为 0.025 m³/s,并配装有一台 SW40 型日自记水位计和水准标尺。

径流量测定:用 SW40 型日自记水位计观测,根据日自记水位计记录、三角堰出口高度,以一次降雨过程为单位,测定逐次降雨的径流量。

悬移质、推移质测定:在沉沙池出口处(或沉沙池中)取 1 000 ml 径流液,加盖静置一周,除去上清液,洗出悬移质,烘干称重,计算悬移质浓度后,根据径流量计算悬移质的流失量。在径流结束后,放完径流液,取出推移质,风干称重,测其含水量,计算推移质流失量。

土壤侵蚀模数:通过悬移质流失量加推移质流失量,根据小区面积计算得到。

经济收入:根据对试验区周边地区的调查统计,按《全国农产品成本收益资料汇编2003》计算得到。

2 结果与分析

2.1 不同小区径流量变化及分析

农作小区中年均径流量以顺坡开直沟种植利用模式为最大(见表1),达 1 329.83 $m^3 \cdot hm^{-2} \cdot yr^{-1}$,其次为裸坡对照 950.47 $m^3 \cdot hm^{-2} \cdot yr^{-1}$,顺坡种植利用模式为 515.37 $m^3 \cdot hm^{-2} \cdot yr^{-1}$, 等高梯化种植利用模式为 345.34 $m^3 \cdot hm^{-2} \cdot yr^{-1}$,顺坡开水平沟种植利用模式为 340.38 $m^3 \cdot hm^{-2} \cdot yr^{-1}$,顺坡植物篱种植利用模式最少,为 320.03 $m^3 \cdot hm^{-2} \cdot yr^{-1}$。顺坡植物篱种植利用模式年均径流量为顺坡种植利用模式的 62.1%, 裸坡对照的 33.67%。顺坡植物篱种植保水效果明显优于其他利用模式。而顺坡开直沟种植利用模式保水效果最差,年均径流量为裸坡对照的 139.91%。林作小区中以顺坡柑桔林种植利用模式的年均径流量最大,达 157.62 m^3,其次为顺坡混交林的 155.88 m^3,顺坡杉木的 112.99 m^3,顺坡毛竹林最少,为 104.95 m^3。顺坡毛竹林种植利用模式的年均径流量为裸坡对照的 11.04%,顺坡杉木林为裸坡对照的 11.89%,顺坡混交林为裸坡对照的 16.4%,而年均径流量最大的土地利用模式顺坡柑桔林也仅为裸坡对照的 16.58%。另外,林作小区的径流主要发生在在建小区的最初几年,年径流量最大值均发生在1987年,在1996年以后各林作小区径流量均为零。而农作小区的径流与年降雨量及耕作方式关系密切,只有顺坡植物篱种植模式和裸坡对照有随年份下降趋势,且顺坡植物篱种植模式在2003年已实现了自然等高梯化。以上比较结果表明林作模式的保水效果优于农作模式,林作模式以常绿阔叶林最好,农作模式以顺坡植物篱种植最好。

表1 各小区年均地表径流与土壤侵蚀

Table 1 The annual averages of runoff and sediment in treatments

利用模式	地表径流 Runoff/($m^3 \cdot hm^{-2} \cdot yr^{-1}$)			土壤侵蚀 Sediment/($t \cdot hm^{-2} \cdot yr^{-1}$)		
Utilization model	Max	Min	Mean*	Max	Min	Mean*
顺坡种植	960	123.5	515.37	25.45	1.46	4.86
等高梯化种植	1 050	193.5	345.34	8.35	0.96	1.35

利用模式 Utilization model	地表径流 Runoff/$(m^3 \cdot hm^{-2} \cdot yr^{-1})$			土壤侵蚀 Sediment/$(t \cdot hm^{-2} \cdot yr^{-1})$		
	Max	Min	Mean*	Max	Min	Mean*
顺坡开直沟种植	3 165	361.5	1 329.83	37.6	3.72	10.83
顺坡水平沟种植	1 550	173.5	340.38	14.75	0.63	2.43
裸坡对照	2 550	347.6	950.47	56.5	3.12	10.81
顺坡植物篱种植	1 440	108.89	320.03	8.65	0.41	1.29
毛竹林	543	0^{1996**}	104.95	0.94	0^{1996**}	0.08
杉木林	422.5	0^{1996**}	112.99	1	0^{1996**}	0.13
混交林	868.6	0^{1996**}	155.88	3.26	0^{1996**}	0.22
柑桔林	606.53	0^{1995**}	157.62	16.28	0^{1995**}	0.96

注：＊数据为 1987 年至 2003 年各小区年平均数，＊＊为出现 0 值的年份。

2.2 不同小区土壤侵蚀变化及分析

不同小区地表径流与土壤侵蚀有相似的规律。从表 1 可知,年均土壤侵蚀模数从大到小的土地利用模式依次为:顺坡开直沟种植利用模式 10.83 t·hm^{-2}·yr^{-1},裸坡对照(植被覆被率为 0%)10.81 t·hm^{-2}·yr^{-1},顺坡种植利用模式 4.86 t·hm^{-2}·yr^{-1},顺坡水平沟种植利用模式 2.43 t·hm^{-2}·yr^{-1},等高梯化种植 1.35 t·hm^{-2}·yr^{-1},顺坡植物篱种植 1.29 t·hm^{-2}·yr^{-1},顺坡柑桔林利用模式 0.96 t·hm^{-2}·yr^{-1},顺坡混交林利用模式 0.22 t·hm^{-2}·yr^{-1},顺坡杉木利用模式 0.13 t·hm^{-2}·yr^{-1},顺坡毛竹利用模式 0.08 t·hm^{-2}·yr^{-1}。比较结果表明林利用作模式保土效果优于农作土地利用模式,林作土地利用模式以顺坡毛竹林模式的保土效果最好,农作土地利用模式则以顺坡植物篱种植模式最优。

2.3 农作系统、林作系统不同处理下的水土保持效益分析

2.3.1 农作系统不同利用模式下的水土保持效益分析

农作系统中,各个利用模式年平均土壤侵蚀模数分别为裸坡(植被覆被率为 0%)10.81 t·hm^{-2}·yr^{-1},等高梯化种植利用模式 1.35 t·hm^{-2}·yr^{-1},顺坡植物篱种植利用模式 1.29 t·hm^{-2}·yr^{-1},顺坡水平沟种植利用模式 2.43 t·hm^{-2}·yr^{-1},顺坡种植利用模式 4.86 t·hm^{-2}·yr^{-1},顺坡开直沟种植利用模式 10.83 t·hm^{-2}·yr^{-1}。从年均土壤侵蚀模数看,农作系统中土壤侵蚀最严重的不是裸坡,而是顺坡开直沟种植。顺坡开直沟种植是农民在较陡坡地为了防止作物被冲走而惯用的耕种方法,坡度一般在 15°的以上。试验结果表明,这种耕种方式危害极大,在 15°的坡地,年均土壤侵蚀模数高达

$10.83 \text{ t} \cdot \text{hm}^{-2} \cdot \text{yr}^{-1}$，比裸坡(植被覆被率为0%)还高，是等高梯化种植的8.02倍、顺坡植物篱种植的8.4倍、顺坡水平沟种植的4.46倍、顺坡种植的2.23倍。据水建国等[7]研究的红壤土壤侵蚀允许指标,农作系统中,只有等高梯化种植、顺坡植物篱种植、顺坡水平沟种植达到了维持土壤永久持续利用效益。

2.3.2 林作系统不同利用模式下的水土保持效益分析

林作系统中各个利用模式年平均土壤侵蚀模数分别为:顺坡毛竹林利用模式 $0.08 \text{ t} \cdot \text{hm}^{-2} \cdot \text{yr}^{-1}$，顺坡杉木林利用模式 $0.13 \text{ t} \cdot \text{hm}^{-2} \cdot \text{yr}^{-1}$，顺坡混交林利用模式 $0.22 \text{ t} \cdot \text{hm}^{-2} \cdot \text{yr}^{-1}$，顺坡柑桔林利用模式 $0.96 \text{ t} \cdot \text{hm}^{-2} \cdot \text{yr}^{-1}$。试验结果表明,毛竹林模式的水土保持效果最好,杉木林次之,再次为顺坡混交林与顺坡柑桔林。即使土壤侵蚀模数最大的柑桔林,其亦只占红壤土壤侵蚀允许指标的32%。这表明林作系统中各个利用模式均达到了维持土壤永久持续利用效益。

2.3.3 农作系统与林作系统的水土保持效益比较分析

对10个不同土地利用模式的水土保持效益用组间距离法进行系统聚类分析,发现在坡度为15°的坡地上,水土保持效益最差的土地利用模式是裸坡对照与顺坡开直沟种植,其次为顺坡种植与顺坡杉木林。而等高梯化种植、顺坡植物篱种植、顺坡水平沟种植、顺坡毛竹林、顺坡混交林、顺坡柑桔林、顺坡等高柑桔林等利用模式的水土保持效果较好。总体上林作系统效果优于农作系统。

2.4 农作系统、林作系统不同处理下的经济效益分析

以全国耕地平均经济收入为标准,我们计算不同土地利用模式下的经济收入比(见表2)。从表2我们可看出在15°红壤坡地进行粮食耕作,其经济效益不及全国耕地平均水平;即使最好的利用模式——植物篱种植模式也只占全国耕地平均水平的91.76%,如不算植物篱植物的经济收入,则只占64.86%。等高梯化种植模式经济收入近年有上升势头,但由于梯化过程造成土壤肥力分配不均的不利影响,其平均收入仅占全国耕地平均水平的62.21%。其他利用模式不及全国耕地平均水平的一半。全国基本农田平均收入为全国耕地平均水平的179.73%,从粮食生产方面考虑 1 hm^2 基本农田相当于 $3\sim5 \text{ hm}^2$ 红壤坡地,这表明多保护一个单位的基本农田,相当于保护了 $3\sim5$ 个单位坡地可以不种粮食而另作他用。

从表2可知,对坡地的林业利用模式其经济效益远远高于农业模式,其中柑桔林模式最高,是全国耕地平均水平的287.62%,最差的混交林模式亦达全国耕地平均水平的209.71%,略高于全国基本农田的平均水平,比植物篱种植模式高出一倍多。因此在开发利用红壤坡地资源时,应首选林作模式,这样可获得较好的经济和生态效应。不过林作模式获得经济效益较慢,表2中所列林作模式在前三年经济收入均很少,但后期经济收入可观,且稳定增长。由于林作模式中,经济收入计算是以林果品均销售完全为假设,而农民不善把握市场,因此地方各级政府应本着切实为国家、为人民服务的原则,加强服务引导,唯有这样,红壤坡地以林业带动经济发展的可持续发展模式才能得以实现。

表2 不同土地利用模式经济收入比
Table 2 The ratios of economy in different land utilization models

利用模式 Utilization model	收入比 Ratios/%	利用模式 Utilization model	收入比 Ratios/%
顺坡种植（planting on slope）	48.76	毛竹林	287.62
等高梯化种植（terracing land）	62.21	杉木林	213.54
顺坡开直沟种植（planting on longitudinal dike slope）	36.94	混交林	231.46
顺坡开水平沟种植（planting on transverse dike slope）	41.58	柑桔林	209.71
裸坡对照（uncovered slope）	0.00	全国耕地**	100.00
顺坡植物篱（terracing cropping）	91.76（64.86）*	全国基本农田**	179.73

注:*括号中数据不含植物篱的经济收入;**取1991—2003年平均值。

3 结论与建议

(1)对南方红壤坡地土壤侵蚀的研究表明,要实现可持续发展的目的,其土地利用模式应选择等高梯化种植、顺坡植物篱种植、顺坡水平沟种植等农作模式或林作模式。

(2)虽然南方红壤坡地农作模式中等高梯化种植、顺坡水平沟种植和顺坡植物篱种植模式均可满足可持续发展的基本要求,但等高梯化种植与顺坡水平沟种植对地貌破坏很大,研究认为南方红壤坡地农作模式应首选顺坡植物篱种植模式。顺坡植物篱种植模式不仅水土保持效果好,而且由于长期耕种与土壤侵蚀,会沿植物篱逐步形成梯坎,最终使坡地变梯田[8]。选择经济价值较高的植物做植物篱,可得到更好的生态效益与经济效益。但利用何种植物做植物篱,应根据情况不同,具体研究安排。

(3)对南方红壤坡地采用林作模式进行开发利用,不仅能取得较好的水土保持效果,而且能取得较好的经济和生态效应,但林作模式经济效益获得较慢。

（4）我国南方红壤区人口众多，许多地区人地矛盾十分突出，因粮食供应短缺而多在红壤坡地发展粮食生产，但由于红壤坡地粮食产量低，在红壤坡地产粮不仅难以根本解决地方粮食问题，而且因为耕作使得土地资源严重退化，使地方经济发展陷入困境。研究表明，1 hm² 基本农田的粮食产量相当于3～5 hm² 红壤坡地的产量。因此在发展南方红壤区经济时，应从大区域、大范围着眼，保护基本农田建设，使其为其他地区发展提供粮食保障，而在红壤坡地应尽可能采用林作模式进行开发利用，特别是在坡度 15°以上的坡地应尽量发展经济林。这不仅保护了环境，而且为地方发展提供了经济基础。如果不能通过粮食输入解决粮食问题，那也应采用顺坡植物篱种植，在缓解粮食危机的同时，将粮食生产造成的环境影响降到最低。另外建议地方政府切实抓好计划生育工作。

（5）研究表明，地方各级政府实现其服务职能与科学研究同等重要，甚至更加重要。一些科学的可实现的可持续发展的土地利用模式是否可以被采用，是否可以取得好的效果，在很大程度上取决于地方各级政府政策的稳定性与服务职能体现的充分性。因此，只有各级政府机关与科学研究成果有效结合，根据不同具体情况采用科学的土地利用模式，才能够实现区域的可持续发展。

参考文献

[1] 史德明：《土壤侵蚀对生态环境的影响及防治对策》，《水土保持学报》，1991 年第3 期。

[2] 杨艳生：《我国南方红壤流失区水土保持技术措施》，《水土保持研究》，1999 年第2 期。

[3] 徐明岗，文石林，高菊生：《红壤丘陵区不同种草模式的水土保持效果与生态环境效应》，《水土保持学报》，2001 年第 1 期。

[4] 丁军，王兆骞，陈欣，等：《南方红壤丘陵区人工林地水文效应研究》，《水土保持学报》，2003 年第 1 期。

[5] 杨一松，王兆骞，陈欣，等：《南方红壤坡地不同利用模式的水土保持及生态效益研究》，《水土保持学报》，2004 年第 5 期。

[6] 王兆骞：《中国生态农业与农业可持续发展》，北京出版社，2001 年。

[7] 水建国，柴锡周，张如良：《红壤坡地不同生态模式水土流失规律的研究》，《水土保持学报》，2001 年第 2 期。

[8] 尹迪信，唐华彬，朱青，等：《植物篱逐步梯化技术试验研究》，《水土保持学报》，2001 年第 2 期。

生态水力半径法在雅砻江干流河道内
生态需水量计算中的应用 *

吴春华[1]　刘昌明[2]

（1. 黄河勘测规划设计有限公司，郑州 450003；2. 中国科学院地理科学与资源研究所陆地水循环及地表过程重点实验室，北京 100101）

摘　要：生态需水的研究已成为国内外地球科学领域普遍关注的一个热点问题。本文在理论研究的基础上，根据雅砻江干流独特的生态环境与环境保护目标，考虑到能满足维持河流生态系统健康的需要，选择了包括水文和生物两方面信息的方法——生态水力半径法计算河道内生态需水量，以达到保护水生生物的生境、满足维持调水河流良好的生态功能的目的。结果表明，以生态水力半径法计算的各站各年的河道内生态需水量基本上处于或接近 Tennant 法所设定的最小和适宜生态需水量之间，而本文以 Tennant 法设定的计算标准主要考虑当地的水生生物生活习性及气候特点，符合当地的河流生态与环境条件。可见应用生态水力半径法来计算河道内生态需水量是可行的。

关键词：雅砻江干流；河道内生态需水量；生态水力半径法

Ecological hydraulic radius method in the Yalong River
channel within the ecological water demand calculation

Wu Chunhua[1]　Liu Changming[2]

（1. *Yellow River Engineering Consulting Co. Ltd.* , *Zhengzhou* 450003；2. *Key Laboratory of Water Cycle and Related Land Surface Process* , *Institute of Geographical Sciences and Natural Resources Research* , *Chinese Academy of Sciences* , *Beijing* 100101）

Abstract: The field of ecological flow has been one of the research foci of

＊基金项目：中国博士后科学基金资助项目（2005037315）；国家"十一五"科技支撑计划重大项目：南水北调工程若干关键技术研究与应用（2006BAB04A08）。
作者简介：吴春华，(1970－)，女，河南商丘人，博士后，教授级高工，主要从事环境保护与生态学研究。
E-mail：wuchunhua88@126.com。

geographical sciences in the world. Based on the theory research, we considered the need of keeping river system health according to the unique ecological environment of Yalong mainstream and the goal of environment protection. Then we selected the ecological hydraulic radius method which comprises the information of hydrology and biology. This can protect the habitat of aquatic living things and maintain the good ecological function of water exporting river. The result stated that the ecological flow in river course of various stations and every year calculated by ecological hydraulic radius method was between or near minimum and suitable ecological flow calculated by Tennate method. While the standard of Tennant method based on the local living habits and climate feature. This accords with the local river ecology and environmental condition. So the results calculated by ecological hydraulic radius method are feasible.

Key words: Yalong mainstream; ecological flow in river course; ecological hydraulic radius method

1 生态水力半径法

生态水力半径法的提出[1]主要是针对天然河道某一过水断面的生态流量,是一个比较宏观的物理量,故有两点假设前提:一是假设天然河道的流态属于明渠均匀流;二是流速采用河道过水断面的平均流速,即消除了过水断面不同流速分布对于河道湿周的影响。生态流速是指为了一定的生态目标,即为使河道生态系统保持其基本的生态功能,河道内基本保持的水流流速,用 $v_{生态}$ 来表示。生态流速所对应的水力半径为生态水力半径。生态目标包括:(1) 水生生物及鱼类对流速的要求,如鱼类洄游的流速、栖息地生活的流水流速;(2) 保持河道输沙的不冲不淤流速;(3) 保持河道防止污染的自净流速;(4) 若是入海河流,则要保持其一定入海水量的流速等。

水力半径的计算公式为:$R = n^{3/2} \cdot \bar{v}^{3/2} \cdot J^{-3/4}$,即水力半径可以用河道的糙率 n、水力坡度 J 和过水断面的平均流速 $\bar{v}$ 表示出来,其中糙率和水力坡度是河道本身的水力学参数(即河道信息)。若将过水断面平均流速赋予生物学意义,即上文所述的生态流速(如鱼类产卵洄游的流速)$v_{生态}$ 作为过水断面的平均流速,那么此时的水力半径 R 就具有生态学的意义了,即生态水力半径 $R_{生态}$,然后再用这个生态水力半径来推求该过水断面的流量即为可以满足河流一定的生态功能(如鱼类洄游)所需要的生态流量,进而可得到保持河流基本生态功能(如满足水生生物及鱼类洄游)所需的生态需水量。

2 基本数据的选择

由于利用水力半径法计算河道内生态需水量,需要计算河道的过水断面面积 A、湿周 P 等基本参数,所以只有同时具有河道实测大断面资料、流量 Q、水位 Z 等资料的年限方能应用该方法计算河道内生态需水量。本研究选用雅砻江干流河段温波、甘孜和雅江三个站每年的实测大断面资料、月平均水位、月最高水位、月最低水位、月平均流量、月最大流量、月最小流量等水文资料,来计算雅砻江各站各年的河道内生态需水量。

3 计算过程与结果分析

3.1 计算生态水力半径

已有资料表明,裂腹鱼亚科鱼类主要分布在海拔 3 000 m 以上的冷水性高原湖河及黄河、长江上游干支流水域。该类鱼抗缺氧、耐低温的生物学特性使其在高原水域的分布较为广泛,由于长期的水域隔离演化,裂腹鱼亚科鱼类形成了具高原特异性的鱼类区系分布,对高原咸淡水系的生态平衡具有深远意义。一般而言,栖息在咸水湖泊的裂腹鱼亚科鱼类(如青海湖裸鲤)具有生殖洄游习性,即到繁殖季节时,成年个体会洄游至湖、淡水河流进行产卵,结束产卵后又返回咸水湖泊,生长发育始终依赖咸水湖泊的生境。但是,分布在江河及其支流的裂腹鱼亚科鱼类的生长发育和繁殖始终在淡水中进行,在环境适宜,水流量无季节性变化时,常就近选择水流缓慢、水质清澈、多沙砾的水域中进行产卵。如中华裂腹鱼和重口裂腹鱼略具生殖洄游习性,即就近无法找到适宜的产卵场地时,会进行短程洄游选择更适宜的产卵场地。而其他研究区裂腹鱼亚科鱼类并没有生殖洄游习性,其产卵场地多为河道水深 1 m 左右的缓流处,水底多卵石或沙砾,水温 10℃ 左右[2,3]。

鳅科鱼类多栖息于环流湖泊或沼泽地多植物丛生的浅水处,或栖息于大江小河岸边浅水处,底为细砂、砾石。它们常停留在石砾缝隙之间或游至流水表层,以落入水中的昆虫或水生动植物为食。繁殖旺季一般在 4—7 月份,产卵场地选择多沙石或河岸边浅水处,无生殖洄游习性[4,5]。

川陕哲罗鲑以高原鳅属鱼类、水生昆虫及藻类和植物为食,多栖息于激流深潭中,每年 3—4 月份,成双前后追逐,进行繁殖活动;冬季则潜入深沱或南下。据周仰景报道,本种产卵常位于河流上下游均有急流深水的近岸缓流区,底为砂或砾石,水深 15 ~ 80 cm,水温 4 ~ 10℃,筑巢产卵,巢直径 150 ~ 300 cm,巢内流速为 0.4 ~ 0.6 m/s。据了解,研究区内川陕哲罗鲑每年河流开冰后,在 4 月份成对上溯到阿坝县柯河林场流域和玛柯河大桥附近至班玛林场流域进行产卵活动[6,7]。

分布于研究区内的鮡科鱼类多生活在急流多石的场所,常贴附于石上,用匍匐的方式,从一处转移到另一处;杂食性,主要以水生昆虫及其幼虫为食。卵多产于急流的乱石缝中,排出的卵常黏连成片地附于石块或沙砾上。

不同鱼类的洄游流速不同,一般为 0.4 ~ 2.5 m/s。根据实地调查结果,该河流中的鱼类主要为软刺裸裂尻鱼、厚唇重唇鱼、短须裂腹鱼、青石爬鮡等,这 4 种鱼类占渔获物的重量百分比的 90.68%,另外 3 种鱼类裸腹叶须鱼、细尾高原鳅和拟硬刺高原鳅所占渔获物的重量百分比仅为 9.32%。又出于保护川陕哲罗鲑的需要,取生态流速 0.7 m/s 或 0.8 m/s,根据河道糙率、河道的水力坡度等计算过水断面的生态水力半径(见表 1)。

表 1　各水文站河段的水力参数

流域	水文站	糙率	水力坡度	生态流速	生态水力半径
雅砻江	温波	0.023	10/10 000	0.7	0.363 3
	甘孜	0.028	11/10 000	0.7	0.454 3
	雅江	0.034	31/10 000	0.8	0.341 5

3.2　确定流量与水力半径的关系

利用实测大断面资料、水位资料,即可求得不同水位条件下的河道过水断面的水力半径。根据流量序列和上述计算的水力半径,即可求得流量与水力半径的关系(见图 1)。利用幂函数进行拟合,得到 2003 年水力半径与流量的统计函数关系如图 1 所示,相关系数为 0.926 2。

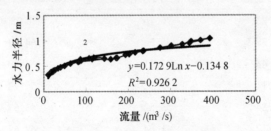

图 1　温波水文站 Q-R 关系图(2003 年)

3.3　生态需水量的计算

本文的生态需水量用流量来表示。根据上面计算的生态水力半径和温波、甘孜、雅江站水力半径与流量的统计函数关系,可得各站水力半径与流量之间的曲线回归方程,如温波站 2003 年为 $y = 0.172\,9\ln x - 0.154\,8$, $R^2 = 0.926\,2$,同理可得其他站与其他年水力半径与流量之间的曲线回归方程。据此计算即可得到温波(1992—2004 年)、甘孜(1980—1986 年)、雅江(1992—

2004年)各站逐年的满足水生生物生活和栖息的河道内生态需水量(见表2、表3、表4)。

表2 温波站逐年的河道内生态需水量 (m³/s)

年份	年平均流量	水力半径法计算的生态流量	Tennant法计算的生态流量
1992	93.84	24.36	18.77~28.15
1993	155.56	29.81	31.11~46.67
1994	84.03	22.68	16.81~25.21
1995	81.79	20.72	16.36~24.54
1996	95.31	17.20	19.06~28.59
1997	74.66	18.21	14.93~22.40
1998	112.16	31.57	22.43~33.65
1999	124.08	30.76	24.82~37.22
2000	132.70	24.16	26.54~39.81
2002	68.85	21.03	13.77~20.66
2003	118.47	19.67	23.69~35.54
2004	83.00	23.74	16.6~24.9

表3 甘孜站逐年的河道内生态需水量 (m³/s)

年份	年平均流量	水力半径法计算的生态流量	Tennant法计算的生态流量
1980	356.23	76.76	71.25~106.87
1981	321.37	66.33	64.27~96.41
1982	321.48	57.31	64.30~96.44
1983	276.11	55.52	55.22~82.83
1984	217.84	53.52	43.57~65.35
1985	313.12	41.64	62.62~93.94
1986	193.83	47.49	38.77~58.15

表4 雅江站逐年的河道内生态需水量 (m³/s)

年份	年平均流量	水力半径法计算的生态流量	Tennant法计算的生态流量
1992	581.62	109.88	116.32~174.49
1993	870.01	168.56	174.00~261.00
1994	470.44	100.41	94.09~141.13

续表

年份	年平均流量	水力半径法计算的生态流量	Tennant 法计算的生态流量
1995	566.45	114.39	113.29 ~ 169.94
1996	659.97	130.58	131.99 ~ 197.99
1997	530.61	105.93	106.12 ~ 159.18
1998	755.08	158.01	151.02 ~ 226.52
1999	771.59	159.32	154.32 ~ 231.48
2000	879.06	173.07	175.82 ~ 263.72
2001	712.68	180.91	142.54 ~ 213.80
2002	450.26	137.32	90.05 ~ 135.08
2003	827.07	152.80	165.41 ~ 248.12
2004	735.38	145.45	147.08 ~ 220.61

3.4 计算结果比较

为了验证以该方法计算的结果是否符合实际情况,采用 Tennant[8] 法计算了与运用水力半径法计算的同期的温波、甘孜和雅江站河道内生态需水量。

计算标准采用表 5 中 Tennant 法对生物栖息地的描述。河道内的最小生态需水量为:一般用水期(8 月到翌年的 4 月)取多年平均月流量的 10% 作为河道内的最小生态需水量,鱼类产卵育幼期(5 月到 7 月)取多年平均月流量的 30% 作为河道内的最小生态需水量。各站河道内比较适宜的生态需水量为:一般用水期(8 月到翌年的 4 月)取多年平均月流量的 20% 作为河道内的适宜生态需水量,鱼类产卵育幼期(5 月到 7 月)取多年平均月流量的 40% 作为河道内的适宜生态需水量。Tennant 法计算的生态需水量见表 2、表 3、表 4。

表 5 Tennant 法对栖息地质量的描述

相应栖息地的定性描述		最大	最佳范围	极好	非常好	好	中	差或最差	极差
推荐的基流占平均流量(%)	一般用水期(8 月到翌年 4 月)	200	60 ~ 100	40	30	20	10	10	< 10
	鱼类产卵育幼期(5 月到 7 月)	200	60 ~ 100	60	50	40	30	10	< 10

从计算的结果可知,水力半径法计算的各站各年的河道内生态需水量基本上处于或接近 Tennant 法所设定的最小和适宜生态需水量之间,而本文以 Tennant 法设定的计算标准主要考虑了当地的水生生物生活习性及气候特点,符合当地的河流生态与环境条件。可见应用水力半径法来计算河道内生态

需水量是可行的。

4　结论

利用生态水力半径法对雅砻江干流温波、甘孜和雅江水文站部分水文年的逐年生态需水量进行了估算,结果显示:该方法计算出的各站的生态需水量基本处于 Tennant 法所设定的最小和适宜生态需水量之间,主要原因是该方法更多考虑了当地河流满足鱼类对流速的要求,故所得结果符合该调水区的实际情况。

本文只是对估算河道内生态需水量的方法做一些理论和方法方面的探索工作,该方法的适用性如何需要在将来以研究工作中大量的实例来对其进行验证,该方法的提出肯定存在一定的缺陷,需要在将来的研究工作中进一步丰富和完善。

参考文献

[1] 刘昌明,门宝辉,宋进喜:《河道内生态需水量估算的生态水力半径法》,《自然科学进展》,2007 年第 1 期。

[2] 中国科学院西北高原生物所:《青海经济动物志》,青海人民出版社,1989 年。

[3] 王基琳,蒋卓群:《青海省渔业资源与地区》,青海人民出版社,1988 年。

[4] 丁瑞华:《四川鱼类》,四川科技出版社,1991 年。

[5] 方静,丁瑞华:《虎嘉鱼保护生物学的研究:Ⅳ. 资源评价及濒危原因》,《四川动物》,1995 年第 3 期。

[6] 周仰璟,吴万荣:《大川河虎嘉鱼产卵场条件及其产卵习性的初步研究》,《水生生物学报》,1987 年第 4 期。

[7] 周仰璟,吴万荣,姚维志:《虎嘉鱼生物学研究》,《西南农业大学学报》,1994 年第 1 期。

[8] Tennant D L. Instream flow regimes for fish, wildlife, recreation and related environmental resources. Fisheries,1976,1(4).

南水北调西线一期工程区生物及
生物多样性现状 *

吴春华¹ 沙占江²

（1. 黄河勘测规划设计有限公司河南 郑州 450003；2. 中国科学院青海盐湖研究所，西宁 810008）

摘 要：南水北调西线一期工程位于青藏高原东部边缘地带。项目区人口稀少，人为开发扰动程度较轻，植被覆盖完好，原始生物群落多样。本文从生态系统多样性、物种多样性、遗传多样性和景观多样性等层次阐述了其生物与生物多样性特点。

关键词：南水北调西线一期工程；生物多样性；现状

The present situation of the living things and biodiversity in the region of the first stage of western line from south to north water transfer project

Wu Chunhua¹ Sha Zhanjiang²

（1. *Yellow River Engineering Consulting Co. Ltd.* , *Zhengzhou* 450003；2. *Qinghai Institute of Salt Lakes* , *Chinese Academy of Sciences* , *Xining* 810008）

Abstract: The first stage of western line from south to north water transfer project is located in the eastern edge belt of Tibetan plateau. The population in the project region is sparse and the artificial exploiting and disturbance is slight . The vegetation is perfect and the biocommunity is diversified. The feature of the living things and biodiversity was discussed from ecosystem, species, heredity and landscape diversity. Species is abundance and ecosystem is diversified in the region of the project.

* 基金项目：国家"十一五"科技支撑计划重大项目：南水北调工程若干关键技术研究与应用（2006BAB04A08）。
作者简介：吴春华（1970 - ），女，河南商丘人，博士后，教授级高工，主要从事环境保护与生态学方面的研究。E-mail：wuchunhua88@126.com。

Key words: The first stage of western line from south to north water transfer project；biodiversity；The present situation

南水北调西线一期工程位于青藏高原东部边缘地带,引水枢纽处在海拔 3 500 m 左右,位于大渡河的支流阿柯河、玛柯河、杜柯河和雅砻江支流泥曲、达曲。工程在四川省的甘孜、色达、壤塘、阿坝县,青海省的班玛县和甘肃省的玛曲县。

调水河流地区及输水区位于青藏高原东南部,在北纬 31°30′—35°30′,东经 93°00′—103°30′之间,大部分位于通天河直门达、雅砻江甘孜、道孚以上,大渡河双江口以上及黄河贾曲以上等地区[1]。

工程区地处川西北与青藏高原过渡地带,地理环境特殊,人类生产活动较弱,生态环境未遭大的破坏,野生动植物资源丰富。

野外调查的范围与方法主要有:(1)利用遥感手段和地理信息系统技术获取研究区面积约 60 000 km² 的景观生态信息,并结合等距离取样方法和单位面积收获法,进一步调查该地区的植物种类、区系成分、群落结构、植被类型及空间分布规律。对工程线路穿行区域及拟建水库区域进行详细的野外调查,调查范围分布在工程线路两侧 200～400 m 以内,水库集水区域和坝下游 0～30 km 的水文变化区域,这些区域范围在本文中被确定为工程区。(2)采用分子粪便技术、铗日法、目测法以及采访法,调查研究区内两栖爬行类、鸟类及兽类的种类和分布;采用痕迹追踪和样线法,调查鸟类、兽类越冬及产仔栖地、迁徙路线等。

1　生态系统多样性

1.1　生态系统类型[2-5]

工程区地处青藏高原东南边缘,属北亚热带、暖温带和温带等气候带,加上海拔高度的垂直变化巨大(1 600～5 000 m),地形变化复杂、地貌类型丰富、气候环境多样、多年冻土发育及生境条件独特,从而形成了区域内丰富而独特的生态系统类型。主要包括山地森林生态系统、山地灌丛生态系统、干旱河谷灌丛生态系统、高寒草甸生态系统、高寒沼泽湿地生态系统等。现就主要生态系统的主要特征简述如下。

1.1.1　山地森林生态系统

工程区内森林主要分布在玛柯河和杜柯河干流中下游及其支流河谷两岸的山地上,色达县北部,阿坝县南部和炉霍境内达曲、泥曲河谷及山地上,在大渡河白湾至金川段的山体阴坡也有分布。由于山岭分割,森林呈间隔性

的片状分布。这些林区构成了长江源头水源涵养林的重要部分,总面积为
5 062.74 km^2,占工程区土地总面积的 10%。

工程区内森林主要分布区域为玛柯河林区和杜柯河林区,以紫果云杉林
为优势组成的寒温性针叶林,以及在阳坡呈块状分布的大果圆柏、方枝圆柏
和密枝圆柏林。在玛柯河东部,还有小面积的红杉林生长。岷江冷杉、紫果
冷杉、鳞皮冷杉、巴山冷杉及鳞皮云杉等常与紫果云杉伴生,或组成小面积
纯林。

在海拔 3 700 m 以下地段,暖温性阔叶林有小块状的白桦林、山杨林和糙
皮桦林分布,红桦在玛柯河东岸林区呈零星分布,在海拔 3 000 ~ 3 500 m 的马
尔康、壤塘境内的河谷阳坡和半阳坡上伴生有高山栎。

野生动物种类较多,主要有林麝、斑尾榛鸡、雉鹑、绿尾红雉、黑熊、兔狲、
鬣羚、红腹角雉、藏马鸡、兰马鸡、勺鸡、白腹锦鸡等野生动物,其中包括多种
国家级保护动物。

植物群落物种具多样性:从野外调查及相关资料的整理分析来看,本生
态系统中包括多种国家级保护的野生植物种类,是工程区内生物多样性较为
丰富,生物量最高,涵养水源的主要生态系统。适应中生或湿中生的草甸、灌
木植物较多,根据以往的植物群落调查资料,其物种丰富度(Richness indices)
为 29,物种多样性指数(Shannon-Wiener)为 2.56,均匀度(Evenness indices)为
0.778。

1.1.2 山地灌丛生态系统

工程区内的山地灌丛生态系统主要包括高寒灌丛和山地灌丛两种类型,
面积为 5 458.81 km^2,占工程区土地总面积的 10.8%。山地灌丛生态系统主
要分布在海拔 2 850 ~ 4 200 m 的山地上,主要分布于玛柯河、杜柯河、达曲和
泥曲干流及其支流的河谷两岸山坡上,沿河谷地形呈条带状结构展布。

其气候属寒冷半湿润气候类型,具有高原大陆性气候特征,年平均气温
较低,降水量较丰富。

构成生态系统的植物群落优势物种为锦鸡儿、杜鹃、鲜卑花、高山柳、高
山栎和小檗等植物,它们主要生长在潮湿生境的河谷两岸的山地上,其地上
部分分枝多,丛生状,植株高度一般为 40 ~ 200 cm,地下根系粗壮发达,深植
土壤中,具有较好的水土保持和水源涵养能力。植物种类组成比较丰富,常
见的植物约 180 种,一般丰富度为 12 ~ 28。

野生动物种类也较多,主要有斑尾榛鸡、雉鹑、绿尾红雉、兔狲、藏原羚、
鬣羚、斑羚等野生动物。本类型属山地中的稳定群落类型,局部地段灌丛受

到破坏,灌丛生长发育不良,使河谷的水土保持和水源涵养功能有所下降。

从野外调查及相关资料的整理分析来看,山地灌丛生态系统有多种国家级保护的野生动植物种类。适应中生或湿中生的草甸植物较多,根据以往的植物群落调查资料,其物种丰富度(Richness indices)为24,物种多样性指数(Shannon-Wiener)为2.165,均匀度(Evenness indices)为0.821。

1.1.3　干旱河谷灌丛生态系统

工程区的干旱河谷灌丛生态系统包括干旱河谷生物群落、生境条件以及相关的生态过程,面积为409.62 km²,占工程区土地总面积的0.8%。它是在干旱河谷长期相对干旱、少降水的气候环境条件下形成的,也是工程区具有典型特点的灌丛生态系统类型。

干旱河谷灌丛生态系统是工程区颇具特色的生态系统类型。其分布主要在海拔1 600~2 800 m的大渡河及支流河谷及两岸山地。集中分布于工程区内大渡河白湾至金川段的河谷滩地及两岸山坡上、玛柯河和杜柯河的下游河段河谷两岸等地带,多呈条带状沿河流分布。

构成生态系统的主要优势植物为白刺花、火棘等,具有耐旱、热等特征,其地上部分分枝密集,地下根系粗壮深长,形成直径数十厘米到100多厘米的斑块,构成特有的景观类型。在干旱河谷中,植物种类较少,常见的植物约有50种左右,一般丰富度为2-6。系统的野生动物种类极少,很少有国家级保护动物。

从野外实地调查及相关资料的整理分析来看,缺乏国家级保护动植物种类。根据金川河滩植物群落样方调查,应用物种多样性的计算方法得出,其物种丰富度(Richness indices)为9,物种多样性指数(Shannon-Wiener)为1.536,均匀度(Evenness indices)为0.658。

1.1.4　高寒草甸生态系统

高寒草甸生态系统是指由耐寒的多年生中生草本植物所形成的高寒植被为基础,由高寒草原生物群落、生境条件及其相关生态过程所构成的生态系统类型。它是在高原寒冷而湿润、半湿润的气候环境条件下形成的。其主要生物群落特征是植物优势种明显,地表植被盖度大,植物低矮且层次分化不明显,植物生长期短暂、产草量低,植物地下根系发达,常具有适应高寒气候环境的特殊草皮层结构。野生动物种类数量不多,但种类独特且种群数量较大。

工程区高寒草甸生态系统包括高山草甸和亚高山草甸两个类型,是工程区最主要的生态系统和景观类型之一,其分布范围广、面积大,总面积为

37 048.57 km^2,占工程区土地总面积的 73.3% 。一般多分布在海拔 4 000 ~ 5 200 m 的高山地带。由于受地理位置、地形地貌以及气候条件的综合影响，高寒草甸生态系统的分布海拔有一定的变幅，主要生境类型有山地阴坡、河谷阶地、湖盆滩地等。它们集中分布于工程区的山地中上部、宽谷阶地以及山地阴坡，多呈片状分布。

构成生态系统的主要优势植物以莎草科嵩草属和苔草属植物为典型代表，主要有高山嵩草、嵩草和苔草等。此外，杂类草有圆穗蓼、珠芽蓼等植物。随着地形地貌及生境条件的不同，其种类亦有差异。该地区植物种类组成相对丰富，其他常见的植物在 110 ~ 160 种之间，一般丰富度为 15 - 28。植物群落生产力为中等水平，地上生物量约 780 ~ 1 400 kg/hm^2（鲜重）。植被盖度一般为 75% ~ 95% 。

常见的野生动物种类有藏原羚、藏羚、藏野驴、狼、高原鼠兔、喜马拉雅旱獭、白腰雪雀、褐背拟地鸦、长嘴百灵等，属于国家级保护野生动物种类的有藏原羚、藏羚、藏野驴等。

高寒草甸生态系统的植物种类组成以耐寒、多年生、密丛、短根茎、地下芽的嵩草属植物为典型代表。在强烈的寒冻作用下，多年冻土发育，地表常形成冻胀裂缝、泥流阶地等结构特点，植物群落形成斑块状的镶嵌结构。从调查及相关资料的整理分析来看，属于国家三类保护植物种类的只有马尿泡。根据风火山高寒草甸生态系统的样方调查数据，应用物种多样性的计算方法计算，其物种丰富度（Richness indices）为 32，物种多样性指数（Shannon-Wiener）为 2.82，均匀度（Evenness indices）为 0.871。

1.1.5 高寒沼泽湿地生态系统

高寒沼泽湿地生态系统是指由耐寒的多年生湿生或湿中生草本植物所构成的生态系统类型，包括高寒湿地生物群落、生境条件及其相关生态过程。它是在青藏高原寒冷而地表层积水或土壤层水分呈过饱和状态的寒冷潮湿的环境条件下形成的隐域性类型。其主要生物群落特征是以湿地生物种类为主。以植物为例，多以湿中生植物为主，地表植被密集且盖度大，层次结构简单，植物生长期短，地上生物量明显高于高寒草甸生态系统。

高寒沼泽湿地是工程区重要的生态系统和景观类型。一般多分布在海拔 3 700 ~ 5 100 m 的坡麓山裙、鞍部、滩地等积水谷地和排水不良洼地。其分布范围较广，但面积不大，仅为 959.03 km^2，占工程区土地总面积的 1.9% 。主要见于泥曲和杜柯河上游源头地带、贾曲河谷等，多呈条带状或斑块状分布，高寒潮湿的高山和亚高山等积水谷地和排水不良洼地等地带。

构成此生态系统的主要优势植物以莎草科的多年生根茎植物西藏嵩草为典型,并以此形成生态系统的植物群落基础。组成草地的植物由湿生和冷湿中生的多年生草本植物为主,植物种类比较丰富,常见的植物在 120 ~ 160 种之间,一般丰富度为 10 - 18。群落层次结构比较简单,植物高 4 ~ 20 cm,层次分异不明显,植物生长茂密,总盖度在 65% ~ 95%。地上生物量约 1 200 ~ 1 400 kg/hm²(鲜重)。

野生动物种类组成及数量常与湿地的面积大小有关,经调查表明在高寒湿地生态系统中主要有黑颈鹤、黑鹳、中华秋沙鸭、大天鹅、小天鹅、疣鼻天鹅、鸢、苍鹰、雀鹰、赤腹鹰、凤头鹰等国家级野生保护动物。

由于受气候变化的影响,沿线沼泽湿地生态系统有向草甸化方向演变的趋势。

高寒沼泽湿地生态系统的植物种类组成以莎草科、禾本科等湿中生多年生草本植物为主。根据贾曲河谷沼泽湿地植物群落样方调查数据,应用物种多样性的计算方法计算,其物种丰富度(Richessi indices)为 12,物种多样性指数(Shannon-Wiener)为 2.106,均匀度(Evenness indices)为 0.848。

1.1.6 农业生态系统

占项目区面积约 12% 左右的沿河宽阔谷地和缓坡地为农业生产活动区域,以输出农副产品为其主要功能,本区域内农田鸟类及昆虫种类较为丰富。该系统的特征是蕴藏着丰富的栽培植物和家养动物,植物主要有青稞、豌豆等,动物主要有牦牛、马、羊等,与农田鸟类和昆虫等共同构成农业生态系统的多样性。

农业生态系统存在的问题主要是:坡耕地垦殖造成的水土流失、过量施用化肥导致的土壤退化及长期施用有机磷农药和除草剂形成的土壤和水体化学污染,进而导致有益动物数量的锐减等。

1.1.7 河流生态系统

工程区的水系主要是黄河及其支流贾曲和长江的支流雅砻江、大渡河两河流及其支流,主要河流有雅砻江水系的达曲和泥曲,大渡河水系的杜柯河、玛柯河和阿柯河以及黄河穿过工程区的干流与其支流贾曲,水面总面积为 422.07 km²,其中干流面积为 183.31 km²,支流面积是 238.76 km²;河流总长度 15 792 km,其中干流总长 1 935.32 km,支流总长 13 856.68 km;整个工程区河网密度为 312 m/ km²。

该区河流以大渡河干流为主体,包括分布于境内的大小河流、山溪和人工渠等。其功能主要有供给工业、农业、生活用水,发电及维持水生生物的生存等。河流生态系统为细菌、真菌、原生动物、浮游生物、两栖类、鱼类、植物和动物等提供了丰富多样的生境,对于生物多样的保护具有重要意义。

1.2 生态系统特点[6]

1.2.1 独特的高寒植被生态系统

山地灌丛生态系统、高寒草甸生态系统、高寒垫状稀疏植被生态系统和高寒流石坡稀疏植被生态系统及其景观生态类型是青藏高原重要的生态系统类型。从这几种生态系统典型的植物种类组成来看,许多动植物种类均为青藏高原特有物种或以青藏高原为主要分布区,有些种类更是国家级珍稀保护动物,如藏原羚、藏羚、藏野驴、大天鹅、小天鹅、疣鼻天鹅、鸢、苍鹰、雀鹰、赤腹鹰、凤头鹰、黑颈鹤、黑鹳、中华秋沙鸭、金雕、玉带海雕、胡兀鹫等。

1.2.2 原始的景观生态类型

由于区域特殊的地理位置以及自然环境特点,高寒草甸、高寒垫状稀疏植被以及高寒流石坡稀疏植被等景观生态类型受人类活动的影响和改造较小,多数自然景观仍处于原始状态,属于典型的自然景观,虽然在外观上表现十分单调,却具有很大的美学价值。

1.2.3 脆弱的高原生态环境

高原生态环境极为敏感和脆弱,高寒草原和高寒草甸的生物群落结构简单、生物量较低,受人类活动影响后易发生变化,常因草地过度放牧出现草场植被退化,草地生态系统的恢复极为困难和漫长。特别是在寒冷、多风以及冻融作用之下,高寒景观生态系统地表植被被破坏之后恢复极为困难。

工程区有各类生态系统类型7种,即山地森林生态系统、山地灌丛生态系统、干旱河谷灌丛生态系统、高寒草甸生态系统、高寒沼泽湿地生态系统、高寒垫状植被生态系统、高寒流石坡稀疏植被生态系统等,基本上涵盖了青藏高原地区的主要典型生态系统以及植被类型。从生态系统类型、结构特征以及功能来看,其质量现状处于中等水平。

从工程区的现状来分析,各区区域内生物多样性及生态环境的质量是有很大差异的。西北部大多数地区如达曲、泥曲、杜柯河源头上游的高山、沼泽接近其本底状态。玛柯河上游地区班玛、达日境内的高山草甸、亚高山草甸则因过度放牧而出现明显的草地退化现象,主要表现为生物量下降50%以上,草地害鼠种群数量增加,达到严重危害水平,杂草的数量也明显增多。壤塘、炉霍境内河谷山地由于大面积开垦耕地,导致原生植被被破坏,退化特征总体表现为斑块状;玛柯河、杜柯河中游及大渡河白湾至金川段的灌丛在放牧及樵采活动频繁的地方,植被破坏严重,地表土壤经常处于强度侵蚀状况,倘能减少放牧和樵采,恢复和扩大植被盖度,对保持水土、改善环境条件将有很大作用。玛柯河、杜柯河林区由于得到较好人工保护,除部分居民点附近的区域因人类活动的影响,树木遭到破坏,植被盖度下降外,其植被基本接近自然本底。从壤塘至色达,植被类型表现为高山草甸、亚高山草甸、山地森林和山地灌丛的交错分布,山地森林和山地灌丛由于过度樵采,原生植被破坏严重,次生植被较为发育,草甸植被基本接近本底状况,局部草地退化,高寒草甸地表植被盖度≤65%,但其退化特征总体表现为斑块状。阿坝县境内由于人为大面积开垦耕地,复又退耕、弃耕,因此受人为经济活动影响较深,草场杂草和害鼠均有一定的危害面积。总之,工程区生物多样性及其生态环境质量现状存在区域差异,在阿坝县、大渡河河谷、玛柯河上游班玛境内属低等水平,在生物量、植被盖度、害鼠及杂草危害等指标上表现均较明显,而且呈条带状分布;其余地区属中等水平,仅在居民点附近出现斑块状的生态退化特征。

2　物种多样性[5~8]

2.1　陆生植物

2.1.1　植物种类

研究区植物种类有 102 科、259 属、680 种,平均每科有 6.67 种。植物种类在 10 种以上的有 19 科,占总科数的 18.6%,有 448 种,占总种数的 66%;10 种以下的有 83 科,占总科数的 81.4%,有 231 种,占总种数的 34%。

研究区植物丰富的另一个特点是科多属少,在 102 科 259 属中,平均每科仅 2.5 属;研究区植物丰富还有一个特点是属多种少,在 259 属 680 种(包括种下等级)中,平均每属仅 3 种。

从植物资源种类及其生活类型等来看,研究区的植物资源具有开发价值的是饲用植物、药用植物、食用植物、观赏植物等经济植物类群,因其生态环境脆弱及资源量限制,应以保护为主。种子植物在生活类型组成上,草本植物占有绝对优势,调查表明多数草本植物的种子成熟状况不良,营养繁殖方式占有重要地位;而木本植物和一年生植物所占比重不大,其质量状况处于中等偏低水平。

2.1.2　珍稀濒危植物种类及其分布

我国保护植物有 15 种(见表 1),即毛茛科(Ranunculaceae)的星叶草(Circaeaster agrestis Maxim)、独叶草(Kingdonia uniflora),麦角菌科的虫草(Cordeps sinensis)、松科的长苞冷杉(Abies georgei)、白皮云杉、康定云杉(Picea montigena)、麦吊云杉(Picea brachytyla)、油麦吊云杉(Cicea brachytyla)、岷江冷杉(Abies faxoniana)和紫果云杉,柏科的岷江柏木(Cupressus chengiana),红豆杉

科的红豆杉(*Taxus chinensis*),杨柳科的大叶柳 (*Salix magnifica*),胡颓子科的中国沙棘(*Hippophae yhamnoides*),蔷薇科的光核桃(*Prunus mira*)。

表 1 研究区分布的珍稀濒危植物

种类	性状	科名	保护级别(1)	保护级别(2)
虫草 *Cordeps sinensis*(Berk.)-Sacc	草本	麦角菌		Ⅱ
长苞冷杉 *Abies georgei* Orr	乔木	松科	3	
白皮云杉 *Picea aurantiaca* Mast	乔木	松科	2	
康定云杉 *Picea montigena* Mast	乔木	松科	2	
麦吊云杉 *Picea brachytyla*(Franch.) Pritz.	乔木	松科	3	
紫果云杉 *Picea purparea*	乔木	松科		Ⅱ
岷江冷杉 *Abies faxoniana* Rehdetwils	乔木	松科		Ⅱ
油麦吊云杉 *Picea brachytyla*(Franch) Pritz. var. *complanata*(Mast.)Cheng ex Rehd.	乔木	松科		Ⅱ
岷江柏木 *Cupressus chengiana* S. Y. Hu.	乔木	柏科	2	Ⅱ
红豆杉 *Taxus chinensis*(Pilger)Rehd.	乔木	红豆杉		Ⅰ
星叶草 *Circaeaster agrestis* Maxim.	草本	毛茛科	2	
独叶草 *Kingdonia uniflora* Balf. F. et W. W. Smith	草本	毛茛科	2	Ⅰ
光核桃 *Prunus mira* Koehne	乔木	蔷薇科		Ⅱ
大叶柳 *Salix magnifica* Hemsl.	灌、乔	杨柳科	3	
中国沙棘 *Hippophae yhamnoides* L. sub-sp . *sinensis* Rousi	灌、乔	胡颓子		Ⅱ

说明:① 保护级别(1)中的1,2,3引自国家环境保护局、中国科学院植物研究所编著:《中国珍稀濒危保护植物名录》,科学出版社,1987。

② 保护级别(2)中的Ⅰ、Ⅱ引自国家林业、农业部颁布的《国家重点保护野生植物名录》(第一批)(第二批),1999 年,2001 年。

2.2 陆生动物[9~12]

2.2.1 鸟类

研究区内鸟类有 14 目、34 科、192 种,野外调查见到 85 种鸟类。属于国家Ⅰ级保护鸟类的有 9 种,Ⅱ级保护动物的有 26 种。观察到的鸟类占工程区 192 种鸟类的 44.27%。按照 192 种鸟类区划,古北界 132 种、东洋界 19 种、广布两界 41 种,分别占总种数比例的 68.75%,9.90%,21.35%。以古北界种类最为占有优势,其次为广布种,而东洋界种类的占有比例很小。

192 种鸟类中留鸟 103 种、夏候鸟 55 种、繁殖鸟 11 种、冬候鸟 6 种、旅鸟 17 种。区内鸟类是以留鸟和繁殖鸟为主,冬候鸟仅占很小比例。

2.2.2　兽类

研究区内兽类共分布有 7 目、17 科、56 种,按照 56 种动物的区划,各界的大致情况为:古北界 33 种,占 58.9%;东洋界 18 种,占 32.1%;广布界 5 种,占 9.0%。其中以古北界所占的比例为最大,其次为东洋界,广布界最小。

兽类 17 科 56 种,其中国家保护种类 25 种,国家 I 级保护种类占兽类种数的 35.7%;属于国家 I 级和 II 级保护动物的兽类占兽类种数的 44.6%;其中食肉目 11 种、偶蹄目 11 种、灵长目 2 种、奇蹄目 1 种。食肉目和偶蹄目占据了主要成分;其次为灵长目;最少的是奇蹄目,只有 1 种。

2.2.3　水生生物

工程区的黄河干流海拔 3 440 m,仅在研究区东北角有一小段,约 20 km。区内黄河的主要支流是贾曲,河谷平坦开阔,曲流发育,水量小,河面窄,平均为 20 m,流速缓慢,约 0.5 m/s。浮游植物以硅藻和绿藻为主。硅藻门中常见的有纺锤硅藻(*Navicula*)、双眉硅藻(*Amphora*)、横隔硅藻(*Diatoma*)、角硅藻(*Ceratoneis*)、波纹硅藻(*Cymatopleura*)、带列硅藻(*Fragilaria*)、马鞍硅藻(*Campylodiscus*)。绿藻门中有拟新月藻(*Closteriopsis*)和水绵(*Spirogyra*)及裸藻门中的裸藻(*Trachelomonas*)。黄河干支流很少采到浮游动物,仅见英勇剑水蚤(*Cyclops strennus*),但河边浅缓水湾处底栖动物不少,诸如钩虾(*Gammarus*),石蝇(*Peala*)、摇蚊幼虫(*Chironornus sp.*)、沼石蛾(*Limnophilus*)、扁蜉(*Heptagenia*)、萝卜螺(*Radix*)。水生植物常可见龙须眼子菜(*Potamogeton pecinatus* L.)和水毛茛[*Batrachium trichophyllum* (Chaix) F. schulfz.]

工程区长江水系主要是雅砻江和大渡河两河流及其支流,河流纵横交错。区内沟深坡陡,水流急,水量大,河面宽,平均约 50 m。干支流的浮游植物以硅藻和蓝、绿藻类为主。硅藻门中常见的有纺锤硅藻(*Navicula*)、新月硅藻(*Cymbella*)、放射硅藻(*Synedra*)、圆盘硅藻(*Cyclotella*)、丝状硅藻(*Melosira*)等。绿藻门中有刚毛藻(*Cladophora*)、拟新月藻(*Closteriopsis*)、顶接鼓藻(*Spondylosium*)。蓝藻门中有平裂藻(*Metismopedia*)、鱼腥藻(*Anabaena*)、双星藻(*Zygnema*)、颤藻(*Scillatoria*)等。浮游动物中轮虫有狭甲轮虫(*Colurella*),枝角类有溞属(*Daphnia*)和尖额溞(*Alona*)等。桡足类中有斯氏北蚤水蚤(*Arctodiaptomus stewartianus*)、英勇剑水蚤(*Cyclops strennus*)和介形动物(*Ostracoda sp.*)。底栖动物常见的有钩虾(*Gammarus*)、石蝇(*Peala*)、摇蚊幼虫(*Chironomus sp.*)、沼石蛾(*Limnophilus*)及水蜘蛛(*Hydracarina*)等。水生植物除常见的龙须眼子菜和水毛莨外,还有菹草(*Potamogeton cripus* L.)和水马齿(*Callitrjche stagnalis* Scop.)等。

3 遗传多样性[3]

3.1 遗传资源

工程区农牧遗传资源丰富。各类主要大田作物、经济作物、中药与畜禽及驯养动物中都有突出的代表类型,但有关遗传多样性方面还缺乏研究。当地有优良的地方畜禽品种,驯养动物的养殖及研究也具有一定规模,但许多传统的大田作物资源已随着新品种的推广而在当地流失。

除了传统的农牧品种资源外,野生资源的动植物种类也值得关注。动物品种资源中,主要以毛皮动物和食用动物为主,偶蹄类中不少种类是目前农畜品种中的近缘类群,一些鱼类通过驯化可能成为新的养殖对象。植物品种资源中,包括野生蔬菜、果品、药材、香料、观赏植物等资源类型。当地居民一直延续着利用野生生物资源的习惯,尤其在野生蔬菜及菌类的利用方面具有丰富的经验。

3.2 遗传多样性特点[5]

3.2.1 品种繁多

农牧品种资源涉及大田作物、经济作物、传统中药材与传统畜牧品种及驯养动物等众多有价值的优良品种资源。同时,这里一些野生动植物资源类型在历史上人们就有利用的习惯,这些野生动植物资源涉及毛皮动物、食用野味与野菜、观赏动植物、野生中药材及新药资源,以及栽培与家养动植物的近缘材料等等。

3.2.2 资源独特

工程区的生物资源中具有很多在其独特生境中生长的动植物资源和珍稀动植物资源,如牦牛、麻羊、齐口裂腹鱼、棘腹蛙、驯养麝、鹿、虫草、贝母、羌活等等,都是具特色的或难以替代的宝贵遗传资源。

3.2.3 价值高

麝鹿的人工养殖将有助于缓解野生麝的捕猎压力,并逐步满足传统中药麝的供给,进而产生重大的生态效益和经济效益。合理开发野生菌类、蔬菜、观赏植物和中药资源,积极探索野生动物的利用技术与途径,有利于保护野生动物资源和提高经济效益。农艺性状优良或特殊的农牧品种及野生近缘种的利用与保护也具有重要的生态价值和经济意义。

4 景观多样性[5]

4.1 景观类型

工程区地处青藏高原东南边缘,属北亚热带、暖温带和温带等气候带,加上海拔高度的垂直变化巨大(1 600~5 000 m)、地形变化复杂、地貌类型丰富、气候环境多样、多年冻土发育、生境条件独特,从而形成了区域内丰富而独特的景观类型。主要包括山地森林景观区、山地灌丛景观区、干旱河谷灌丛景观区、高寒草甸景观区、高寒沼泽湿地景观区等。

4.2 景观多样性特点

4.2.1 以高寒灌丛草甸、草原和荒漠为主的生态学景观特征

以高寒灌丛草甸、草原和荒漠为主的生态学景观因海拔高而寒旱化十分明显。高原上具有特有的植物成分,如紫花针茅、小蒿草等。高原上广泛分布着的高寒灌丛草甸、高寒草原、高寒荒漠等植被类型,都显示出高原特有的生态特征。它们或生成莲座状以从地面获得较多的热量;或生成垫状以达到保温、保湿和抗强风的目的;或以胎生方式繁殖以加强其生命的延续能力;或根系短浅以能够在地表温度升高时吸收水分和养料;或发展通气组织,贮存气体,从根本上克服低浓度 CO_2 和 O_2 对植物体的伤害,它们的支持组织广泛存在,以利于抵抗大风、冰雹或雪引起的各种机械损伤等。除此之外,青藏铁路沿线的植被还大都具有生长期短、生长缓慢、植株矮小、覆盖率低的特点。

动物分布最广泛的生境是高寒灌丛草甸、高寒草原和高寒荒漠,这些生境的条件都相当严酷,气候寒冷而风大,食物来源少并常受季节影响,动物的生存和生活受到极大限制。

4.2.2 多年冻土、季节冻融、地表形变突出的地生态学景观

高海拔地区气候十分寒冷,多年冻土广布。冻土区地表冬季冻胀,夏季融陷,地面变形十分剧烈。

4.2.3 高原生态景观的敏感性和脆弱性

在严酷的自然条件下,生物种属结构简单、食物链短而单一,高原上所发育的生态景观极其敏感而脆弱,仅是人为对地表的微弱扰动,就可能引起生态环境的不可逆变化。如上所述,高原的植被受严酷的环境条件控制,植被稀疏、生长缓慢,施工中因取土、弃土不可避免地要破坏部分高原植被,这些植被一经破坏就很难恢复。而施工中取土、弃土和路基占压除直接影响生物的生存环境以外,还间接破坏地生态环境,使多年冻土最大季节融化深度发生变化。植被可保持土中水分,降低地表温度差,因而可以减小最大季节融化深度。反之,铲除草皮可以增加最大季节融化深度达几十厘米。在地下冰发育地段,天然植被一旦遭到破坏,季节融化深度加大,导致地下冰融化,形成热融现象,如热融滑塌、热融沉陷等等。这些变化可能造成自然生态环境发生演变。

参考文献

［1］ Cui Q. Planing on the first stage project of water diversion from the south to the north via the western couse. Yellow River,2001,23(10).

［2］ Editorial Committee of Sichuan Forest. Sichuan Forest, China Forestry Publishing House, 1992.

［3］ Collaborative Group of Sichuan Vegetation. Sichuan Vegetation, China Forestry Publishing House,1980.

［4］ Editorial Committee of Chinese Vegetation. Chinese Vegetation. Science Press,1980.

［5］ Yang S-T, Liu C-M, yang Z-F, et al.. Natural Eco-environmental evaluation of west route area of interbasin water transfer project. Acta Geographica Sinica,2002,57(1).

［6］ Qu Y-G. Relationships between the west part of "Southern water to North"project and chinese west development. Journal of Arid Land Resources and Environment, 2001,15(1).

［7］ Wang X-Q, Liu C-M,Yang Z-F. An analysis on the impacts on the environment in the water exporting region of western line south to north water transfer project . Progress in Geography,2001,20(2).

［8］ Xia X-F. Impact and protection of Qinghai Tibetan railway construction on wildlife along the railway. Gansu Science and Technology,2004,20(9).

［9］ Northwest plateau Institute of biology, Chinese academy of sciences. Qinghai notes-notes of plateau biology. Qinghai people's Publishing House, 2002.

［10］ Northwest Plateau Institute of Biology,Chinese Academy of Sciences. Economic Fauna of Qinghai,Qinghai peoples Publishing House,1989.

［11］ Sichuan Fauna Resources. Sichuan Science Press, 1985.

［12］ Li D-Q. Scientific survey of three river nature reserve. China Science and Technology press,2002.

［13］ Qian W-Y. Field guide to birds of China. Henan Science and Technology Press,1995.

美国生物多样性保护的政策及措施初探 *

祁素萍　王　萍

（天津科技大学，天津 300457）

摘　要：生物多样性是人类生存的重要资源,具有许多功能和潜在的价值,对生态系统功能的提高和健康发展有重要作用。结合实地调查,本文论述了美国生物多样性保护的有关政策与采取的一些措施,并从生境保护、外来种及火烧管理等对生物多样性影响的角度进行了较全面的分析。旨在通过学习国外生物多样性保护实践为我国提供一定的借鉴。

关键词：生物多样性;政策;措施

Policies and related strategies on biodiversity conversation in the United States

Qi Suping　Wang Ping

（ *Tianjin University of Sciences and Technology*, *Tianjin* 300457 ）

Abstract: Biodiversity is an important resource for human existence and plays an important role to enhance ecosystem function and healthy development, at same time with many features and potential value. Strategies for Biodiversity conservation in the United States was discussed combined with field investigate and made a comprehensive analysis on biodiversity conservation from point of view of habitat, policy, and burn management in this paper. The purpose is to provide a reference for biodiversity conservation in China through the protection practice abroad.

Key words: biodiversity; Policies; Strategies

＊基金项目:天津科技大学科学研究基金资助项目(20100302)。

1　引言

生物多样性是人类生存的重要资源,维系着自然、半自然生态系统的平衡,具有许多功能和潜在的价值。然而自然栖息地消失、景观破碎化、外来种入侵、环境污染、气候改变、过度利用等[1],对生物多样性构成了威胁。特别是生境的变化对生物多样性具有重要的影响,从世界范围来看,1990—2005年间世界范围内的森林面积有所下降[2],水体富营养化程度严重。1993年一项世界湖泊调查表明,亚洲54%、欧洲54%、北美48%、非洲28%的湖被富营养化,水生生态系统结构和功能的变化对生物多样性具有非常重要的影响[3]。

我国地域差异显著,具有丰富的生物种群和生态系统,特别是物种多样性举世瞩目,居全世界第八位、北半球第一位,但由于原始森林遭到砍伐、开荒等许多人为活动的影响,生物多样性受到严重的威胁[4]。2010年是国际生物多样性年,生物多样性是人类社会赖以生存和发展的基础。然而环境污染、气候变化和人为因素等造成近年来生物多样性流失,特别是中国野生哺乳动物种类和数量迅速下降。2009年11月3日,国际自然保护联盟更新了《受胁物种红色目录》,在47 677个被评估物种中,17 291个物种有濒临灭绝的危险,比例约为36.3%。评估结果显示,全世界所有已知的21%的哺乳动物、12%的鸟类、28%的爬行动物、30%的两栖动物、37%的淡水鱼类、35%的无脊椎动物,以及70%的植物处于濒危境地。我国是哺乳动物多样性最丰富的国家之一,拥有全球10%以上的种类。由于全球环境变化、栖息地丧失、滥捕乱猎等影响,世界上众多野生动物濒临灭绝,特别是我国的哺乳动物,例如虎、豹、狼以及一些小型兽类等正在快速消失。

我国自然保护区、风景名胜区、禁猎区、森林公园等相继成立,目前国家级、省级和县级自然保护区已经建立了2 600多个,约占国土面积的16%,许多濒危物种得到了有效保护。但生物多样性保护中仍然有许多问题有待进一步解决。近几十年来,由于生物多样性丧失的速度加快,使得生物多样性保护成为当今世界环境保护的热点,特别是物种多样性保护备受重视,逐渐从科研、学术领域走向社会发展的各个方面,融入人类活动的各种环境中。了解国外生物多样性保护状况对我国开展生物多样性保护以及生态规划与管理具有重要的借鉴作用。

2　美国的生物多样性保护政策

政府的政策及相关法律法规对生物多样性保护起着非常重要的作用,美国早在1929年就发布了《迁徙鸟类保护法》;1937年发布了《恢复野生生物法》;1973年发布了关于危险种的法案;1980年发布了《鱼类与野生生物保护法》;2001年制订了国家野生生物保护计划;2003年的《健康森林恢复法》等,一系列的法律法规对促进生物多样性保护起到了重要的保障作用[5]。美国已经制定的 USGS-NPS 植物分布与分类,记录了270多个国家公园的植物种群,提供了较全面的植物多样性信息,包括空间数据、地图分类、植物群落数据库等[6]。而且许多州已经开展了生物多样性保护规划,例如佛罗里达州、马里兰州、新泽西州和俄勒冈州等已经形成保护计划,有的州正在起草和评估中,而且大部分州的自然区域面积在1976—2001年间增加显著,为生物提供了良好的生境[7]。特别是国家野生动植物保护区系统对生物多样性保护起到了良好的示范作用,从1903年罗斯福总统签署佛罗里达州鹈鹕岛作为第一野生动物保护区以后,国家野生动植物保护区的面积不断扩大,目前该保护系统已发展到550多个国家野生动物保护区和其他的保护系统[8]。美国野生生物保护区不仅为野生动植物提供了良好的生存环境,而且采取了一定措施对生物多样性加以保护,例如用光滑的金属包围在树的基部以有效地保护鸟类不受蛇的伤害。它们更具有重要的环境教育功能,约98%的野生生物保护区为人们提供各种各样的户外活动,包括打猎、垂钓、摄影、野生生物观察、科研和环境教育等,对于加强公众对生物多样性保护的认识和自觉维护起到了重要的作用。我国同样有一系列的生物多样性保护和环境保护的政策与措施,但最终的有效实施与维护离不开公众的参与,需要使用者、研究者和决策者相互配合,加强理解和联系。研究者应该将他们的知识快速有效地传达给公众和决策者,通过双向交流引导和调动人们关心、爱护自己周边环境的积极性和责任心,使人们获得认同感与凝聚力,将人类活动对环境的影响导入良性循环,才能有利于生物多样性的保护和环境的健康发展。

3 外来种的记录

外来种对生物多样性保护有着重要的影响,许多物种由于缺乏天敌和竞争等原因得以快速发展,对其他生物产生影响,有的当地种在新的环境中也可能形成入侵,但通常为外来种。美国各州对外来种数量与分布均有较详细的记录,而且许多外来种分布在沿海地区[5](见图1)。通常物种入侵对当地生物及农业有巨大的影响,美国每年用来控制杂草的费用非常高[6],但有的外来种的引入是为了固定土壤和改善生境等,对其他生物影响很小。有时外来种对促进生物多样性保护也发挥着重要的作用,特别是异地保护。有人提出利用外来种作为人类活动对环境干扰的指示物[9]。通过对外来种的记录,分析外来种的分布状况以及生长动态,可以得出地理或生态信息,形成保护计划并为管理提供依据。

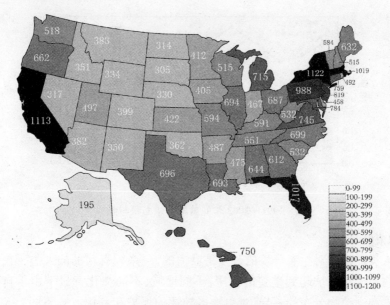

图 1　美国各州外来种数量与分布[5]

4　火烧管理

　　火烧、飓风、火山爆发、洪水、地震以及全球气候改变等对生物多样性都有一定的影响,这些事件的发生虽然对一些生物的生长及生存产生了影响,但为其他生物更新了生境,生物多样性保护一定程度上依赖于自然与人为的干扰[3]。干扰的空间大小、频率和严重程度等与生物多样性密切相关。洪水、飓风、火山爆发等重大事件的发生对生境和生物多样性的影响是巨大的,据统计,美国平均每年火烧面积约有 45 万 hm², 约 100 万 hm² 受到飓风的影响, 2 000 万 hm² 受到昆虫与病菌的影响[10]。

　　采用火烧与砍伐树木的管理方式改变生境结构,作为生物多样性保护的有效措施已被广泛利用,美国从 1991—2002 年间火烧频率与面积如图 2 所示[11,12],每年火烧的面积大小与频率根据气候变化、人们的管理目标而不同。通过这些管理方式改变生境结构,促进当地植物生长,多样性的生境有利于形成丰富的群落结构,为动物提供多样化的栖居环境,同时火烧可以增加林间的光照,特别在潮湿环境下,温度升高有利于加速植物的生长和生物多样性的增加,这些人为的管理活动对生物多样性保护起到了重要的作用。也有人认为火烧会对动植物产生伤害,而且产生大量的温室气体会导致气候变暖,烟雾对环境也有一定的不良影响。

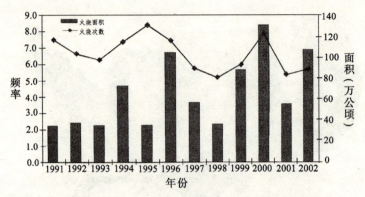

图2　1991—2002 年间美国火烧面积与频率[11]

5　结束语

　　人类的活动对生态环境的改变是巨大的,一系列有目的的人类干预活动对生物多样性保护起到重要的作用,不同地域、不同文化背景下由于自然环境条件和动植物分布的差异,对生物多样性的保护和利用方式不同。人类对生物多样性的认识、理解和评价直接影响生物多样性的保护,同时又受其反作用的影响。生物多样性保护作为利用和保护之间的平衡,是不可能从社会中独立出来的,需要公众的理解、参与和经济、科研的投入,同时还需要有效的、易于实践且为公众所接受的保护政策和切实可行的管理措施。我国的生物保护是一项长期的任务,还有许多种类的保护与研究有待于进一步加强。

参考文献

　　[1] David B. Lindenmayer, Joern Fischer. Habitat fragmentation and landscape change: an ecological and conservation synthesis. Island Press,2006.

　　[2] FAO, Global forest resources assessment-progress towards sustainable forest management. 2005.

　　[3] Calkins M. Materials for sustainable sites – a complete guide to the evaluation, selection, and use of sustainable construction material. John Wiley & Sons, Ins. 2008.

　　[4] 郭耕,柯妍:《不能没有你——从麋鹿的重引进看生物多样性保护》,《科技智囊》,2006 年第 11 期。

　　[5] Brenda C M. Wildlife habitat management, concepts and applications in Forestry. CRC Press, 2008.

　　[6] Steiner F,Butler K,Sendich E. Planning and urban design standards. John Wiley and

Sons, Inc. 2007.

[7] Thom R, Linsenbardt A, Kramer K, et al.. Status of State Natural Area Programs. 2005.

[8] http://www.fws.gov/refuges/[EB/OL].

[9] Godefroid S. Temporal analysis of the Brussels flora as indicator for changing environment quality. Landscape and Urban Planning, 2001, 52.

[10] Dale V H, Joyce L A, McNulty S, et al. Climate change and forest disturbance. BioScience, 2001, 51.

[11] Philip NO. Forest Fires: a reference handbook. ABCCLIO, Inc. 2005.

[12] Ausden M. Habitat management for conservation_ a handbook of techniques. Oxford University Press, 2007.

Managing Yellow River by using the three sorts of water resource of virtual water and green water and blue water *

Yang Yisong

(*Yellow River Institute of Hydraulic Research , Zhengzhou* 45003)

Abstract: Yellow River is famous not only because she is the cradle of Chinese civilization, but also because she is the largest amount of sediment around the world. Although Yellow River has been safe year after year since 1949, the potential danger is more serious than before with the rising bottom at the lower reaches by the sediment. All the problems of Yellow River are caused by the serious water and soil loss in the Loess Plateau in the Middle Yellow River Basin. As we all know, vegetation is very useful for water and soil conservation. In this sense, conservation and restoration of the vegetation of the Loess Plateau is not only one of the key measures to restore the environment of the Loess Plateau, but also one of the key measures of managing Yellow River. But the shortage of water resource limits the pace of the conservation and restoration of the vegetation of the Loess Plateau. This paper indicates that it may solve this problem by using the three sorts of water resource of virtual water, green water and blue water. And it may solve all problems of Yellow River if the other measures are carried out.

Key words: the Loess Plateau; vegetation restoration; Yellow River; virtual water; green water; blue water

Yellow River is famous not only because she is the cradle of Chinese civilization, but also because she is the largest amount of sediment around the world, which had shapen the North-China Plain and the Huang-Huai-Hai Plain. But with the deforestation in the Loess Plateau, more and more sediment was rushed down from the Loess Plateau to the lower reaches of Yellow River, which causes that the

* Funded by the National "Eleventh Five-Year Supporting Project" (2006BAD03A15) and Yellow River Institute of Hydraulic Research Fund Project (HKF200603).

bottom of Yellow River is higher than the area outside the banks. It is more higher as time goes by. Now Yellow River is threatening to the safety of people who live in the lower reaches (The area is about 250 000 km^2.) just like a sharp sword hanging on head. For thousands years' hard work, the way of harnessing Yellow River is changed from harnessing the lower reaches to the whole, now is the 1493 system of maintaining the health of Yellow River, which is a more efficient way than before. Although Yellow River has been safe year after year since 1949, the potential danger is more serious than before with the rising bottom at the lower reaches by the sediment. The best method to reduce the sediment into Yellow River is to restore the vegetation of the Loess Plateau, which is also the best way to harness Yellow River.

1 The function of the vegetation on water and soil conservation in the Loess Plateau

The cases are numerous about the vegetation's function of conserving water and soil. For instance, the Zhuozhang He became muddy several times during 1950s which was mainly caused by the change of the vegetation of the area[1-2]. Liu Zongtang and Fan Sui pointed out that the deforestation caused the serious flood in Sichuan Province in 1981[3]. But it was ignored. With the further deforestation of the upper reaches of Yangtze River, came the serious flood in Yangtze River Basin in 1998, which had caused many losses of lives and properties.

We cannot emphasize the vegetation's function on water and soil conservation and the harnessing of Yellow River too much. After researching the relation between the change of the vegetation and the flood in Yellow River Basin, Tan Qixiang, the academician of CAS and famous historical geographer, and Shi Nianhai, a famous historical geographer, pointed out that the key method to harness Yellow River was to restore the vegetation in the Loess Plateau[4-5]. Although there are few different views [6-11], most researchers agreed on it [12-16].

2 The challenge of the vegetation restoration in the Loess Plateau

Although the vegetation restoration in the Loess Plateau would remove the danger of Yellow River to the lower reaches, it needs a long time and the process of the restoration is a gradual, complicated ecological procedure for its environment has been damaged for more than 2 000 years. Furthermore, it must face the pressure of increasing population in this area. There are many challenges such as political challenge, economic challenge and tech-nological challenge about how to re-store the vegetation with the pressure of the decreasing water resource and the increasing population in this area.

2.1 The challenge of politics and economy

First of all, it is important to make the strategy that the vegetation restoration in the Loess Plateau is the key method to harness Yellow River. The resistance and difficulty of the decision-making is not only because of the unimaginable difficulty of the vegetation restoration, which should accomplish with hard work by several generations and needs long-term funds by government, cooperation between all levels governments, different departments and different disciplines, but also because of the failures that are caused by those who want to accomplish it in an action, which directly makes the vegetation restoration impossibly and denies the strategy.

The second challenge is the leading and cooperation. The vegetation restoration is a long-term, gradual ecological restoration process, which relates to six provinces and regions including Gansu, Ningxia, Neimenggu, Shanxi, Shannxi and Henan. The process may last from 30 years to more than 100 years and definitely needs the cooperation between government, departments and disciplines. Without a powerful leading team, it may get half the result with twice the effort and even fail. For instance, the team of synthesis surveying of the water and soil loss and ecological safety had even suggested the central government founding the leading team of national water and soil loss and ecological safety and nominating a vice-premier as the team leader when they reported their work on the Loess Plateau.

Another challenge is how to make a balance between the vegetation restoration and the survival and development of the region. The population is increasing from less than 60 per km^2 in 1949 to 160 per km^2 in 2000, which will increase for long time in future. It is eightfold of the 20 per km^2, which is the population capacity in arid and semi-arid region by FAO. It is a challenge to safeguard the vegetation restoration and the food safety in the Loess Plateau.

2.2 The challenge of science research on the vegetation restoration

The first problem is what extent is good enough of the vegetation restoration. With the increasing population and the change of land use in the Loess Plateau, the percentage of the vegetation is gradually declining from 75% during West Zhou

Dynasty to 40% during South-North Dynasty, till 33 % during Tang Dynasty, 30% (another number is 15%) during Mid-Qing Dynasty, and to less than 6.0% (another number is 7.1%) in 1949[5,18-23]. So what is the proper percentage of the vegetation, which is not too difficult to be accomplished and is enough to reduce the sediment from the Loess Plateau into Yellow River? By analyzing the relation between the percentage of the vegetation and the sediment, 45% is the proper percentage, which is a little more than that during South-North Dynasty.

But it is necessary to study more on how to achieve the aim, which is another challenge—the method and the steps of the process of the vegetation restoration. The climate turns much drier in the Loess Plateau because of the deforestation and the floods in the lower reaches which has changed the water system in the North China Plain and the Huang-Huai-Hai Plain[24]. Those changes cause the reduction of water vapour in the Loess Plateau from the border areas and make the climate drier and drier, which might cause the water shortage of the area worse. All of those changes make the vegetation restoration more difficult and it needs to study more carefully on the change of the environment and the climate in the Loess Plateau and make a scientific and detailed plan to achieve the purpose.

Another challenge is how to manage the relation between the vegetation restoration and the other means of harnessing Yellow River. The process of the vegetation restoration will last at least 30 years. During this period, it is very important to take the other means of harnessing Yellow River to safeguard the safety of the people who live in the lower reaches. So before the vegetation bring into play its ecological function, which retard most sediment from the Loess Plateau into Yellow River, the other means must be used sufficiently and efficiently to reduce the sediment into Yellow River or rush it into sea, especially in the coarse sediment region and the estuary area.

3　How to use the virtual water, the green water and the blue water to restore the vegetation

The vegetation restoration can deal with the sediment, which is the key problem of Yellow River. It is impossible to restore the vegetation to a good level due to of the serious deforestation and the serious water shortage. So we suggest using the virtual water, the green water and the blue water to restore the vegetation. According to the forest hydrology and the ecohydrology[25-27], it is impossible to re-

duce the sediment into Yellow River and finally remove the danger by the vegeta-
tion restoration in the Loess Plateau.

3.1 Using virtual water for the food safety

Virtual water refers to the water used in the production goods. If imputing
some goods instead of producing them at the area, the water resource of the area
will be saved. As for the foodstuff in the Loess Plateau, we should change our idea.
The shortage of foodstuff becomes more serious after the land returning from farm-
ing to forestry, which is a definite process of the vegetation. So for the accomplish-
ment of the vegetation conservation and restoration, we should give up the idea of
food self-support on the Loess Plateau, which is very difficult to put into practice
in the whole Plateau at the same time because of the large population. But it can
be done gradually. The problem of foodstuff may be solved by boosting output of
main crops and imputing food, otherwise, it will be readily solved with the nega-
tive population growth after long-term family planning policy.

So by reducing the virtual water for the foodstuff, there will be more water re-
source (blue water) for the vegetation restoration, and which may make the
process run a little fast.

3.2 Using green water to restore the vegetation

Traditionally, green water is difficult to be used, which usually exists in
atmosphere as a form of vapor. But it can be used by increasing rainfall. So the
hypothesis is that green water can be transferred to the Loess Plateau from the
North China Plain and the Huang-Huai-Hai Plain by afforesting in the suitable
wasteland in the plains. In the meanwhile, the process of the vegetation begins at
the southeast area along the Tianshui-Yanan-Taiyuan-Wutai, where the average an-
nual precipitation is more than 550 mm (figure 1). If so, there will be more green
water in the Loess Plateau, which may increase the rainfall of the area and make
the vegetation restoration much easier. Then the process of the vegetation pushes
forward to northwest of the isoline little by little. By using the flood in the Loess
Plateau, the vegetation restoration will be accomplished.

3.3 Using blue water for an extreme urgency

Blue water is the traditional water resource. For the global warming and the
increasing population in the Loess Plateau, the situation of water shortage will exist
for a long time. There is about 400 mm rainfall per year in the most part of the Lo-

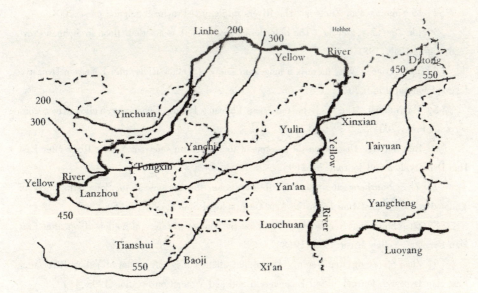

Fig. 1 Isolines of the average annual percipitation on the Loess plaeau

ess Plateau, the water resource will be enough for the region's development by making the most use of the water resources by the proper treatments. But for Yellow River has the responsibility to supply water for housing water and ecological water to North China, storing up water is necessary to fulfill its demands. In the meanwhile, the interbasin water transfer may be another way to safeguard the water resource and ecological safety in the Yellow River Basin and in North China.

4 Conclusion

The vegetation restoration of the Loess Plateau will face many challenges. By using a proper method, the vegetation will be restored perfectly and make the landscape beautiful. First of all, it can reduce the sediment into Yellow River and the efficiency will be better and better as time goes by. With the project of suit water and sand well, the suspended river of the lower reaches will be changed, then Yellow River will be safe and attractive.

References

[1] Liu Qingquan. What means about the change of Zhuozhang He? China Daily,1981.

[2] Li Yinming, Pan Yuefeng. The Rivers in Shannxi Province. Science press, 2004.

[3] Liu Zongtang, Fan Sui. The bitter lesson—why there is a serious flood in Sichuan Province? China Daily, 1981.

[4] Tan Qixiang. Why there is a long-term safety of Yellow River after East Han Dynasty. Learned Journal, 1962(2).

[5] Shi Nianhai. The study on the Loess Plateau's History-Geography. Yellow River Conservancy Press, 2001.

[6] Ren Boping. Discussion the reasons of the long-term safety of Yellow River after East Han Dynasty. Learned Journal, 1962(9).

[7] Zhao Shuzheng, Ren Boping. Re-discussion the reasons of the long-term safety of Yellow River after East Han Dynasty. Acta Geographical Sinica, 1998, 53(5).

[8] Zhao Shuzheng, Ren Boping. Study on the long-term safety of Yellow River after East Han Dynasty. Yellow River. 1997, 19(8).

[9] Zhao Shuzheng, Ren Boping. Discussion whether it is safe or not of Yellow River after East Han Dynasty. Journal of Soil Erosion and Soil and Water Conservation, 1998, 4(1).

[10] Zhao Shuzheng, Ren Shifang, Ren Boping. Re-discussion the flood problem of Yellow River during North Wei period. Yellow River, 1999, 21(4).

[11] Zhao Shuzheng, Ren Shifang, Ren Boping. Discussing the flood of the lower reaches of Yellow River from BC 500 to AD 534. Yellow River, 2001, 23(3).

[12] The comprehensive treatment blue print group of the Loess Plateau. The plotting of the comprehensive treatment in the Loess Plateau. The first monograph of Water and soil conservation institute in Northwest Chinese Academy of Science, 1985.

[13] Liu Wanquan. The collection of half century. Yellow River Conservancy Press, 2005.

[14] Yang Yisong, Jing Ming, Wang Juntao. Thinking of ecology on the conservation and restoration of the Loess Plateau's vegetation. Proceedings of the 3rd international yellow river forum on sustainable water resources management and delta ecosystem maintenance. Yellow River Conservancy Press, 2007(3).

[15] Zou Yilin. Recognization on the problem of the long-term safety of Yellow River after East Han Dynasty. Yellow River, 1989(2).

[16] Yang Yisong. Discussing the main causes of the environmental change on the Loess Plateau and the strategies of its restoration. The Sixth Youth Forum of Yellow River Institute of Hydraulic Research, 2007.

[17] Wang Guangzi. Study on the environmental change intersection among Shanxi, Shannxi and Inner Mongolia. Journal of Agricultural History, 1995, 14(4).

[18] Chen Kewei. The relation between the change of farming-pasturing in history, land use

and its environment in intersection among Shanxi, Shannxi and Inner Mongolia. Wang Shouchun. The monograph of the environment changing and the rules of the sediment and water in Yellow River Basin. Ocean press,1993.

[19] Zhao Gang. The ecological environment change in Chinese history. Environmental Science Press,1996.

[20] Jia Hongwei. A review of the studies on the historical changes of environment in recent ten years. Journal of Historiography,2004(6).

[21] Wang Naiang, Xie Yaowen, Xue xiangyan. The effects on the environmental change in West China by human being's activities in recent 2000 years. Journal of Historical-Geography, 2002,17(3).

[22] Wang Li, Li Yuyuan, Li Yangyang. The eco-environment deterioration and its countermeasures in the Loess Plateau. Journal of Natural Resources,2004,19(2).

[23] Zou Yilin. Brief summary on the change of lakes in the North China Plain in history. Historical Geography (the fifth),1987.

[24] Derek Eamus, et al.. Ecohydrology-vegetation function, water and resource management. Csiro Publishing,2006.

[25] Rietbergen-McCracken J, Maginnis S, Sarre A. The forest landscape restoration handbook. Cromwell Press,2007.

[26] Adams J. Vegetation-climate interaction how vegetation makes the global environment. Praxis Publishing,2007.

Globally important agricultural heritage system (GIAHS) rice-fish system in China: an ecological and economic analysis *

Chen Xin　Wu Xue　Li Nana　Ren Weizheng　Hu Liangliang

Xie Jian　Wang Han　Tang Jianjun

(*Ecosystem Eclogy Unit*, *Ecology Institute*, *College of Life Sciences*, *Zhejiang University*, *China*)

Abstract: Traditional rice-fish farming system is one globally important ingenious agricultural heritage system (GIAHS) which deserves the attention of global community. By comparing with rice monoculture (RM) and improved rice-fish farming (IRF), we conducted a study on the ecological and economic benefits of GIAHS traditional rice-fish system (TRF) in China's southeast Zhejiang Province, which was selected by the Food and Agriculture Organization (FAO) and other international organizations as a GIAHS in 2005. We found that there was no significant difference of rice yield and rice income among RM, TRF and IRF, but the usage frequency of chemical fertilizers and pesticides was significantly higher in RM than that in TRF and IRF. Fish yield and fish income per ha. in IRF with formula feed input was significantly higher than that in TRF without formula feed input. Total output per ha. in RM was the lowest. Net income from per ha. rice field was significantly lower in RM than that in TRF and IRF. Both total and net income per ha. rice field was higher in IRF than that in IRF. Our results suggested that GIAHS rice-fish farming system provided a good model for sustainable agriculture but also faces grcat challenges in adapting to rapid environmental and economic change.

Key words: rice-fish framing system; GIAHS; pesticides; fertilizers; econo-mic output

* This research was supported by the National Basic Research Program of China (2006CB100206 and 2011CB100406), Science and Technology Department of Zhejiang Province (2008C12064), and Special Fund for the Public Interest of Ministry of Environmental Protection (No. 201090020).

Address correspondence to Dr. Tang Jianjun, Institute of Ecology, College of Life Sciences, Zhejiang University: 866 Yuhangtang Road, Hangzhou, Zhejiang 310058, China. E-mail: chandt@ zju. edu. cn.

1 Introduction

Globally important ingenious agricultural heritage system (GIAHS) is defined by FAO (Food and Agriculture Organization), UNDP and GEF as "remarkable land use systems and landscapes, which are rich in biological diversity evolving from the ingenious and dynamic adaptation of a rural community to its environment, in order to realize their socio-economical, cultural and livelihood needs and aspirations for a sustainable development" (Koohafkan and Furtado, 2004a). GIAHS can be found throughout the world and have been created, shaped and maintained by generations of farmers and herders based on diverse species and their interactions and using locally adapted, distinctive and often ingenious combinations of management practices and techniques (Koohanfkan and Furtado, 2004b). These ingenious agro-ecosystems testify ingenuity of people in their use and management of local biodiversity and reflect human evolutionary transitions intimately linking socio-cultural systems with biophysical systems (Koohanfkan and Furtado, 2004b).

The traditional rice-fish system is one of the outstanding examples of these globally important agricultural heritages which needs the attention of global community in view of its multiple benefits (Koohanfkan and Furtado, 2004b). Rice-fish farming system co-evolved with irrigated rice cultivation in Southeast Asia over 6 000 years ago (Ruddle, 1982), and is a kind of sustainable form of agriculture (Kurihara, 1989). Except for the importance of food production (in terms of both carbohydrate and protein), rice-fish farming system is thought to be globally important to three global environmental issues: climate change (e. g. greenhouse gas methane emission), shared water resource, and biodiversity (Frei and Becker, 2005b; Datta, et al., 2009). Moreover, more and more studies show that rice-fish farming system is also important for local environment because of the reduction of chemical fertilizer and pesticide use (Wang et al., 2006; Rothuis et al., 1998; Berg, 2002; Dwiyana and Mendoza, 2008). It has been reported that compared to intensive rice monoculture, rice-fish co-culture could reduce infestation of diseases, pest and weeds (Vromant et al., 2002b; Huang et al., 2001; Li and Huang, 2005; Vromant et al., 2003; Frei et al., 2007b), enhanc soil fertility (Wu, 1995; Panda et al., 1987), optimize the benefits of scarce land and water resources through complementary use, and exploit the synergies between fish and plant (Frei and Becker, 2005a; Mohanty et al. , 2004).

Here we present a survey of ecological and economic benefits of GIAHS rice-fish system in China's southeast Zhejiang Province, which was selected by the UN-DP, GEF and FAO as a globally important agricultural heritage system (GIAHS) in 2005. Economically we focused on per ha. land production and ecologically we focused on chemical fertilizer and pesticide use in GIAHS rice-fish system by comparing to intensive rice monoculture.

2 Methods

2.1 Study site

The study was conducted in the site of GIAHS, the old terraced-rice-fish co-culture system, locating at China's southeast Zhejiang Province, 330 km away from Hangzhou city (Fig. 1). The area around the site is hilly and mountainous and the principal crop is one-growing-season rice. In this area about 35 thousand ha. rice-fish co-culture farming was practiced covering five counties with areas of 45 thousand ha. of total rice field (Fig. 1). The area has a subtropical monsoon climate with a mean annual air temperature of 17 ~ 18℃ and mean annual precipitation of 1 431.5 mm.

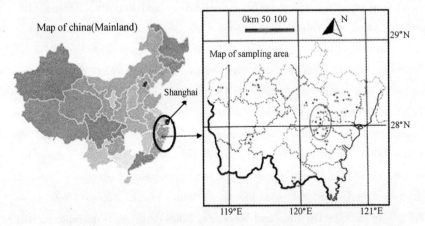

Fig. 1　Map of China showing study area and sample distribution. Red dot in map of China is sampling area. Dots in the red circle in map of sampling area are globally important ingenious agricultural heritage system (GIAHS)

It is documented that the terraced-rice-fish co-culture system in this GIAHS area was started by local farmers more than 1 200 years ago (You, 2006). The fish is indigenous red colored soft-scaled common carp species (namely Oujiang color common carp,*Cyprinius carpio var. color*) with high genetic diversity, originating from stream and evolving naturally in rice field (Wang and Li, 2004; Wang et al. , 2006). Locally it is not considered to be a variety of common carp but a distinct fish referred to as " Qingtian field fish". The rice varieties in this system are changing with the time and variable among farms with 80% ~90% high yielding hybrid rice varieties and 10% ~20% indigenous varieties (e. g. red rice, glutinous rice and special favor rice, etc.) in the late decades. In this terraced-rice-fish co-culture system the carp is bred in a corner of a rice field with the fry directly released into the field. The fish stays in rice field around the year except rice is transplanted in May and harvested in October when the fish is driven to stay in field corner temporally.

2.2　Sampling protocol

In 2008 we randomly selected 31 different areas (natural villages, 25 are hilly areas and 6 are plain areas) throughout the study site (Fig. 1). In each area we selected 3 ~5 rice field pairs with rice monoculture (RM) *vs* rice-fish co-culture (RF). The two rice fields within a pair were located within a small watershed (around 100 ha.). The two rice fields were similar in size (0. 3 ~0. 5 ha.), climate and soil type. The rice field pairs were owned by one farmer or two individual farmers separately.

2.3　Assessment of farming activity and surveys of the synthetic chemical utilization

Records were kept of farming activities during rice growing season at each farm. The farmers were approached and surveyed in fields and in their homes. We assumed that we did not influence the farming activities and the pesticides and chemical fertilizer were applied basing on the real conditions. Each application of pesticides and chemical fertilizers were recorded by farmers during the rice growing season.

Total utilization of pesticides was expressed as active ingredient (a. i) per ha. And organic and chemical fertilizers were calculated as NPK per ha.

2.4　Surveys of the yield of rice and fish

Rice yield was obtained from both sample plot (2 m^2) harvesting and farmer harvesting in 30 pairs of farms and in the other pairs rice yield was obtained from farmer harvesting. Rice yield from these two approaches showed a high correlation. Research in Indonesia also showed that there was a very high correlation between the yields estimated by farmers and measured by harvesting sample plots (Singleton et al., 2003). All rice yield data presented in this paper were estimated from farmer's harvesting. Yield for fish was estimated by farmer harvesting during the whole study.

2.5 Data analysis

2.5.1 Calculation of rice and fish yields, cost and income

Rice yield of each survey farm field was expressed as tons per ha. and fish yield as kg per ha. Cost in rice production only included that spent on seeds, organic and chemical fertilizers and pesticides. Cost of fish production included that spent on fish fingerlings, feed and fish fungicides. Income of rice production was calculated by rice yield and rice price in 2008. Income of fish production was calculated by fish yield and fresh fish price in 2008. The total income in rice-fish farming system was sum of rice and fish income.

2.5.2 Statistical analysis

Basing on fish feeding and rice field constructing, the rice-fish farm fields were grouped into traditional rice-fish (TRF) and improved rice-fish (IRF). Thus we compared the differences of all variables among three systems: RM, TRF and IRF. All data were submitted to one-way analysis of variance (ANOVA) by using SPSS statistical software version 17.0. Least significant difference (LSD) at the 5% significant level was compared among of the three systems.

3 Results

3.1 Characteristics of samples

We sampled 99 pairs of fields (rice monoculture and rice-fish co-culture) around GIAHS area (Fig. 1). 41 pairs were located in plain landscape and 58 pairs were terraced-rice-fish co-culture in hilly area. Basing on fish feeding and field environment construction (Table 1), we grouped the rice-fish co-culture into traditional rice-fish (TRF) and improved rice-fish (IRF). Fish species in both rice-fish systems is indigenous Oujiang color common carp (*Cyprinius carpio var. color*).

3.2 Rice production

There was no significant difference of rice yield ($F_{2,195} = 1.143$, $P > 0.05$)

but significant differences of chemical fertilizers ($F_{2,195} = 47.230$, $P < 0.01$), organic fertilizer ($F_{2,195} = 137.902$, $P < 0.05$) and pesticides ($F_{2,195} = 79.458$, $P < 0.05$) were found among the three farming systems. Input of chemical fertilizers and pesticides was significantly higher in rice monoculture (RM) than that in TRF and IRF ($P < 0.05$, Table 2). Organic fertilizers were dominant in TRF (Table 1). No herbicide was applied in TRF and IRF. There was no difference of chemical fertilizers between TRF and IRF ($P > 0.05$, Table 2) but pesticide input was higher in TRF than that in IRF ($P < 0.05$, Table 2).

Table 1　Physical characteristics of sampled farming systems in the GIAHS area

	Traditional rice-fish co-culture (TRF)	Improved rice-fish co-culture (IRF)	Rice monoculture (RM)
Total numbers of samples	65	34	99
Samples located at hilly area	58	0	58
Samples located at plain area	7	34	41
Areas of the sampled farming system/ha.	0.33 ± 0.04	0.22 ± 0.047	0.41 ± 0.104
Description	Fish culture in rice field with only traditional feed rice, corn and wheat.	Fish culture in rice field with both formula feed and traditional feed.	

Table 2　Rice production and input in different farming systems in the GIAHS area

		Traditional rice-fish co-culture (TRF)	Improved rice-fish co-culture (IRF)	Rice monoculture (RM)
Rice yield/(ton · ha. $^{-1}$)		5.98 ± 0.14	6.03 ± 0.26	6.05 ± 0.13
Chemical fertilizers/(kg · ha. $^{-1}$)	N	43.80 ± 5.41	101.32 ± 6.96	166.35 ± 8.46
	P_2O_5	12.24 ± 2.22	26.77 ± 2.35	40.67 ± 3.44
	K	14.17 ± 2.90	30.29 ± 3.37	59.27 ± 5.99
	Total	70.21 ± 5.23	158.39 ± 16.97	266.28 ± 18.15
Organic fertilizers/(kg · ha. $^{-1}$)	N	102.21 ± 12.63	70.15 ± 4.82	18.48 ± 0.94
	P_2O_5	33.66 ± 5.17	18.54 ± 1.63	4.52 ± 0.38
	K	33.06 ± 6.76	20.97 ± 2.31	6.59 ± 0.55
	Total	163.83 ± 17.21	109.56 ± 11.75	29.59 ± 2.02

continued table

		Traditional rice-fish co-culture (TRF)	Improved rice-fish co-culture (IRF)	Rice monoculture (RM)
Pesticides/(kg · ha.$^{-1}$)	Insecticides	1. 53 ± 0. 17	1. 54 ± 0. 14	3. 26 ± 0. 86
	Fungicides	0. 23 ± 0. 02	0. 27 ± 0. 03	0. 58 ± 0. 13
	Herbicides	0. 00 ± 0. 00	0. 00 ± 0. 00	0. 38 ± 0. 09
	Total	1. 76 ± 0. 18	1. 81 ± 0. 15	4. 22 ± 0. 36

3.3 Fish production

Significant difference of fish yield was found between TRF and IRF ($F_{2,195}$ = 35. 916, $P < 0.05$). The average of fish yield was 374. 63 ± 14. 54 kg · ha.$^{-1}$ and 1 012. 93 ± 88. 05 kg · ha.$^{-1}$ for TRF and RIF respectively (Table 3). Feeds applied to TRF were major rice grain, vegetable, corn and wheat bran, but for IRF major feed was formula feed (Table 3).

3.4 Cost and benefit analysis

No difference of cash return of rice production was found among the three farming systems ($F_{2,195} = 0. 619$, $P > 0.05$), but the cost for rice production was significantly higher in RM than that in TRF and IRF ($P < 0.05$). The cost for fingerling, feed and fungicides in IRF was significantly higher than that in TRF ($P < 0.05$, Table 4). The total cash return of fish production was also significantly higher in IRF than that in TRF ($P < 0.05$, Table 4).

Net income from per ha. rice field was significantly lower in RM than that in TRF and IRF ($P < 0.05$, Table 4). Both total cash return and net income per ha. rice field was higher in IRF and than that in IRF ($P < 0.05$, Table 4).

Table 3 Fish production and input in different farming systems in the GIAHS area

		Traditional rice-fish co-culture (TRF)	Improved rice-fish co-culture (IRF)
Fish yield/ (ton · ha.$^{-1}$)		374. 63 ± 14. 54	1 012. 93 ± 88. 05
Feed/(ton · ha.$^{-1}$)	Rice	0. 52 ± 0. 08	0. 90 ± 0. 24
	Corn	0. 02 ± 0. 001	0. 21 ± 0. 03
	Wheat bran	0. 06 ± 0. 002	0. 24 ± 0. 06
	Vegetable	0. 12 ± 0. 07	0. 27 ± 0. 05
	Formula feed		2. 21 ± 0. 64

Table 4 Cost and benefit in different farming systems in the GIAHS area

		Traditional rice-fish co-culture (TRF)	Improved rice-fish co-culture (IRF)	Rice monoculture (RM)
Rice production cost/ (Yuan RMB · ha. $^{-1}$)	Seeds	337. 50 ± 21. 98	405. 23 ± 35. 71	506. 25 ± 27. 63
	Fertilizers	976. 07 ± 104. 44	1 043. 10 ± 69. 71	1 312. 38 ± 80. 67
	Pesticides	307. 32 ± 34. 66	370. 15 ± 57. 01	643. 83 ± 76. 50
	Total	1620. 8 ± 161. 08	1 818. 48 ± 162. 43	2 462. 46 ± 184. 80
Fish production cost/ (Yuan RMB · ha. $^{-1}$)	Fish seeds	286. 86 ± 69. 08	506. 46 ± 44. 03	
	Feed	154. 08 ± 32. 66	629. 80 ± 196. 55	
	Fungicides	0. 00 ± 0. 00	76. 54 ± 1. 88	
	Total	440. 94 ± 101. 74	1 212. 80 ± 242. 46	
Total cost of the system/ (Yuan RMB · ha. $^{-1}$)		2061. 74 ± 262. 82	3 031. 28 ± 404. 89	2 462. 46 ± 184. 80
Rice income/ (Yuan RMB · ha. $^{-1}$)		11 960. 27 ± 274. 93	12 095. 96 ± 256. 78	12 095. 06 ± 512. 96
Fish income/ (Yuan RMB · ha. $^{-1}$)		14 985. 24 ± 569. 08	40 517. 27 ± 3 522. 72	
Total income of the system/ (Yuan RMB · ha. $^{-1}$)		26 945. 51 ± 844. 01	52 613. 23 ± 3 779. 50	12 095. 06 ± 512. 96
Net benefit/ (Yuan RMB. ha. $^{-1}$)		24 883. 77 ± 581. 19	49 581. 95 ± 3 374. 61	9 632. 60 ± 237. 91

4 Discussion and conclusions

Rice is a key component in global food security, as it is the main ingredient in the daily diets of around 3 billion people. Moreover, more than 90% of the 150 Mio hectares of global rice areas are located in developing countries, especially in Asia (Frei and Becker, 2005a). The rapidly growing populations and the sharp increase in demand for food in these countries call for an intensive utilization of increasingly scarce resources. The fact that sustainable rice production is a key issue in safeguarding global food security prompts FAO to declare 2004 as the International Year of Rice (Halwart and Gupa, 2004). In the past decades, rice production has been increased mainly through the introduction of modern high yielding varieties, accompanied by new management practices such as mechanization, irrigation and the application of chemical fertilizers and pesticides (Mader et al., 2000; Frei and Becker, 2005a). However, the intensified use of pesticides and fertilizers induced environmental pollution and the population of weeds, pests and diseases resistant to pesticides (van der Meer et al., 1998; Matian, 2000; Zhu et al., 2001).

In this study we found that no difference of rice yield was found among TRF, IRF and RM, but application of total pesticides were reduced by 58.29% and 57. 11% under TRF and IRF compared to RM. In TRF and IRF no herbicides were applied during rice growing season. Chemical fertilizers also decreased under TRF and IRF compared to rice monoculture in our study. These results suggested that rice yield could be maintained with low pesticides and chemical fertilizers in rice-fish culture system. Some other experiments also showed the yield and yield components of rice were not significantly affected by fish integrated in rice field (Vromant et al., 2002a; Yang et al., 2006). The reductions of pesticides and chemical fertilizers were due to that the presence of fish in rice field can reduce the populations of diseases, pests and weeds (Vromant et al., 2002b; Huang et al., 2001; Li and Huang, 2005; Vromant et al., 2003; Frei et al., 2007a) through their feeding activities (Sinhababu and Majumdar, 1981) and increase the availability of soil nutrients (Panda et al., 1987; Wu, 1995; Oehme et al., 2007).

Our results showed that land production basing on income per ha. in both IRF and TRF was higher than that in RM, implying that rice-fish co-culture could increase the efficiency of both water and land utilization. Land and water are two key important factors impacting global rice productivity since almost 90% rice production lies on Asian countries where high population pressure on land is increasing (Frei and Becker, 2005a). To meet the increasing demand in food and fresh water, the intensification of land and water use is preferable to the conversion of additional natural ecosystems to agricultural purposes, especially in view of maintaining biodiversity (Jenkins, 2003; Mishra and Mohanty, 2004).

The reduction of chemical fertilizer and pesticide use and enhancement of land production in TRF and IRF in our study imply food safety, ecological functions and environment conservation as well as other ecosystem goods and services of rice-fish farming systems. With multiple livelihood and ecological values, GIAHS rice-fish system is a remarkable model of the biodiversity-enhancing and chemical-reducing agriculture. It provides a model to intensify the use of land and water resources with less chemical threaten to the sustainability of conventional rice production. Moreover, it has the benefit of supplying rice as a source of carbohydrates and fish as a source of high quality protein. This aspect may be particularly relevant in rural areas of less developed countries.

Our study showed that improved rice-fish system (IRF) with increased fish density and feed input had much higher total income than the typical traditional rice-fish system (TRF) had. During the interview with farmers in our study, some farmers who used to practice traditional rice-fish farming reported that they preferred raising fish intensively by increasing density and inputting formula feed in fish pond in order to get higher fishery products to raising fish in their rice fields extensively. Some farmers expressed their wills to improve fish productivity in rice field by new raising technology (e. g. using formula feed). This implies that as the economy develops, GIAHS rice-fish system faces great challenges in adapting to rapid environmental and economic change. Also rice-fish farming systems are threatened by excessive application of chemicals, particularly pesticides, by intensification of rice cultivation for basic staples for a growing human population, by intensification of mono-species fish culture, and by modern irrigation systems. Thus to build up approaches for sustaining the heritage of rice-fish system, policies and technology are needed.

References

[1] Berg H. Rice monoculture and integrated rice-fish farming in the Mekong Delta, Vietnameconomic and ecological considerations. Ecological Economics, 2002,41 (1).

[2] Datta A, Nayak D R, Sinhababu D P, Adhya T K. Methane and nitrous oxide emissions from an integrated rainfed rice-fish farming system of Eastern India. Agriculture, Ecosystems & Environment, 2009,129 (1-3).

[3] Dwiyana E, Mendoza T C. Determinants of productivity and profitability of rice-fish farming systems. Asia Life Sciences, 2008,17(1).

[4] Frei M, Becker K. Integrated rice-fish culture: coupled production saves resources. Natural Resources Forum, 2005, 29 (2).

[5] Frei M, Becker K. A greenhouse experiment on growth and yield effects in integrated rice-fish culture. Aquaculture, 2005, 244(1-4).

[6] Frei M, Razzak M A, Hossain M M, et al.. Performance of common carp, *Cyprinus carpio* L. and *Nile tilapia*, *Oreochromis niloticus* L. in integrated rice-fish culture in Bangladesh. Aquaculture, 2007, 262(2-4).

[7] Frei M, Khan M A M, Razzak M A, et al.. Effects of a mixed culture of common

carp, *Cyprinus carpio* L. , and *Nile tilapia*, *Oreochromis niloticus* L. , on terrestrial arthropod population, benthic fauna, and weed biomass in rice fields in Bangladesh. Biological Control, 2007,41(2).

[8] Halwart M, Gupa M V. Culture of fish in rice fields. FAO and The World Fish Center, 2004.

[9] Huang Y B, Wong B Q, Tang J Y, et al. Effect of rice-azolla-fish system on soil environment of rice field. Chinese Journal of Eco-Agriculture, 2001, 9(1).

[10] Jenkins M. Prospects for biodiversity. Science, 2003,302.

[11] Koohafkan P, Furtado J. Heritage systems. International Rice Commission Newsletter (FAO). Special Edition: Proceedings of the FAO Rice Conference: Rice is Life, 2004,53.

[12] Koohanfkan P, Furtado J. Traditional rice fish systems and globally indigenous agricultural heritage systems (GIAS). FAO Rice Conference, Rome, Italy, 2004.

[13] Kurihara Y. Ecology of some rice fields in Japan as exemplified by some benthic fauna, with notes on management. Internationale Revue der gesamten Hydrobiologie ,1989,74.

[14] Li X Y, Huang J. Dynamics of planthopper population in rice-fish culture. Journal of Guangxi Agriculture,2005(6).

[15] Mader P, Bach A F, Dubois D, et al.. Soil fertility and biodiversity in organic farming. Science, 2002,296.

[16] Matianr W S. Crop strength through diversity. Nature,2000,406.

[17] Mishra A, Mohanty R K. Productivity enhancement through rice-fish farming using a two-stage rainwater conservation technique. Agricultural Water Management , 2004,67.

[18] Mohanty R K, Verma H N, Brahmanand P S. Performance evaluation of rice-fish integration system in rainfed medium land ecosystem. Aquaculture, 2004,230.

[19] Oehme M, Frei M, Razzak M A, et al. Studies on nitrogen cycling under different nitrogen inputs in integrated rice-fish culture in Bangladesh. Nutrient Cycling in Agroecosystems, 2007,79(2).

[20] Panda M M, Ghosh B C, Sinhababu D P. Uptake of nutrients by rice under rice-cum-fish culture in intermediate deep water situation (up to 50cm depth). Plant and Soil ,1987,102.

[21] Rothuis A J, Nhan D K, Richter C J J, Ollevier F. Rice with fish culture in the semi-deep waters of the Mekong Delta, Vietnam: a socio-economical survey. Aquaculture Research,1998,29(1).

[22] Ruddle K. Traditional integrated farming systems and rural development: the example of rice field fisheries in southeast Asia. Agricultural Administration, 1982,10.

[23] Singleton G R, Sudarmaji, Brown P R. Comparison of different sizes of physical barriers for controlling the impact of the rice field rat, *Rattus argentiventer*, in rice crops in Indonesia. Crop Protection, 2003,22.

［24］Sinhababu D P, Majumdar N. Evidence of feeding on brown plant hopper, *Nilaparvata lugens* (Stall) by common carp, *Cyprinus carpio*, *var communis* L. Journal of the Inland Fisheries 1981,13(2).

［25］van der Meer J, Noordwijk V M, Anderson J, et al.. Global change and multi-species agroecosystems: concepts and issues. Agriculture, Ecosystems and Environment, 1998,67.

［26］Vromant N, Duong L T, Ollevier F. Effect of fish on the yield and yield components of rice in integrated concurrent rice-fish systems. Journal of Agricultural Science, 2002,138.

［27］Vromant N, Nhan D K, Chau N T H, et al.. Can fish control planthopper and leafhopper populations in intensive rice culture? Biocontrol Science and Technology ,2002,12(6).

［28］Vromant N, Nhan D K, Chau N T H, et al.. Effect of stocked fish on rice leaf folder Cnaphalocrocis medinalis and rice caseworm *Nymphula depunctalis* populations in intensive rice culture. Biocontrol Science and Technology, 2003,13(3).

［29］Wang C H, Li S F. Phylogenetic relationships of ornamental (koi) carp, Oujiang color carp and Long-fin carp revealed by mitochondrial DNA COII gene sequences and RAPD analysis. Aquaculture,2004, 231(1-4).

［30］Wang C H, Li S F, Xiang S P, et al.. Genetic parameter estimates for growth-related traits in Oujiang color common carp (*Cyprinus carpio var. color*). Aquaculture, 2006, 259 (1-4).

［31］Wu L. Methods of rice-fish culture and their ecological efficiency. MacKay K T. Rice-fish culture in China. International Development Research Centre (IDRC), Ottawa, Canada,1995.

［32］Yang Y, Zhang H C, Hu X J, et al.. Characteristics of growth and yield formation of rice in rice-fish farming system. Agricultural Sciences in China, 2006,5(2).

［33］You X L. Rice-fish culture: a typical model of sustainable traditional agriculture. Agricultural Archaeology, 2006(4).

［34］Zhu Y Y, Chen H R, Fan J H, et al. Genetic diversity and disease control in rice. Nature, 2000,406.

设施栽培对农业生态环境的双重性影响及其改善途径分析

李萍萍

（江苏大学农业工程研究院,现代农业装备与技术省部共建教育部重点实验室, 镇江 212013）

摘　要：本文通过调研与试验结合的方法,分析了设施栽培对生态环境造成的影响。一方面,与露地种植相比较,设施栽培地由于覆盖物的遮挡,径流产生远远要低于露地种植,因此对环境的面源污染物排放量也大大降低。但另一方面,长期设施栽培后,由于土壤得不到淋溶,造成大量的盐基离子积累等土壤障碍,使得土壤持续生产力下降。针对设施栽培对环境的双重影响,如何克服不利影响,改善设施栽培下的土壤生态环境,笔者根据多年的试验研究,提出了精确平衡施肥、拱棚设施原位和移位轮作,以及拱棚设施的夏季因地制宜利用等技术途径。

关键词：设施栽培；面源污染；土壤；生态环境

The dual influence on agricultural ecological environment under greenhouse cultivation and its improvement way

Li Pingping

（*Institute of Agricultural Engineering, Key Laboratory of Agricultural Equipment and Technology, Jiangsu University, Zhenjiang* 212013）

Abstract: Adopting the method of combining the investigation and experiment, the influence on agricultural ecological environment of greenhouse cultivation is analyzed. On one aspect, comparing with open field planting, the runoff and accompanied non-pointed source pollutants decreased under greenhouse cultivation because of the cover of plastic film or glass. And on the another aspect, for the soil cannot get rain water, the perennial cultivation under greenhouse induce the soil obstacle such as the accumulation of salt of the ions, which made the decrease of soil sustainable productivity. Facing the dual influence of greenhouse cultivation on ecological environment, how to overcome the adverse influence and improve the soil condition, according to the experiment results of the author, the technical way is proposed as follows: accurate and balanced fertilizer application, rotation both in the greenhouse and by shift the simple greenhouse (plastic tunnel), and flexible using simple greenhouse (plastic tunnel) on the summer season.

Key words: greenhouse cultivation; non-pointed source pollute; soil; ecological environment

设施栽培在我国发展迅速,从20世纪70年代起步到目前面积已经超过334.7万 hm^2[1],设施的类型也从以小拱棚为主体发展到以塑料大中棚为主体,日光温室在北方地区也有较大的实施面积,经济发达地区连栋温室也不断增加。由于设施栽培的主要作物类型是蔬菜、花卉等园艺作物,因此设施栽培也被称为设施园艺。设施栽培对于农业增产、农民增效和农村发展起到了积极的作用。关于设施栽培对农村生态环境的影响有不少报道,有的认为实行温室大棚种植后,污染物排放减少,对环境的压力减轻了;而更多的报道则提出了设施栽培对土壤环境带来的副作用,而且这种副作用有随着设施种植年限延长而加剧的趋势。本文通过文献查阅,结合试验研究的结果对设施栽培对环境的正反两个方面的影响进行了分析,并对存在的问题提出了改善的技术途径。

1 设施栽培在减少面源污染中的作用

面源污染是指非点源污染,主要是种植业生产上的化学肥料、农药以及养殖业的畜禽粪肥等随水流失所产生的对环境的污染。农业面源污染已越来越引起人们的重视,特别是在太湖流域等农村经济发达地区,化肥的使用量大、雨水充沛、农业面源污染严重,如何降低化肥流失造成的污染已成为各级政府和科技人员的关注热点。事实上,不同的作物、不同的种植方式所造成的面源污染量不尽相同,尤其是设施栽培与露地栽培之间相差很大。

1.1 土壤栽培条件下对水体的各项污染下降

设施栽培由于有塑料薄膜、玻璃或 PVC 板等覆盖,设施内土壤得不到雨水的淋溶,只有随灌溉水的小部分流失,因此,物质流动途径相对简化,面源污染有较大幅度的降低。

清华大学桂萌等[2]采用旱季和雨季现场监测的方法,对滇池流域大棚种植的面源污染进行了分析测定,得到的结果为:大棚种植加上瓢灌的灌溉方式,使旱季几乎没有多余的水流出,农民所施的化肥、农药等污染物无法随水进入明渠,因此流入滇池的农田灌溉水水质较好,各项营养物浓度很低,总氮(TN)为 2.254 mg · L^{-1},总磷(TP)为 0.039 g · L^{-1},铵态氮(NH3-N)为 0.651 g · L^{-1}。雨季来临时,雨水会把大棚之间无覆盖处的土壤及小沟中的存水都随径流流出,因此,径流中的 TN,TP 浓度比旱季高。但是从污染负荷的绝对值来说,大棚种植区年平均释放的氮量要远小于周边敞开式种植的方式。文章认为,从滇池地区减少农业面源污染的角度来看,应当提倡发展大棚种植,减少露地种植。石峰等[3]采用在美国农业部 AGNPS 模型基础上开发的面源污染过程整合模型(IMPULSE),对滇池流域大棚种植区进行了面源污染模拟。研究发现大棚种植区由于塑料大棚减少了透水地表的面积,降水下渗过程受到阻碍,因此加快了雨水汇流过程并提高了地表径流产生量。但另一方面,塑料大棚阻止了雨滴对土壤表面的直接冲刷,也减小了降水与土壤中污染物的接触机会,从而起到了缓解土壤和污染物流失的作用。因此,30 mm降雨量下模拟所得到的大棚种植区径流量比露地种植区高约 1/3,但是悬浮物(SS),TN,TP 和 COD 却都比露地低,其中悬浮物和 TP 低 38%,TN 和 COD分别降低约 20% 和 10%。根据笔者的研究[4],无论是与水田、旱地还是林果茶园相比,设施蔬菜地的 TN,TP,COD 及等标排放物的单位面积数量都是最低的。

1.2 无土栽培条件下对养分的利用率提高

无土栽培是设施栽培下经常采用的新型栽培方式。无土栽培包括基质栽培和营养液栽培两种形式。基质(即人工土壤)栽培已越来越成为设施园艺中的一种重要栽培方式。除了盆栽的花卉外,基质栽培一般都采用槽式或袋式栽培,并配以滴灌的灌溉方式,因此养分随水流失的几率更低。笔者采用菇渣有机基质槽式栽培的方式,以小白菜周年 9 茬栽培为对象,进行了有机基质栽培中氮素的投入和产出试验[5]。以 1/15 hm^2 为单位计算:氮投入量为246 kg(菇渣基质总有机氮为 234 kg、化学氮素为 12 kg),作物氮产出量为69 kg,基质中氮剩余量为 131.5 kg。从这一试验结果得出:氮素的转化率(产投比)为 28.0%,剩余率为 53.7%,而耗散率仅为 18.3%,比露地土壤栽培的氮素耗散率大大降低;而且氮素的耗散主要是有机物矿化过程中的损失,随灌溉水损失的比例很低。

在营养液栽培条件下,营养物质都是运用营养液循环式利用的灌溉方式,而且营养液由于浓度较低,且为水溶液状态,几乎没有淋溶、挥发、硝化和反硝化等损失,所以从理论上说水培中营养物质的利用效率接近100%。根据笔者多年的无土栽培试验所知,当营养液经过长期反复使用,其中的成分变化大并影响到作物生长时,需要对营养液池中的营养液进行彻底更换,但是这种更换的次数和数量是很小的,因此养分耗散率比基质栽培更低。并且更换下来的营养液一般都为农田或者绿化中所用,对环境污染甚小。

根据以上的诸多试验结果可知,设施栽培可以有效降低农业面源污染的排放,减轻对生态环境的污染压力。与一些地区在水体污染治理中大力压缩环湖地区农业生产的做法相比,改露地种植为设施栽培更具有积极的作用。

2 设施栽培对自身土壤环境的影响

近年来,关于设施栽培后对土壤性状影响方面的报道很多,除了个别报道指出设施栽培后土壤主要的物理、化学性状改善外[6],更多的报道则认为长期的设施栽培对土壤造成了负面的影响。

2.1 耕层土壤盐分过度积累

在温室、大棚连年种植的条件下,一是由于用肥量远远高于露地栽培[7],二是由于长年或季节性有玻璃或塑料农膜覆盖,土壤得不到雨水的淋溶,土壤内的盐分随水分的蒸发向上运动而聚集于地表耕作层,因此,设施土壤耕作层的盐分呈现不断积累,并有发生次生盐渍化的趋势。据刘兆辉等[8]报道,设施园艺发达的山东寿光县 26 个被抽样大棚的硝态氮平均含量高达195.7 mg/kg,速效磷和钾的含量分别为 158.8 mg/kg 和 274.5 mg/kg,比露地土壤分别高 6 倍和 2.56 倍。吴凤芝等[9]研究发现,在哈尔滨郊区仅种植 2 年黄瓜的大棚土壤总盐量比露地高 2.1 倍,10 年以上大棚土壤总盐量高于露地4.2 ~ 6.5 倍。何文寿[10]提出宁夏峡口栽种 3 ~ 10 年的日光温室蔬菜土壤,其盐分含量比露地菜田高 0.5 ~ 3 倍,且随棚龄延长而明显上升。黄锦法等[11]对嘉兴平原设施蔬菜地的调查也表明土壤有盐渍化的趋势。可见,无论是北方还是南方,东部还是西部,耕层土壤盐基离子积累、呈现土壤次生盐渍化现象已比较普遍和明显,造成各地设施作物的生理机能和产量的下降,并带来产品中硝酸盐含量的提高。

2.2 营养元素失衡,设施土壤酸化

盐基离子在设施土壤内总体呈积累趋势,但是不同的元素差别很大,表现为过量的主要为氮素和磷素。一般认为,蔬菜作物对氮、磷、钾营养元素的吸收比例为 1:0.4 ~ 0.5:1.2 ~ 1.8,但是实际施肥中,普遍重视氮肥或者氮肥

和磷肥,钾肥投入较低。如李俊良等[12]对寿光县的调查,在不计算有机肥的情况下, 平均亩施纯 N 88.7 kg, P_2O_5 85.2 kg, K_2O 32.0 kg,化学氮肥及磷肥施用量过大造成了土壤的盐化、酸化及产投比降低。而钾肥用量太少则造成植物抗逆性差。李见云等[14]和吕卫光等[13]的研究都有相似结果,并且这种现象随大棚棚龄的增加而更加显著。张乃明等[15]报道,滇池流域的大棚土壤主要表现为硝态氮的累积,3 年左右的大棚硝酸盐含量是一般露地农田的1 ~ 5 倍, 6 年以上大棚的硝酸盐含量比一般农田高出 10 倍以上;硝酸盐随土层深度的增加而减少, 主要分布在 0 ~ 40 cm 土层内。硝酸盐成为主要的致盐因子, 0 ~ 20 cm 和20 ~ 40 cm 土壤 NO_3^- 与全盐量有很好的相关性,均达极显著水平。

　　土壤营养元素失衡还带来土壤酸化的问题。由于氮肥及其他生理酸性化肥施用过量,造成了设施土壤 pH 值有随种植年限的增加而下降的趋势[16,17],其中严重的土壤 pH < 4 。土壤酸化不仅导致土壤中有机物的矿化与分解速率减缓,影响土壤中养分的有效性和作物的营养状况,也影响根系及地上部一些器官的生长正常发育和作物产量。

2.3　设施内连作障碍严重

　　设施园艺的特点是专业化程度较高,所以连作盛行。目前设施园艺中以栽培番茄、茄子和辣椒等茄科作物,或黄瓜、甜瓜、西瓜等葫芦科作物连作为主,而茄科和葫芦科这两个科都有共同的土传病害,这就带来了严重的连作障碍。据袁龙刚等[15,18]研究,土传病害的原因主要有:连作后土壤微生物区系改变,微生物由“细菌型”土壤向“真菌型”土壤转化;设施土壤 pH 过低,抑制部分有益微生物的活性和正常的生理代谢,加重一些土传病害的发生。连作障碍还表现在作物的自毒作用上。Yu 等[19]研究发现,植物通过残体分解、根系分泌物及地上部淋溶等途径,会产生一些酚类、萜类等代谢物,这些化学物质自毒现象也很普遍。因此,连作障碍是自毒物质与土传病害共同作用的结果[21]。此外,在连作条件下,设施土壤还会因长时间地进行各种田间作业对棚内土壤的频繁践踏、灌溉和高剂量的施肥使理化性状发生变化,土壤团粒结构破坏,大孔隙减少, 通气透水性变差[16,22]。根据王汉荣等[23]的调查,葫芦科蔬菜各类连作障碍出现的频率依次为:土壤中病原累积性病害、生理性病害(缺素)、土壤理化性质恶化、地下害虫、线虫和其他因素。

3　改善设施栽培土壤生态问题的途径探讨

　　如何解决设施栽培所带来的对自身土壤的障碍问题,许多专家和技术人员提出了多种有益的建议。但是有些报道指出,通过洗盐的方法是解决设施土壤次生盐渍化等问题的有效途径[23-26]。对此,笔者有不同看法。用灌水或灌水加雨淋等物理方法洗盐固然能降低土壤的盐分,但这些盐分通过水流直接进入到水体中,又造成环境污染,把本应是设施农业对环境保护的优势转变为劣势,因此是不可取的。解决土壤生态问题不能以对环境的危害为代价,只能因势利导。笔者根据多年的试验研究结果,提出以下三大技术途径。

3.1　根据养分平衡法精确施肥

关于合理施肥,包括氮、磷、钾的配合,有机肥与无机肥的配合,并采用少量多次施肥方式等有过很多报道,在生产中也取得了一些效果。为进一步探索精确平衡施肥的技术,笔者所在课题组在自控温室内进行了按照作物目标产量所需要的氮、磷、钾含量,根据养分平衡法计算的结果进行配方施肥试验。以黄瓜和生菜一年 4 茬种植方式为对象,按照无机氮与有机氮 6∶4 的有机肥比例,以 $1/15 \ hm^2$ 为单位,周年 N 输入量为 73.26 kg,P_2O_5 输入量为 31.74 kg,K_2O 输入量为 84.30 kg。作物收获后,对作物周年的氮磷钾吸收利用的数量、土壤中存留的数量以及损失率进行了计算。结果为:氮素的作物对这三者的吸收利用效率为 56.04 %,氮素土壤残留率为 3.58 %,损失的氮为 40.38 %。磷素的作物吸收利用率为 55.48%,土壤残留率为 13.34%,损失占了 31.18%。钾素的吸收利用率为 42.40%,土壤残留量为输入量的 1.43%,损失所占比例为 56.17 %。从以上对氮、磷、钾输入输出的研究可以看出,作物对这三者的吸收比例占到 42.40%~56.04%,比文献所报道的 10%~30% 吸收率要高得多,除了磷素积累量偏高需要调整外,氮素和钾素基本平衡[27]。因此,根据作物的需肥个性以及目标产量两大因素提出精确平衡的肥料配方是保持土壤养分平衡的有效途径,可以达到较高的物质流动效率和较低的土壤养分累积。在此基础上,还需要经常对土壤和作物产量进行跟踪检测和调查,根据土壤变化适时调整和优化施肥配方,提高肥料利用率,避免次生盐渍化等土壤障碍的发生。此外,施肥和灌溉的方法改进也很重要,如采用精确滴灌施肥技术可有效降低农田表层土壤的盐分积累速度[28]。

3.2　设施原位轮作及移位轮作

对作物生态适应性差异较大的不同科作物实行轮作,不仅从源头切断土传病虫害繁殖和蔓延的途径,还可以改变连作对土壤养分吸收的片面性。但由于设施大都以种植高效的鲜食的蔬菜和瓜果为主,可以选择的作物有限,尤其是年内实行不同作物复种的,因此年间轮作可选作物就更少。同时,实行轮作必然要增加作物的种类,降低作物的专业化程度。为保障农产品的稳定生产,对经营单位来说,制订切实可行的轮作计划是很有必要的。

在次生盐渍化较为严重的土壤中,禾本科玉米是设施蔬菜轮作的最为适宜的作物。首先是玉米的生长量大,产量高,吸肥能力强;二是玉米的用途广泛,可以鲜收作为菜用,也可以作为饲料及粮食,生长期弹性大,同时玉米在春、夏、秋季节都可以种植,生长季弹性也大;三是玉米与主要设施作物葫芦科和茄科之间的生态习性相差较远,有利于土壤生物学和理化性状的改善。在江西、浙江等地的季节性拱棚中,实行番茄等作物收获后种植一茬秋玉米的年内轮作方式,对于防治次生盐渍化产生了积极作用[29]。

除了在设施内原位实行轮作外,还可以通过塑料大棚的移位来实现。无论是竹木结构的塑料拱棚还是装配式大棚,拆装都相对简单,由于塑料薄膜的使用年限一般是 3 年,所以,可以在换膜之际将大棚进行移位安装使用。在粮菜并重的地区,大棚最好是移位到粮田上,使不同科作物轮作,生态条件得到较大的改善。笔者近期对江苏省丹阳市的设施蔬菜土壤进行了多点采样和化验,结果显示长期采用大棚蔬菜种植与露地小麦等种植之间以 2 ~ 3 年一轮换的方式,土壤 pH 值和 EC 值与周围农田相比没有明显的改变。在水稻产区,如果能通过大棚移位,在设施土壤上种植水稻,一方面可通过水稻吸收土壤养分缓解次生盐渍化,另一方面也可通过水旱轮作改变土壤的生态环境,有利于克服多种土传病害。

在现代化大型温室无法实行移位等措施,且专业化、工厂化程度高,连作不可避免的情况下,可以考虑采用有机基质栽培、嫁接等技术来防止连作病害的产生。

3.3 塑料拱棚设施的夏季因地制宜利用

我国的各种设施类型中,塑料拱棚所占的比重最大,北方的日光温室中也有一部分是塑料覆盖物。对于以塑料薄膜为覆盖物的设施,夏季可以通过揭膜、加防虫网等措施因地制宜地加以利用。

改为露地栽培:在没有降温设施的塑料拱棚和日光温室内,夏季高温常常是最大的限制因子。在夏季降雨量不是很大的地区尤其是北方地区,可以将塑料拱棚乃至日光温室上的覆盖膜揭去,改为露地栽培。这样做一方面可以解决高温问题,另一方面可以接纳雨水,增加必要的、与外界的物质流动性。此外,夏季薄膜收起后还有利于塑料薄膜延长使用年限。

防雨棚栽培:在夏季台风暴雨多发的地区,如果简单地揭去覆盖膜改为露地栽培,一是会影响作物的健康生长,二是过多的径流会产生严重的养分流失和农业面源污染。因此,在这些地区,夏季宜将塑料大棚下部的群帷揭去,留着上部的薄膜,形成防雨棚栽培。要根据天气情况上收和放下薄膜,协调通风、降温和照光之间的矛盾,并在小雨天气适当地接纳部分雨水,进行绿叶蔬菜、鲜花的安全越夏生产。

遮阳网覆盖栽培:塑料拱棚夏季揭去覆盖物以后,利用棚架安装防虫网,不仅可以大大降低蔬菜生产过程中的农药使用量,而且有利于减少雨水径流和面源污染。根据笔者在25目防虫网覆盖的大棚里试验[30]结果,测得露地降水量为3.7 mm时,覆盖防虫网后网内降雨量比露地下降了21.6%,并且有降水强度越大和防虫网目数越多则下降率越高的趋势。此外,降到网内的雨滴比露地细,对植物的打击力较小,有利于夏季绿叶蔬菜的生长。

参考文献

[1] 张真和,陈青云,高丽红,等:《我国设施蔬菜产业发展对策研究(上)》,《蔬菜》,2010年第5期。

[2] 桂萌,祝万鹏,余刚:《滇池流域大棚种植区面源污染释放规律》,《农业环境科学学报》,2003年第1期。

[3] 石峰,杜鹏飞,张大伟,等:《滇池流域大棚种植区面源污染模拟》,《清华大学学报(自然科学版)》,2005年第3期。

[4] 李萍萍,刘继展:《太湖流域农业结构多目标优化设计》,《农业工程学报》,2009年第10期。

[5] 李萍萍,朱忠贵:《芦苇末多级利用系统的生态学效率和经济效益分析》,《生态学杂志》,2002年第1期。

[6] 马云华,王秀峰,魏珉,等:《黄瓜连作土壤酚酸类物质积累对土壤微生物和酶活性的影响》,《应用生态学报》,2005年第11期。

[7] 李廷轩,周健民,段增强,等:《中国设施栽培系统中的养分管理》,《水土保持学报》,2005年第4期。

[8] 刘兆辉,等:《山东省保护地土壤养分状况及施肥问题》,曹志洪、周健民主编《设施农业相关技术》,中国农业科技出版社,1999年。

[9] 吴凤芝,等:《大棚蔬菜连作年限对土壤主要理化性状的影响》,《中国蔬菜》,1998年第4期。

[10] 何文寿:《设施农业中存在的土壤障碍及其对策研究进展》,《土壤》,2004年第3期。

[11] 黄锦法,李艾芬,马树国,等:《蔬菜保护地土壤障害的调查及矫治措施》,《土壤肥料》,2002年第2期。

[12] 李俊良,崔德杰,孟祥霞,等:《山东寿光保护地蔬菜施肥现状及问题的研究》,《土壤通报》,2002年第2期。

[13] 李见云,侯彦林,化全县,等:《大棚设施土壤养分和重金属状况研究》,《土壤》,

2005 年第 6 期。

[14] 吕卫光,余廷园,诸海涛,等:《黄瓜连作对土壤理化性状及生物活性的影响研究》,《中国生态农业学报》,2006 年第 2 期。

[15] 张乃明,李刚,苏友波,等:《滇池流域大棚土壤硝酸盐累积特征及其对环境的影响》,《农业工程学报》,2006 年第 6 期。

[16] 赵风艳,吴凤芝,刘德,等:《大棚菜地土壤理化特性的研究》,《土壤肥料》,2000 年第 2 期。

[17] 孟鸿光,李中,刘乙俭,等:《沈阳城郊温室土壤特性调查研究》,《土壤通报》,2000 年第 2 期。

[18] 袁龙刚,张军林,张朝阳,等:《连作对辣椒根际土壤微生物区系影响的初步研究》,《陕西农业科学》,2006 年第 4 期。

[19] Yu J Q, Matsui Y. Effects of root exudates of cucumber (*Cucumis sativus*) and allel-ochemicals on ion uptake by cucumber seedlings. Chem. Ecol. , 1997,23.

[20] 马云华,王秀峰,魏珉,等:《黄瓜连作土壤酚酸类物质积累对土壤微生物和酶活性的影响》,《应用生态学报》,2005 年第 11 期。

[21] 喻景权,杜尧舜:《蔬菜设施栽培可持续发展中的连作障碍问题》,《沈阳农业大学学报》,2000 年第 1 期。

[22] 黄毅,张玉龙:《保护地生产条件下的土壤退化问题及其防治对策》,《土壤通报》,2004 年第 2 期。

[23] 王汉荣,王连平,茹水江:《浙江省设施蔬菜连作障碍成因初探》,《浙江农业科学》,2008 年第 1 期。

[24] 张耀良,沈伟良,陆利民:《缓解设施土壤盐渍化的实用技术》,《上海蔬菜》,2008 年第 3 期。

[25] 施士超:《大棚芦笋种植地土壤盐渍化防治与生态改良》,《上海农业科技》,2009 年第 2 期。

[26] 杨忠,邱源,陈忠:《大棚蔬菜土壤次生盐渍化无害化综防技术研究》,《土壤》,2006 年第 3 期。

[27] 李冬生:《温室生态经济系统能量、物质和价值流动特点研究》,江苏大学博士学位论文,2009 年。

[28] 郭春霞,沈根祥,黄丽华:《精确滴灌施肥技术对大棚土壤盐渍化和氮磷流失控制的研究》,《农业环境科学学报》,2009 年第 2 期。

[29] 江西浙江保护地蔬菜考察组:《江西浙江保护地蔬菜生产技术考察》,《中国蔬菜》,1996 年第 5 期。

[30] 李萍萍,等:《防虫网覆盖对农田小气候的效应》,《长江蔬菜》,1999 年第 2 期。

马铃薯连作栽培对土壤微生物群落的影响*

马　琨[1]　张　丽[1]　杜　茜[2]　宋乃平[3]

（1. 宁夏大学农学院,银川 750021;2. 北方民族大学生命科学院,银川 750021;3. 西北退化生态系统恢复与重建教育部重点实验室,银川 750021）

摘　要：利用 BIOLOG 技术研究了宁夏南部山区马铃薯连作、冬麦连作、倒茬利用方式对土壤生物学特性、土壤微生物群落结构和功能的影响。结果表明:土壤微生物量碳、氮总体表现为冬麦连作(对照) > 迎茬马铃薯 > 马铃薯连作栽培;马铃薯连作栽培显著提高了土壤微生物量碳/氮比。马铃薯连作 5 年、10 年及迎茬栽培马铃薯土壤在培养 48 h 时,平均颜色变化率(AWCD 值)分别比对照土壤提高了 9.91,10.98,2.86 倍。但在培养 72 h 之前,不同马铃薯连作栽培年限间 AWCD 无差别。马铃薯持续连作多年后,土壤微生物对单一碳源底物的利用能力仍然较高,土壤微生物群落利用碳源的功能多样性也较高。培养 96 h 时,各供试土壤微生物群落 Shannon 指数的差异达极显著水平。土体中多聚化合物、氨基酸、碳水化合物是土壤微生物主要利用的碳源;根际土壤中微生物主要利用的碳源为氨基酸、多聚化合物、糖类物质。马铃薯迎茬、连作栽培后土壤细菌/真菌的比例和对照土壤相比,分别减少了 64.70% ,9.18% ～32.11% ,连作会使土壤类型从细菌型向真菌型转化。

关键词：马铃薯;连作;迎茬; 微生物群落

*教育部科学技术研究重大项目(宁夏南部黄土丘陵区马铃薯扩种和连作栽培的土壤生态效应)资助;北方民族大学生态重点实验室项目资助。
作者简介:马琨(1972—),男,博士,教授,主要从事农业生态与土壤微生物生态研究,E-mail: makun0411@163.com;宋乃平(1963—),男,博士,教授,从事水土资源可持续利用及生态系统恢复研究,E-mail: songnp@163.com。

Effect of potato continuous cropping on soil microorganism community structure and function

Ma kun[1]　Zhang Li[1]　Du Qian[2]　Song Naiping[3]

(1. *Agriculture College of Ningxia University*, *Yinchuan* 750021 ;2. *College of Life Science of North University for Nationalities*, *Yinchuan* 750021 ;3. *Key Lab for Restoration and Reconstruction of Degraded Ecosystem in North-western China of Ministry of Education*, *Yinchuan* 750021)

Abstract: Soil microbial properties and the change of soil microbial community function and structure among potato continuous cropping, winter wheat continuous cropping and potato normal rotation in the south mountain areas in Ningxia were studied by using the BIOLOG technology. The result showed that the change tendency of soil microbial biomass carbon/nitrogen were as follow: winter wheat continuous cropping > potato normal rotation > potato continuous cropping, the ratio of soil microbial biomass carbon and nitrogen were obviously increased under the condition of potato continuous cropping. On 48 hour incubation, the average well color development(AWCD) under the condition of potato normal rotation and potato continuous cropping, which were significant increased 9.91, 10.98 and 2.86 times separately. There were no obviously difference for AWCD in the different potato continuous cropping period at 72 hour. After the medium period(5 ~ 10 years) of potato continuous cropping, there are still have more high carbon-substrate utilization ability and soil microorganism carbon substrate using function diversity. There are an obviously difference about soil microbial community's richness (Shannon index) at 96 h under the different land using pattern. Soil microorganism in the rhizosphere soil were mainly using aminoacids, polymers, carbonhydrate as the carbon source. The ratio of bacteria colony - forming unit (CFU) and fungi were separately decreased by 64.70%, 9.18% ~ 32.11%. Potato continuous cropping caused that the soil would be turned into fungi type from bacterium type.

Key words: potato; continuous cropping; normal rotation; soil microorganism community

1 引言

宁夏是我国北方马铃薯主要产区之一。近年来,宁夏马铃薯种植面积突破了 25.8 万 hm²,作为重要的粮菜兼用作物,马铃薯的生产对稳定宁夏南部山区乃至全区粮食安全起到了举足轻重的作用。但随着种植面积的迅速扩大,马铃薯种植却改变了宁南山区传统的"冬小麦—冬小麦—马铃薯(豆类)"的轮作制度。轮作倒茬矛盾日益突出,部分农田轮作倒茬年限在 3 年以上,使得土地利用强度不断加大。通常认为,作物连作会导致低产,并将原因归结为植物根系生长受到抑制、土壤养分和水分的耗竭、杂草种群增加等[1]。

国内外学者对大豆、黄瓜、烟草、麦冬、地黄等作物的连作障碍开展过大量研究,认为连作障碍产生的原因主要有以下三方面:连作导致土壤肥力下降;植物根系分泌物的自毒作用;病原微生物数量持续增加,导致病虫害严重[1-7]。一般的研究结论认为:作物连作年限过长,养分消耗单一,肥力水平下降,不利于养分的平衡供给;土壤微生物活性降低,影响了养分利用效率;土壤微生物种群结构不合理,有害微生物数量逐渐占优势[1,5]。随着连作茬次增加,土壤可培养微生物数量减少,其中细菌数量降低最为明显,对连作表现出较高的敏感性;黄瓜、地黄连作会破坏根部微生物种群生态平衡,使其多样性水平降低[3,4]。在生长期降解氨基酸、糖类和羧酸类碳源的微生物可能是受连作影响的主要土体微生物类群[2];间作条件下根际土壤微生物区系向细菌与放线菌占主导的趋势发展,是改善连作障碍的主要原因[8]。连作会使土壤从细菌型向真菌型转化,真菌数量越多土壤肥力越差,真菌型土壤是地力衰竭的标志[6]。那么,持续连作对作物及土壤的影响一定是有害的吗?Jones 和 Singh 认为,在有充足肥力供给的情况下,一个中等时段长度的连作是没有影响的;小麦连作 4 年,尽管作物上产生了中度的褐点,但产量无明显影响;长期连作的高产小麦没有受连作影响,高产小麦具有较高的抗病能力[9]。

宁南黄土丘陵区,大量坡耕地主要被用于种植马铃薯,连作是否会导致当地农田土壤有机质分解加剧、土壤地力消耗加剧,产生物质循环单一等问题,从而改变当地农田生态系统呢? 本文研究了马铃薯在中长期连作条件下,对土壤生态系统微生物量碳、氮的影响;并利用 BIOLOG 等方法,探究了其对土壤微生物群落结构、功能多样性的影响,以期为了解马铃薯连作障碍与土壤微生物群落之间的关系,为合理利用土地,改善土壤肥力,克服连作障碍提供科学依据。

2 材料方法

2.1 试验地和取样设计

试验地位于宁夏固原市张易镇马场村,该区域位于东经 106°05′37.8″—106°06′16.3″、北纬 35°54′45.3″—35°55′17.0″,海拔 2 133 ~ 2 276 m。该区域是宁南黄土高原和六盘山阴湿区的过渡区域,降雨量自北向南递增。年均降水量为 400 mm,年均蒸发量为 1 361 mm,年均气温 5 ~ 7 ℃,土壤以黑垆土为主,为黄土母质上形成的典型地带性土壤。试验分别选择迎茬马铃薯(前茬冬麦),连作 5 年、连作 10 年的马铃薯栽培地,以连作 4 年冬麦地土壤为对照,于当年 6 月份采集马铃薯根际和土体土壤,在实验室内进行分析,供试土壤基本理化性状见表 1。

表 1 供试土壤基本理化性状

Table 1 The Soil basic physical and chemical properties

测定项目	全氮/ (g·kg^{-1})	全磷/ (g·kg^{-1})	有机碳/ (g·kg^{-1})	pH	全盐/ (g·kg^{-1})	碱解氮/ (mg·kg^{-1})	速效磷/ (mg·kg^{-1})	速效钾/ (mg·kg^{-1})
迎茬	2.63 ± 0.02	0.94 ± 0.03	2 917.88 ± 62.08	8.20 ± 0.02	0.09 ± 0.04	181.48 ± 5.56	30.18 ± 1.54	140 ± 0.00
连作 5 年	2.31 ± 0.06	0.81 ± 0.02	2 513.39 ± 42.52	8.19 ± 0.02	0.05 ± 0.00	154.13 ± 1.26	6.66 ± 0.87	100 ± 0.00
连作 10 年	2.11 ± 0.04	0.95 ± 0.01	1 947.33 ± 44.67	8.13 ± 0.08	0.09 ± 0.00	137.52 ± 2.33	19.83 ± 0.67	380 ± 0.00
冬麦连作	1.60 ± 0.06	0.94 ± 0.01	1 430.57 ± 33.73	8.29 ± 0.05	0.06 ± 0.00	118.10 ± 2.92	21.44 ± 0.21	210 ± 0.00

2.2 土壤基本理化、生物性状分析方法

土壤有机碳、全氮、全磷、碱解氮、速效磷和速效钾的分析方法分别为重铬酸钾容量法、BUCHI K-370 全自动凯氏定氮仪测定、硫酸-高氯酸消煮-钼锑抗比色法、碱解扩散法、Olsen 法、NH$_4$OAc 浸提-火焰光度法,pH 测定的水土比为 5∶1[10]。土壤微生物量碳、氮采用氯仿熏蒸-容量分析法和氯仿熏蒸-全氮测定法,$B_C = E_C / K_{EC}$,其中 E_C 为熏蒸与未熏蒸土壤有机碳的差值,K_{EC} 为转换系数,取值 0.38;$B_N = E_N / K_{EN}$,其中 E_N 为熏蒸与未熏蒸土壤全氮的差值,K_{EN} 为转换系数,取值 0.45[11]。土壤基础呼吸的测定采用 0.1 mol/L NaOH 碱液吸收[12]。

2.3 土壤微生物结构组成分析及 BIOLOG 测定方法

采用 BILLOG ECO 板,来确定土壤微生物群落水平的生理分布。先称取相当于 10 g 干土重的新鲜土壤,加入 90 g 无菌水,在 180 次/min 条件下振荡 10 min,在 4 ℃条件下沉降 30 min,然后吸取 1 mL 土壤悬浊液到 99 mL 无菌

水中,稀释到 10^{-3} 浓度,吸取 125 μL 样品接种于 E_C 的 96 孔板中,每 24 h 利用读板机,在 590 nm 读数一次,连续读数 7 d[13]。细菌、真菌及放线菌分别以牛肉膏蛋白胨琼脂、马铃薯-蔗糖琼脂(PDA)、改良高氏 1 号作为培养基,采用稀释平板计数法测定[12]。

2.4 数据处理

PCA 分析采用 Canoco 4.5,方差分析采用 SPSS 10.0 进行。

3 结果与分析

3.1 连作对土壤微生物生物量碳、氮的影响

土壤微生物量是土壤有机质的活性部分,也是分解者亚系统中的主要组成部分,能够调节养分循环、能量流动和生态系统的生产力[14]。马铃薯连作土壤微生物量碳、氮均显著低于迎茬和对照农田土壤(见图 1),土壤微生物量碳、氮总体表现为对照土壤 > 迎茬土壤 > 连作土壤;马铃薯连作栽培土体微生物量碳、氮随连作时间的延长,呈下降的趋势。其中,连作 10 年和连作 5 年相比,土壤微生物量碳、氮分别下降了 71.39%,10.06%;马铃薯连作栽培土壤微生物量碳、氮仅相当于对照土壤的 3.81% ~ 13.32%,60.25% ~ 66.99%。迎茬土壤微生物量碳虽然只相当于对照土壤的 46.29%,但却有较高的土壤微生物量氮。微生物量碳/氮比一定程度上反映了微生物的群落组成[15]。比较土壤微生物量碳/氮比发现,当土壤由麦茬转化为马铃薯茬口时,土壤微生物量碳/氮比由 51.79 上升为 119.24,提高了 2.31 倍;和对照相比,马铃薯连作栽培土壤碳/氮比分别达到 260.39 和 818.64,是对照土壤的 5.03 ~ 15.81 倍。分析认为,土壤微生物量碳/氮比随着土地利用方式的改变而变化。Anderson 和 Domsch 等认为土壤中微生物量碳/氮比的升高可能是由于土壤真菌生物量增加所致[16]。因此推测认为,迎茬种植可能会刺激微生物的

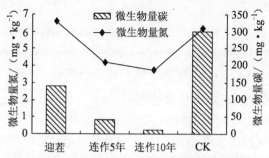

图1 不同利用方式下土壤微生物量碳、氮的变化

Fig. 1 Change of soil microbial biomass nitrogen and carbon under the different land using pattern

生长,增加土壤微生物生物量碳、氮,形成适宜的土壤微生物量碳/氮比;而马铃薯连作栽培会对土壤微生物量产生显著抑制作用,这可能是因为植物根系分泌物的自毒作用。

土壤微生物通过有机物的分解和合成,调节养分循环,并为植物生长提供必需的养分,在各类型生态系统的能量流动和物质循环过程中起关键作用。土壤微生物墒是指土壤微生物量碳与总有机碳的比值;代谢墒是土壤基础呼吸强度与微生物生物量的比值,表明了微生物群落的维持能大小和对基质的利用效率[16]。与对照土壤相比(见图2),土壤微生物墒总体表现为对照土壤 > 迎茬土壤 > 连作土壤。其中,马铃薯连作栽培土壤代谢墒呈上升的变化趋势,和迎茬土壤相比,代谢墒分别高出34.96% ~ 48.01%,是对照土壤的1.09 ~ 1.37倍,表明马铃薯连作使土壤微生物的生理活动、代谢能力和群落生态特征发生改变。分析认为,这可能是由于马铃薯持续连作,导致土壤微生物量碳/氮比加大,微生物为维持生存需要消耗更多的碳源,需要利用更多的土壤有机碳作为能量代谢和土壤微生物的结构组成,并以大量释放 CO_2 的形式所引起。这个过程相应加速了土壤有机质的分解,由于碳/氮比的失衡,使得土壤微生物对碳源的利用效率发生变化,土壤微生物墒、代谢墒随之发生改变。

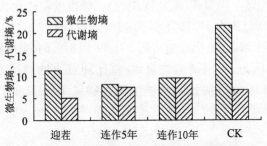

图2 不同利用方式下土壤微生物墒、代谢墒的变化

Fig. 2 Change of microbial quotient and microbial metabolic quotient under the different land using pattern

3.2 连作对每孔颜色平均变化率的影响

由图3可以看出,随培养时间的延长,不同利用方式下土壤微生物群落 BIOLOG 代谢剖面发生了显著的变化。马铃薯连作、迎茬和冬麦连作土壤样品微生物群落的 AWCD 值在培养24 h之前没有明显差异,培养至48 h后,供试土壤样品微生物群落生理代谢剖面开始出现明显变化,且代谢剖面 AWCD 值随着培养时间的延长,其数值迅速增长,与对照土壤相比,马铃薯连作5年、

10 年、迎茬土壤 AWCD 增长的斜率较高。在培养 48 h 后,连作 5 年、10 年、迎茬土壤的 AWCD 值分别比对照土壤增加了 9.91,10.98,2.86 倍。但在 24 ~ 96 h 之间,连作 5 年和连作 10 年间 AWCD 无差别。当培养到 96 h 后,马铃薯连作土壤 AWCD 明显高于迎茬、对照采样位点。统计分析表明,连作栽培 5 年、10 年采样点土壤与迎茬、对照采样位点土壤微生物群落代谢剖面的影响差异达到显著水平($P < 0.05$),但马铃薯连作 5 年与连作 10 年采样位点土壤微生物群落代谢剖面的影响差异不明显,这表明连作土壤微生物对单一碳源底物的利用能力一直较高,土壤微生物群落利用碳源的功能多样性也较高。迎茬土壤微生物群落利用碳源的功能多样性也显著提高。而对照土壤微生物对单一碳源底物的利用能力较低,土壤微生物群落利用碳源的功能多样性也较低。田间试验发现,在土壤肥力差异不大的情况下,连作 5 年和连作 10 年的马铃薯生长状况并没有表现出和正常迎茬马铃薯的明显差异。因此,按照现在的连作障碍理论,长期连作,增大了作物对土壤微生物的选择压力,降低了土壤微生物的多样性,易于导致作物的连作障碍;随着连作年限的增加,作物生长状况越来越差,并不能解释本试验中的结果。比较李春格等研究结果,分析认为,马铃薯连作障碍也可能是土壤—微生物—植物—气候综合相互作用的结果,单一因素的研究很难对田间试验情况作出较合理的解释[2]。

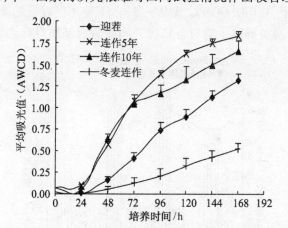

图 3　不同土地利用方式下土壤 BIOLOG ECO 板平均吸光值(AWCD)的变化

Fig. 3　Change of AWCD of ECO-plate under the different land using pattern

此外,调查发现,长期连作土壤马铃薯一直发病较轻,分析认为马铃薯迎茬和连作土壤均具有较高的土壤有机碳和全氮。该研究区域气候寒冷,有机质的矿化过程缓慢,高肥力水平能满足植物生长发育的正常需要。该地区长期连作马铃薯,产生连作障碍的原因很可能是与植物生长过程产生的自毒物质和土壤病原微生物有关。在高肥力土壤的条件下,适宜的培肥措施,持续多年的马铃薯栽培,并没有显著降低土壤肥力。连作栽培下土壤肥力的衰退过程,也可能是一个缓慢渐变的过程。在该区域冬麦相对比较耐连作,受冬麦需肥规律的影响,冬麦对土壤肥力的消耗反而较严重。

3.3 连作对土壤微生物群落功能多样性和均匀度指数分析

土壤微生物群落结构是评价土壤质量的一个敏感指标,土壤微生物群落结构越复杂,则土壤生态系统越稳定,系统的生态功能越高,对外界环境变化的缓冲效应越强[18]。不同的多样性指数可以反映微生物群落组成的不同方面,Shannon 指数主要反映物种的丰富度,描述了土壤微生物群落功能多样性相对多度的信息,Mclntoch 指数用于衡量物种的均一性[19]。从图4可知,冬麦连作土壤微生物群落功能多样性 Shannon 指数、Mclntoch 指数均显著低于马铃薯连作、迎茬土壤;马铃薯迎茬土壤微生物群落 Shannon 指数与不同马铃薯连作年限土壤之间无明显差异,但其平均值是对照土壤的161.41%。各供试土壤微生物群落 Shannon 指数的差异达极显著水平($P < 0.01$);连作和迎茬土壤微生物群落 Mclntoch 指数间也有显著差异。说明马铃薯迎茬和持续连作土壤微生物群落功能多样性相对多度较高,但微生物群落的均一性仍存在一定差别。由于 BIOLOG EC 盘中制备有31种不同性质的碳源,在培养过程中土壤里不同类群微生物对各自优先利用碳源基质具有选择性,进而使

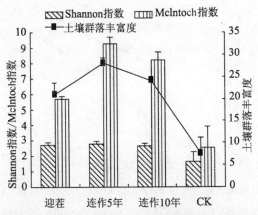

图4 不同土地利用类型下 96 h 土壤微生物群落 Shannon 指数、
Mclntoch 指数、土壤群落丰富度的变化

Fig.4 Change of Shannon index/Mclnton index and soil microbial
community richness under the different land using pattern

BIOLOG EC 盘中反应孔的颜色变化出现不同程度的差异。因而,颜色变化孔数越多则表明土壤微生物群落种类相对就越丰富。从图 4 可知,连作 5 年、10年和迎茬土壤在培养 0 ~ 96 h 后,土壤微生物群落的丰富度明显高于对照土壤;培养 96 h 后,它们是对照土壤微生物群落丰富度的 2.74 ~ 3.65 倍。冬麦连作土壤微生物群落的种群结构受到的影响较大,从而使其微生物群落功能多样性出现显著的降低。

3.4　连作栽培对碳源利用能力的影响

对不同处理培养 96 h 后土体和根际土壤微生物对碳源利用能力的差异进行主成分分析。PCA 结果表明,不同土地利用类型土体、根际土壤中 6 种主要类型碳源构建的主成分 3 维体系存在明显的空间分异,土体中 6 种主要类型碳源主成分因子中方差贡献率分别为 72.8% ,12.1% ,6.6% 和 5.0% ,累积方差贡献率达到 96.5% ;根际土壤 6 种主要类型碳源主成分因子中方差贡献率分别为 79.8% ,9.5% ,4.9% 和 3.4% ,累积方差贡献率达到 97.6% ,按照统计分析的原理累积方差贡献率大于 85% 时,可反映系统的变异。因此,从中提取土体、根际土壤碳源变量的数据变异(累积方差贡献率)为 89.9% ,89.3% 的前二个主成分 PC1,PC2 来分析微生物群落功能多样性。这表明 2个排序轴反映了群落与不同类型碳源之间相互关系的大部分信息。土体中多聚化合物、氨基酸、碳水化合物与排序轴关系最密切,说明土体土壤微生物的群落主要受这 3 个因子制约,羧酸类、酚类、胺类化合物对排序也有明显的作用关系。PCA 第一轴上主要反映了多聚化合物的变化,即沿着 PCA 第一轴从左到右,多聚化合物逐渐降低,随多聚化合物的变化,微生物对碳源类型利用能力发生变化,因而对微生物群落产生影响。

根际土壤中氨基酸、羧酸化合物、碳水化合物与排序轴关系最密切,根际土壤微生物的群落主要受这 3 个因子制约。土壤微生物对土壤主要利用碳源类型发生了变化,沿着 PCA 第一轴从左到右,氨基酸类化合物逐渐降低,随氨基酸类化合物的变化,微生物对不同碳源类型利用能力发生变化,因而对微生物群落产生影响。和土体相比,根际土壤微生物除对碳水化合物、氨基酸有较强的利用能力外,微生物对羧酸化合物的利用能力显著强于土体土壤微生物。根际土壤多聚化合物、酚类、胺类化合物对排序也有明显的作用关系。几个不同位置与类型的样点很好地区分开来,说明不同土地连作或栽培方式下细菌群落对碳源的利用种类、利用程度出现差异,群落结构和功能多样性发生了较大变化。这反映了耕作栽培利用方式不同,对农田土壤细菌群落的影响也不同。栽培利用方式改变了农田土壤细菌群落结构、功能多样性。土壤微生物群落结构、代谢功能和碳源利用方式的变化必然会影响土壤中各种养分的循环转化过程以及土壤生态系统的稳定,而这些都可能是通过对土壤微生物区系变化的影响而反馈出来的。

3.5　土壤微生物群落结构组成

不少学者研究认为,真菌型土壤是地力衰竭的标志,细菌型土壤是土壤肥力提高的一个生物指标[6]。由图5可以看出,不同土地利用类型下土壤微生物组成中,细菌所占的比例都较大(大约75.26%~80.18%),放线菌的比例次之(20%~24.53%),真菌的比例最少(0.08%~0.23%)。这说明在研究区土壤中,细菌群落占据主导地位,细菌对土壤养分有效化、促进植物生长能力方面起主导作用。马铃薯迎茬、连作土壤细菌群落占土壤微生物群落数量的比例较高,分别为75.65%,77.95%~80.18%,比对照土壤高出0.52%~6.27%;马铃薯迎茬、连作土壤真菌群落占土壤微生物群落数量的比例虽然也高于对照土壤,但和对照土壤相比,增幅显著,为17.29%~184.78%。马铃薯迎茬、连作后土壤细菌/真菌的比例和对照土壤相比,分别减少了64.70%,9.18%~32.11%。迎茬、连作细菌与真菌的比值显著变小,说明连作会使细菌型土壤向真菌型土壤转化。放线菌的比例仅次于细菌,在微生物群落总数里面占据着较大的比例,最高达24.09%。土壤真菌由于菌体或生物量较大,因而在土壤质量改善、植物生长促进方面具有不可忽视的作用。但是,由于在研究区土壤微生物总数中真菌所占的比例非常小,因此对于该地区土壤质量改善方面的作用就相对小了很多。这说明当土壤耕作方式发生改变后,土

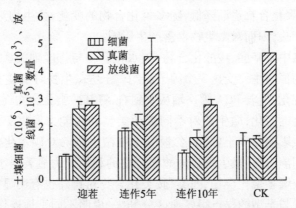

图5　不同土地利用类型下土壤微生物群落结构的变化

Fig. 5 Change of soil microbial community structure
under the different land using pattern

壤微生物群落的结构组成也会发生变化,迎茬土壤的细菌、真菌、放线菌的比例可能比较适合,连作多年后,3种主要微生物类群的比例有可能失调。

4 结论

(1)马铃薯根际土壤中微生物主要利用的碳源类型从氨基酸、羧酸化合物、碳水化合物向多聚化合物、酚类、胺类物质利用转换;土体和根际土壤微生物所利用的碳源有一定的差异。

(2)宁南山区马铃薯连作栽培和迎茬种植土壤微生物对单一碳源底物利用能力一直较高,土壤微生物群落利用碳源的功能多样性也较高,但冬麦连作的土壤微生物碳源利用能力却较低。土壤微生物种的丰富度、均一性、多度均表现为连作土壤 > 迎茬土壤 > 对照土壤,但土壤微生物量碳、氮总体表现为对照土壤 > 迎茬土壤 > 连作土壤,马铃薯连作导致土壤微生物量碳/氮比加大。

(3)该研究区域产生连作障碍的原因,很可能是与马铃薯生长过程产生的自毒物质和土壤病原微生物有关。在较高肥力土壤条件下,适宜的培肥措施,持续多年的马铃薯栽培,并没有显著降低土壤肥力。连作栽培下土壤肥力的衰退过程,也可能是一个缓慢的渐变过程。不同作物类型中长期连作对土壤产生的影响不同,冬麦连作和马铃薯连作的微生物生态学效应的差异,很可能是与该类型作物的需肥特点和栽培耕作制度有关。

参考文献

[1] Lithourgidis A S, Damalas C A, Gagianas A A. Long-term yield patterns for continuous winter wheat cropping in northern Greece. Europ. J. Agronomy,2006,25(3).

[2] 李春格,李晓鸣,王敬国:《大豆连作对土体和根际微生物群落功能的影响》,《生态学报》,2006 年第 4 期。

[3] 胡元森,刘亚峰,吴坤,等:《黄瓜连作土壤微生物区系变化研究》,《土壤通报》,2006 年第 1 期。

[4] 胡元森,吴坤,李翠香,等:《黄瓜连作对土壤微生物区系影响 Ⅱ——基于 DGGE 方法对微生物种群的变化分析》,《中国农业科学》,2007 年第 10 期。

[5] 胡汝晓,赵松义,谭周进,等:《烟草连作对稻田土壤微生物及酶的影响》,《核农学报》, 2007 年第 5 期。

[6] 李琼芳:《不同连作年限麦冬根际微生物区系动态研究》,《土壤通报》,2006 年第 3 期。

[7] 陈慧,郝慧荣,熊君,等:《地黄连作对根际微生物区系及土壤酶活性的影响》,《应用生态学报》,2007 年第 12 期。

［8］苏世鸣,任丽轩,霍振华,等:《西瓜与旱作水稻间作改善西瓜连作障碍及对土壤微生物区系的影响》,《中国农业科学》,2008 年第 3 期。

［9］Jones M J,Singh M. Long-term yield patterns in barley-based cropping systems in northern Syria: 2. The role of feed legumes. J. Agric. Sci. ,2000,135(3).

［10］鲍士旦:《土壤农化分析》,中国农业出版社,1999 年。

［11］吴金水,林启美,黄巧云,等:《土壤微生物生物量测定方法及其应用》,气象出版社,2006 年。

［12］姚槐应,黄昌勇:《土壤微生物生态学及其实验技术》,科学出版社,2006 年。

［13］马琨,金子信博,丹羽慈:《渡良濑游水地土壤微生物群落结构与功能研究》,《水土保持学报》,2009 年第 1 期。

［14］Wardle D A. Controls of temporal variability of the soil microbial biomass: A global-scale synthesis. Soil Biology and Biochemistry,1998,30(13).

［15］李娟,赵秉强,李秀英,等:《长期有机无机肥料配施对土壤微生物学特性及土壤肥力的影响》,《中国农业科学》,2008 年第 1 期。

［16］Anderson J P E,Domsch K H. Quantities of plant nutrients in the microbial biomass of selected soils. Soil Science, 1980,130(4).

［17］王秀丽,徐建民,谢正苗,等:《重金属铜和锌污染对土壤环境质量生物学指标的影响》,《浙江大学学报(农业与生命科学版)》,2002 年第 2 期。

［18］王光华,金剑,徐美娜,等:《植物、土壤及土壤管理对土壤微生物群落结构的影响》,《生态学杂志》,2006 年第 5 期。

［19］李忠佩,吴晓晨,陈碧云:《不同利用方式下土壤有机碳转化及微生物群落功能多样性变化》,《中国农业科学》,2007 年第 8 期。

Dietary phosphorus requirement of juvenile black seabream, *Sparus macrocephalus*

Shao Qingjun[1] Ma Jingjing[1] Xu Zirong[1] Hu Wanglong[2]

Xu Junzhuo[3] Xie Shouqi[4]

(1. *Department of Animal Science, Zhejiang University, Hangzhou* 310029, *PR China*;2. *Department of Life Science, Zhejiang University, Hangzhou* 310029, *PR China*;3. *Marine Fisheries Research Institute of Zhejiang Province, Zhoushan* 316100, *PR China*;4. *State Key Laboratory of Freshwater Ecology and Biotechnology Institute of Hydrobiology, The Chinese Academy of Science, Wuhan* 430072, *PR China*)

Abstract: A growth trial was conducted to estimate the optimum requirement of dietary available phosphorus (P) for black seabream (*Sparus macrocephalus*) in indoor net cages (1.5 m × 1.0 m × 1.0 m). Triplicate groups of black seabream (11.45 g ±0.02 g) were fed diets containing graded levels(0.18%, 0.36%, 0.54%, 0.72%, 0.89% and 1.07%) of available P to satiation for 8 weeks. The basal diet (diet 1), containing 0.18% available P, was supplemented with graded levels of monosodium phosphate ($NaH_2PO_4 \cdot 2H_2O$) to formulate 5 experimental diets. The fish were fed twice daily(08:00 and 16:00) and reared in seawater (salinity, 26 ~ 29 g · L^{-1}) at a temperature of 28℃ ±1℃. Dissolved oxygen during the experiment was above 5 mg · L^{-1}. The specific growth rate (SGR), weight gain (WG), feed efficiency (FE) and protein efficiency ratio (PER) were all significantly improved by dietary phosphorus up to 0.54% ($P < 0.05$) and then leveled off beyond this level. Hepatosomatic index (HSI) was inversely correlated with dietary phosphorus levels ($P < 0.05$). Efficiency of P utilization stabled in fish fed diets containing 0.18% ~0.54% available P and then decreased dramatically with further supplementation of dietary phosphorus. Body composition analysis showed that the whole-body lipid, ash, calcium and phosphorus contents were all significantly affected by dietary available P concentration ($P < 0.05$), however, no significance was found in whole-body calcium/phosphorus (Ca/P) ratios among all the treatments ($P > 0.05$). Dietary phosphorus levels also affected the mineralization of vertebrae, skin and scale ($P < 0.05$). Ca/P ratios in vertebrae and scale were not influenced by dietary P supplementation, while skin Ca/P ratio increased statistically with dietary available P levels (quadratic effect, $P < 0.001$). The blood chemistry analysis showed that dietary available P had distinct effects on enzyme activities of alkaline phosphatase (ALP) and plasma lysozyme (LSZ), as well as contents of triacyglycerol (TG) and total cholesterol (T-CHO) ($P < 0.05$). Broken-line analysis showed maximum weight gain (WG) was obtained at dietary available P concentrations of 0.55%. Quadratic analysis based on P contents in whole fish, vertebrae or scale indicated that the requirements were 0.81%, 0.87% and 0.88%, respectively. Signs of phosphorus deficiency were characterized by poor growth, slightly reduced mineralization and an increase in body lipid content.

Key words: diet; black seabream; *Sparus macrocephalus*; phosphorus requirement; feeding and nutrition; mineralization

1 Introduction

Phosphorus (P) is an essential nutrient for growth (Baeverfjord et al., 1998), skeletal development (Åsgård and Shearer, 1997) and reproduction of fish (Hardy and Shearer, 1985). It plays an important role in the metabolism of carbohydrate, lipid and amino acids, as well as various metabolic processes involving buffers in body fluids (Lall, 2002). Although fish can absorb minerals from natural water (NRC, 1993), food is the main source of phosphorus because of its low concentration both in freshwater and seawater ($0.005 \sim 0.07$ mg $\cdot$ L^{-1}) (Boyd, 1971; Lall, 2002) as well as low absorption rate of phosphorus from the water (Philips et al., 1958).

The optimal amount of phosphorus supplementation in commercial feeds is important not only economically, but also for environmental reasons. However, phosphorus concentrations in most practical diets considerably exceeded the estimated requirements (Rodehutscord and Pfeffer, 1995), which is responsible for the environmental impact caused by surplus phosphorus discharges into the effluents. Therefore, in recent years there has been a trend towards the reduction of dietary phosphorus to levels that are satisfied, but do not exceed phosphorus requirements to produce maximum growth of fish and protect water quality (Lall, 1991; Oliva-Teles et al., 1998; Bureau and Cho, 1999). Consequently, estimation of dietary phosphorus requirements in cultured aquatic animals becomes a priority.

Phosphorus requirements have been determined for many marine fish species, such as juvenile milkfish (0.85%; Borlongan and Satoh, 2001), gilthead sea bream (0.75%; Pimentel-Rodrigues and Oliva-Teles, 2001), European sea bass (0.65%; Oliva-Teles and Pimentel-Rodrigues, 2004), Japanese seabass (0.68% ~0.90%; Zhang et al., 2006), large yellow croaker (0.70% ~ 0.91%; Mai et al., 2006) and so on. But for black seabream (*Sparus macrocephalus*), another member of the major commercially important marine fish in China, few studies have been conducted on its nutritional requirements except for the fry production (Hong and Zhang, 2003) and its pharmacokinetics of oxytetracycline (OTC) *in vivo* (Wang et al., 2001, 2004). In addition, trash fish was used for cultured black seabream in China, which could not meet the nutritional requirements of black seabream, and was difficult to store, easy to pollute aquacultural environments. Hence, commercial feeds formulated specifically for black seabream are demanded to meet their nutritional needs, improve productive efficiency and decrease phosphorus discharge. The present investigation was undertaken to determine the dietary available phosphorus requirements of juvenile black seabream.

2　Materials and methods

2.1　Experimental diets

The basal diet (diet 1) and five experimental diets were formulated to contain graded levels (0.18%, 0.36%, 0.54%, 0.72%, 0.89% and 1.07%) of dietary available P. Ingredient composition and proximate analysis of the diets are presented in Table 1. Phosphorus in the form of monosodium phosphate ($NaH_2PO_4 \cdot 2H_2O$) was supplemented in the experimental diets at the expense of α-cellulose.

All the ingredients were homogenized in a mixer after the addition of fish oil and corn oil. Distilled water was included to achieve a proper pelleting consistency, and the mixture was further homogenized and extruded through a 3-mm die. The noodle-like diets were dried at 23℃ for 72 h with air conditioning and fanner working all the time. Dried noodles were broken into particles by a food processor, sieved to remove particles above 3 mm and then stored in refrigerator at −20℃ up to use. A representative sample was taken for proximate analysis.

2.2　Experimental procedure

Juvenile black seabream (*S. macrocephalus*) (initial weight 11.45 g ±0.02 g) were hatched and reared at the Research Institute of Zhejiang Marine Fisheries in Zhoushan. The feeding trial was conducted in two indoor concrete ponds (water volume, 39 m^3). A total of 450 fish were stocked in one pond and conditioned for two weeks by feeding with the basal diet twice daily (08:00 and 16:00) to visual satiation. Prior to the feeding trial, all fish were starved for 24 h, and then weighed after being anesthetized with MS-222 (tricane methanesulphonate, 60 mg $\cdot$ L^{-1}).

Table 1   Composition of the basal diet (diet 1) and five experimental diets for black seabream juveniles (% dry matter)

Ingredients:	Diets					
	1	2	3	4	5	6
Casein	47.00	47.00	47.00	47.00	47.00	47.00
Gelatin	2.00	2.00	2.00	2.00	2.00	2.00
Squid meal	7.00	7.00	7.00	7.00	7.00	7.00
Dextrin	21.00	21.00	21.00	21.00	21.00	21.00
Fish oil	6.00	6.00	6.00	6.00	6.00	6.00
Corn oil	3.00	3.00	3.00	3.00	3.00	3.00
Carboxymethyl cellulose	1.00	1.00	1.00	1.00	1.00	1.00
Vitamin premix[a]	4.00	4.00	4.00	4.00	4.00	4.00
Mineral premix[b]	2.75	2.75	2.75	2.75	2.75	2.75
$NaH_2PO_4 \cdot 2H_2O$	0.00	1.25	2.50	3.75	5.00	6.25
α-cellulose	6.25	5.00	3.75	2.50	1.25	0.00
Chemical composition/%						
Crude protein	47.10	47.01	47.01	47.07	47.00	47.08
Crude lipid	9.20	9.20	9.18	9.23	9.23	9.18
Total phosphorus	0.49	0.71	0.90	1.12	1.32	1.59
Available phosphorus[c]	0.18	0.36	0.54	0.72	0.89	1.07
Ca/P ratio	1.87	1.83	1.10	0.93	0.67	0.59

[a] Vitamin premix (mg $\cdot$ kg^{-1} diet): alpha tocopherol, 20; Na menadione bisulfate, 5; thiamin, 5; riboflavin, 5; calcium pantothenate, 10; nicotinic acid, 100; pyridoxine, 5; folic acid, 2; cyanocobalamin, 0.05; biotin, 0.5; ascorbic acid, 150; p-aminobenzoic acid, 50; inositol, 500; choline chloride, 500; (UI kg^{-1} diet): retinol, 10 000, cholecalciferol, 2 000.

[b] Composition of the basal mineral premix (g $\cdot$ kg^{-1} diet): cobalt sulfate, 0.028; copper sulfate, 0.35; ferric citrate, 2.83; magnesium oxide, 7.08; manganous sulfate, 0.71; $CaCO_3$, 12.50; NaCl, 4.00.

[c] The values were calculated based on the digestibility of basal diet (37%) and monosodium phosphate (72%), as determined in the digestibility trial.

Fish with similar size were distributed into 18 net cages $(1.5 \text{ m} \times 1.0 \text{ m} \times 1.0 \text{ m})$ in another pond at a stocking density of 25 fish per cage. All the cages were supplied with sand-filtered seawater at a flowing rate of $3 \text{ L} \cdot \text{min}^{-1}$. Each diet was fed to triplicate groups of fish twice daily $(08:00 \text{ and } 16:00)$ to apparent satiation for 8 weeks. During the course of the experiment, water temperature was $28 \text{℃} \pm 1 \text{℃}$, salinity ranged from $26 \text{ g} \cdot \text{L}^{-1}$ to $29 \text{ g} \cdot \text{L}^{-1}$ and dissolved oxygen remained above $5 \text{ mg} \cdot \text{L}^{-1}$. Photoperiod was provided by natural lighting (12-h dark/12-h light).

To determine the phosphorus availability from the basal diet or monosodiumphosphate, one hundred and twenty juvenile black seabream (initial weight $38.30 \text{ g} \pm 0.06 \text{ g}$) were randomly distributed into six extra cages $(1.5 \text{ m} \times 1.0 \text{ m} \times 1.0 \text{ m}; 20 \text{ fish per cage})$ and both groups with triplicate were adapted to the experimental diets for one week. Chromic (III) oxide (Cr_2O_3) was added $(1.0\%$ of diet) to the experimental diets as an inert digestion marker and these diets were fed for two weeks prior to fecal collection. Feces were stripped from all fish by applying gentle pressure in the anal area according to the procedure of Austreng (1978). After a 6-day interval, three samples were collected from each cage. Fecal samples were pooled, dried at 60 ℃ in an oven, and stored at -20 ℃ for subsequent analysis.

2.3 Sample collection and analysis

Upon termination of the 8-week growth study, fish were counted and bulk-weighed after a 24-h fast. Five fish randomly selected from each cage were used for whole-body lipid and mineralization analysis. Blood samples were collected from 5 anesthetized (tricane methanesulphonate, $60 \text{ mg} \cdot \text{L}^{-1}$) fish of each cage with 1mL syringe by puncture of the caudal vein into a heparinized tube, centrifuged at $3\,000 \times g$ for 10 min and plasma was removed and frozen at -20 ℃ for subsequent analysis. After measuring the body weight and length, livers were removed from all the remaining fish and weighed for hepatosomatic index (HSI) calculation. Skins, scales and vertebrae were collected individually from 5 fish of each triplicate for the determination of ash, calcium, and phosphorus concentration. Skins (with scale) and scales were removed from sampled fish, washed with distilled water and then dried at 105 ℃. Vertebrae were easily removed from fish after heated in a microwave oven for $60 \sim 80$ s, then lightly scrubbed and washed with distilled water to remove surrounding tissues and ribs.

The homogenized whole fish and powder of diets were dried at 105 ℃ to a constant weight. The oven-dried fish from each triplicate were smashed individually and sealed in plastic bag and frozen at −20 ℃. The vertebrae were dried for 6 h at 105 ℃, extracted with 10-mL chloroform and methanol (1:1, v/v) for 12 h to remove lipid, and then dried. Chemical compositions of the experimental diets, dried whole fish, skin, pretreated vertebrae and scale were determined using the following procedures: dry matter by drying in an oven at 105 ℃ for 6 h; crude protein ($N \times 6.25$) by the Kjeldahl method using a nitrogen determinator (model KDN-04A; Shanghai Hua Rui Instrument Co., Ltd. Shanghai, P. R. China); crude lipid by extraction with petroleum ether for 6 h in a Soxhlet extractor and ash content by incinerating samples at 600 ℃ for 24 h in a muffle furnace. The ash was weighed, wet-digested with HCl and HNO_3 and subsequently analyzed for phosphorus using the molybdovanadate method (AOAC, 1998). While calcium contents were analyzed by titration method as described by Talapatra et al. (1940). Chromium content of experimental diets and feces was analyzed according to Bolin et al. (1952). Activities of plasma alkaline phosphatase (ALP) and lysozyme (LSZ), along with the contents of both triacyglycerol (TG) and total cholesterol (T-CHO), were all analyzed spectrophotometrically within three days using the Diagnostic Reagent Kits purchased from Nanjing Jiancheng Bioengineering Institute (China).

2.4 Calculation and statistical analysis

Growth parameters such as weight gain (WG), specific growth rate (SGR), protein efficiency ratio (PER), feed efficiency (FE), hepatosomatic index (HSI) and efficiency of P utilization were calculated according to the following equations:

WG = 100 × (weight gain, g)/(initial weight, g);

SGR = 100 × [Ln(initial weight, g) − Ln(final weight, g)]/duration(days);

PER = (weight gain, g)/(protein intake, g);

FE = 100 × (weight gain, g)/(dry diet intake, g);

HSI = 100 × (weight of liver, g)/(total weight of fish, g);

Efficiency of phosphorus (P) utilization = 100 × [(final phosphorus fish content, g) − (initial phosphorus fish content, g)]/(phosphorus intake, g).

Apparent phosphorus digestibility in the experimental diets (D) was calculated according to the equation $D(\%) = [1-(Cr_D \times P_F)/(Cr_F \times P_D)] \times 100$, where Cr_D was concentration of Cr_2O_3 in diet, P_F was concentration of phosphorus in feces, Cr_F was concentration of Cr_2O_3 in feces and P_D was concentration of phosphorus in diet (NRC, 1993).

Apparent phosphorus availability in the monosodium phosphate (D_i) was calculated according to the equation $D_i(\%) = 100 \times (P_2 \times D_2 - P_1 \times D_1)/I$, where P_2 was concentration of phosphorus in diet containing monosodium phosphate, D_2 was apparent phosphorus digestibility in diet containing monosodium phosphate, P_1 was concentration of phosphorus in basal diet, D_1 was apparent phosphorus digestibility in basal diet, I was concentration of inorganic phosphorus in diet containing monosodium phosphate (Roy and Lall, 2003).

Data were analyzed in a completely randomized design using each tank as an experimental unit. The data were subjected to General Line Model (GLM) procedure of the Statistical Analysis System (SAS 6.12, 1996). Analyses were conducted with dietary treatment as the independent variable. Duncan's multiple range tests (Duncan, 1955) separated mean values when significant differences were detected by GLM. Regression analysis was performed using the regression function of SPSS 10.0 statistical software (SPSS Inc., 1999). Curve estimation of SPSS 10.0 was employed to choose right model for the estimation of dietary phosphorus requirement. Broken-line model (Robbins et al., 1979) was used to estimate the requirement of dietary phosphorus based on weight gain (WG). The equation used in the model was as follows:

$$Y = L - U(R - X)$$

Where Y is the parameter (weight gain) chosen to estimate the requirement, L is the ordinate, U is the slope, X is the level of dietary available P and R is the requirement value. By definition, $U = 0$ when $X > R$.

Relationship between whole body or bone (vertebrae and scale) phosphorus contents and dietary available P levels was subjected to a nonlinear quadratic regression model. The quadratic equation used in this model was as follows:

$$Y = a + bx + cx^2$$

Where $Y =$ bone P content; $a =$ intercept; $b =$ co-efficient of the linear terms; $c =$ co-efficient of the quadratic terms; $x =$ dietary phosphorus levels.

3 Results

3.1 Phosphorus availability, growth, feed utilization and hepatosomatic index

Phosphorus availability of the basal diet and diet 3 were 37% and 72%, respectively. Based on these values, P availability of the remaining diets was calculated (Table 1). Initial body weight of fish in all treatments was similar and final body weight was improved by dietary phosphorus up to 0.54% ($P < 0.05$), whereupon the response reached a plateau. Fish readily accepted the experimental diets from the beginning of the experiment and maintained normal behavior throughout the experimental period. No fish died and the survivals were 100% among all the treatments (Table 2). During the growth experiment, hepatosomatic index (HSI) linearly decreased from 1.86% to 1.22% with dietary phosphorus supplementation ($R^2 = 0.881$, $P < 0.001$). Black seabream fed with the P-supplemented diets had significantly higher specific growth rate (SGR) and weight gain (WG) than fish fed with the basal diet ($P < 0.05$). Weight gain (WG), specific growth rate (SGR), feed efficiency (FE) and protein efficiency ratio (PER) were all linearly increased up to the 0.54% dietary available P and then leveled off beyond this level. Dietary available P levels higher than 0.54% significantly decreased the efficiency of phosphoru sutilization (Fig. 1).

Table 2 Growth performance of juvenile black seabream fed diets with graded levels of available phosphorus for 8 weeks[1]

	\% Available P in diet						Regression[2]
	0.18	0.36	0.54	0.72	0.89	1.07	
Initial weight/g	11.44 ±0.08	11.44 ±0.08	11.44 ±0.08	11.49 ±0.05	11.44 ±0.08	11.44 ±0.08	NS
Final weight/g	31.14 ±2.06^c	35.22 ±3.48^b	40.93 ±1.80^a	41.04 ±1.27^a	42.04 ±0.66^a	39.54 ±1.78^a	B($P<0.001$)
Survival/%	100.00	100.00	100.00	100.00	100.00	100.00	NS
WG/%	172.27 ±18.2^c	208.07 ±32.4^b	257.85 ±17.0^a	257.09 ±11.6^a	260.71 ±6.23^a	254.75 ±17.4^a	B($P<0.001$)
SGR/(% day^{-1})	1.79 ±0.02^c	2.00 ±0.09^b	2.27 ±0.08^a	2.27 ±0.06^a	2.32 ±0.03^a	2.21 ±0.09^a	B($P<0.001$)
HSI/%	1.86 ±0.12^a	1.55 ±0.15^b	1.46 ±0.03^{bc}	1.30 ±0.02^{cd}	1.29 ±0.08^d	1.22 ±0.06^d	L($P<0.001$)
FE/%	38.96 ±1.71^b	43.03 ±1.60^b	50.92 ±1.18^a	52.33 ±1.45^a	52.98 ±1.13^a	51.05 ±1.50^a	B($P<0.001$)
PER/%	0.75 ±0.08^b	0.82 ±0.06^b	0.98 ±0.06^a	0.99 ±0.04^a	1.00 ±0.02^a	0.96 ±0.06^a	B($P<0.001$)
Efficiency of P utilization/%	75.03 ±1.89^{ab}	83.72 ±3.90^a	83.45 ±5.16^a	65.75 ±2.80^b	55.04 ±1.17^c	40.81 ±2.64^d	L ($P<0.001$)

[1] Values are means ± S. D. of three replicate sea cages. Values in the same column with different superscript letters are significantly different (Duncan's multiple-range test, $P < 0.05$).

[2] NS means no significant regression ($P > 0.05$), B means broken-linear regression and L represents linear regression.

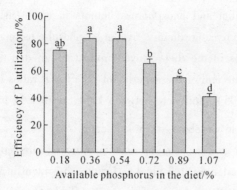

Fig. 1   Relationship between efficiency of P utilization of black seabream juveniles and dietary available P levels (*n* =3). Efficiency of P utilization was dramatically decreased by dietary phosphorus beyond the level of 0. 54% available P.

3.2   Body composition

Significant correlations were found in whole-body composition (crude ash, calcium and phosphorus) and dietary available phosphorus supplementation(Table 3).

Table 3   Whole-body composition of juvenile black seabream fed diets with varying dietary phosphorus levels for 8 weeks[1]

% available P in diet	Crude lipid/%	Crude ash/%	Ca/%	P/%	Ca/P
0. 18	12.87 ± 0.11^a	3.26 ± 0.17^d	0.90 ± 0.10^c	0.57 ± 0.01^d	1.58 ± 0.14
0. 36	12.33 ± 0.19^b	4.15 ± 0.22^c	1.22 ± 0.11^b	0.73 ± 0.01^c	1.62 ± 0.08
0. 54	12.22 ± 0.10^{bc}	4.58 ± 0.11^b	1.35 ± 0.10^{ab}	0.85 ± 0.01^b	1.59 ± 0.11
0. 72	12.07 ± 0.14^{bc}	4.65 ± 0.01^{ab}	1.36 ± 0.03^{ab}	0.89 ± 0.01^a	1.54 ± 0.06
0. 89	12.04 ± 0.12^{bc}	4.65 ± 0.03^{ab}	1.40 ± 0.02^a	0.88 ± 0.01^a	1.58 ± 0.02
1. 07	11.90 ± 0.12^c	4.83 ± 0.17^a	1.48 ± 0.05^a	0.86 ± 0.03^{ab}	1.68 ± 0.01
Regression[2]	L ($P < 0.001$)	L ($P < 0.001$)	Q ($P < 0.001$)	Q ($P < 0.001$)	NS

[1] Values are means ± S. D. of three replicate sea cages. Values in the same column with different superscript letters are significantly different (Duncan's multiple-range test, $P < 0.05$).

[2] NS means no significant regression ($P > 0.05$); L represents linear regression and Q means quadratic regression.

The whole-body lipid content was significantly decreased by dietary available P supplementation compared to the control ($P < 0.05$), but no difference was found in fish fed diet 2 (0. 36% available P) to diet 5 (0. 89% available P). Fish fed 1. 07% available P showed the lowest crude lipid content in whole fish. Whole-body crude ash content ranged from 3. 26% to 4. 83% and showed a linear increase with dietary available phosphorus supplementation ($R^2 = 0.755$, $P <$

0.001). Both calcium and phosphorus contents in whole fish showed quadratic responses to the increasing dietary available phosphorus concentrations ($P <$ 0.001). Ca/P ratios in the diets ranged from 0.59 in diet 6 to 1.87 in diet 1 (Table 1), but at the end of the experiment, the Ca/P ratios in fish did not differ significantly ($P > 0.05$), and were between 1.54 (in diet 4) to 1.68 (in diet 6).

3.3 Mineralization in vertebrae, skin and scale

Vertebrae, skin and scale mineralization were all affected significantly ($P <$ 0.05) by dietary available P (Table 4). Crude ash content in vertebrae was significantly increased with the increase of dietary available P concentration to 0.54%. There was no further increase in the value by increasing the dietary available P concentration to 0.89% and fish fed 1.07% available P showed the highest crude ash content. Calcium and phosphorus contents in vertebrae increased with the addition of dietary available phosphorus (cubic effect, $P < 0.001$; quadratic effect, $P =$ 0.033). Contents of crude ash, calcium and phosphorus in skin increased linearly with the elevation of dietary phosphorus levels ($R^2 = 0.932, 0.923, 0.928$; $P <$ 0.001). Crude ash, calcium and phosphorus contents in scale showed quadratic responses to increasing dietary available phosphorus ($P < 0.001$). There were no significant differences in Ca/P ratios of vertebrae and scale, while skin Ca/P ratio was significantly increased by dietary available P (quadratic effect; $P < 0.001$). Vertebrae and scale phosphorus data were subjected to quadratic regression analysis to determine optimum phosphorus requirement for black seabream juveniles.

Table 4　Mineralization and Ca/P ratios in vertebrae, skin and scale of black seabream fed the diets containing different levels of dietary available phosphorus for 8 weeks[1]

% available P in diet	Crude ash/%	Ca/%	P/%	Ca/P
Vertebrae mineralization (on fat-free basis)				
0.18	45.66 ± 1.44^d	17.05 ± 0.52^d	8.96 ± 0.08^d	1.90 ± 0.05
0.36	50.16 ± 0.09^c	18.49 ± 0.16^c	9.63 ± 0.11^c	1.92 ± 0.03
0.54	54.19 ± 0.49^b	19.85 ± 0.30^{ab}	10.59 ± 0.07^b	1.87 ± 0.03
0.72	53.57 ± 0.53^b	19.78 ± 0.40^b	10.43 ± 0.09^b	1.90 ± 0.03
0.89	53.55 ± 1.34^b	19.77 ± 0.50^b	10.79 ± 0.15^a	1.87 ± 0.04
1.07	55.46 ± 0.92^a	20.30 ± 0.52^a	10.60 ± 0.13^b	1.91 ± 0.04

continued Table

% available P in diet	Crude ash/%	Ca/%	P/%	Ca/P
Regression[2]	Q ($P<0.001$)	C ($P<0.001$)	Q ($P=0.033$)	NS
Skin mineralization				
0.18	3.54 ± 0.12^e	1.05 ± 0.04^e	0.68 ± 0.15^d	1.45 ± 0.11^c
0.36	7.73 ± 0.25^d	2.49 ± 0.08^d	1.44 ± 0.24^c	1.73 ± 0.03^b
0.54	9.70 ± 0.23^c	3.34 ± 0.10^c	1.83 ± 0.13^b	1.82 ± 0.04^{ab}
0.72	10.39 ± 0.28^b	3.57 ± 0.15^{bc}	1.99 ± 0.37^b	1.79 ± 0.06^{ab}
0.89	10.62 ± 0.20^b	3.69 ± 0.10^b	2.08 ± 0.08^b	1.77 ± 0.02^{ab}
1.07	13.49 ± 0.28^a	4.78 ± 0.12^a	2.58 ± 0.09^a	1.85 ± 0.02^a
Regression[3]	L ($P<0.001$)	L ($P<0.001$)	L ($P<0.001$)	Q ($P<0.001$)
Scale mineralization				
0.18	16.19 ± 0.55^d	5.98 ± 0.21^d	2.85 ± 0.10^d	2.10 ± 0.01
0.36	21.19 ± 0.58^c	7.91 ± 0.24^c	3.89 ± 0.08^c	2.03 ± 0.04
0.54	24.59 ± 0.69^b	9.18 ± 0.41^b	4.55 ± 0.17^b	2.02 ± 0.04
0.72	24.86 ± 0.23^b	9.26 ± 0.14^b	4.58 ± 0.07^b	2.20 ± 0.05
0.89	26.42 ± 0.34^a	10.20 ± 0.76^a	4.85 ± 0.13^a	2.10 ± 0.13
1.07	25.48 ± 0.34^{ab}	9.57 ± 0.08^{ab}	4.79 ± 0.09^a	2.00 ± 0.03
Regression[4]	Q ($P<0.001$)	Q ($P<0.001$)	Q ($P<0.001$)	NS

[1] Crude ash, calcium and phosphorus contents in vertebrae are expressed on a fatfree basis and the values in the table are means ± S. D. of six replicate sea cages. Values of mineralization in other tissues (skin and scale) are means ± S. D. of three replicate. Values in the same column with different superscript letters are significantly different (Duncan's multiple - range test, $P<0.05$).

[2,3,4] NS means no significant regression ($P>0.05$), L means linear regression, Q means quadratic regression and C represents the cubic regression.

3.4 Plasma triacyglycerol and total cholesterol contents as well as activities of plasma alkaline phosphatase and lysozyme

Dietary treatment had significant effect on plasma alkaline phosphatase (ALP) and lysozyme (LSZ) activities as well as contents of triacyglycerol (TG) and total cholesterol (TCHO) (Table 5). Plasma ALP activity decreased linearly from 5.24 U · L^{-1} to 3.02U · L^{-1} with the increase of dietary available P supplementation from 0.18% to 0.72%, and then slightly increased with further increase of dietary available P levels (quadratic effect, $P<0.001$). Plasma lysozyme (LSZ) was improved by dietary available P supplementation up to 0.54% ($P < 0.05$), whereupon the response reached a plateau. Plasma triacyglycerol (TG) content ranged from 5.64 U · mL^{-1} to 1.93 U · mL^{-1} in juvenile black seabream fed various experimental diets and showed a quadratic response to dietary available phosphorus levels ($P < 0.001$). Total cholesterol (TCHO) content in plasma was gradually decreased with the increase of dietary available P concentration to 0.72%, and then reached a constant beyond this level.

Table 5 Plasma alkaline phosphatase (ALP) and lysozyme (LSZ) activities and contents of triacyglycerol (TG) and total cholesterol (TCHO) in black seabream juveniles fed various experimental diets for 8 weeks[1]

% available P in diet	ALP U · L^{-1}	LSZ U · mL^{-1}	TG mmol · L^{-1}	TCHO mmol · L^{-1}
0.18	5.24 ±0.31^a	86.96 ±13.5^b	5.64 ±0.35^a	6.74 ±0.30^a
0.36	4.35 ±0.31^{ab}	142.29 ±25.3^b	3.33 ±0.51^b	5.02 ±0.11^b
0.54	3.91 ±0.32^{bc}	279.31 ±30.7^a	2.49 ±0.46^{bc}	4.80 ±0.18^b
0.72	3.02 ±0.16^c	268.77 ±27.4^a	2.30 ±0.44^{bc}	3.75 ±0.27^c
0.89	3.46 ±0.27^{bc}	284.59 ±27.4^a	1.93 ±0.31^c	3.58 ±0.33^c
1.07	3.73 ±0.53^{bc}	284.59 ±47.4^a	2.55 ±0.25^c	3.80 ±0.31^c
Regression[2]	Q ($P < 0.001$)	B ($P < 0.001$)	Q ($P < 0.001$)	B ($P < 0.001$)

[1] Values are means ± S. D. of three replicate sea cages. Values in the same column with different superscript letters are significantly different (Duncan's multiplerange test, $P < 0.05$).

[2] B means broken-linear regression and Q means quadratic regression.

3.5 Dietary available phosphorus requirement for juvenile black seabream

In the experiment, weight gain (WG), whole-body P, vertebrae P and scale P were subjected to nonlinear regression to determine the optimum available P requirement for juvenile black seabream. The mean corrected R^2 values of WG, whole-body P, vertebrae P and scale P for broken-line, linear, quadratic and cubic relation equation were calculated by curve estimation (Table 6). Based on the measured R^2, we chose the broken-line as the best fit for WG, while the quadratic as the best fit for whole-body P, vertebrae P and scale P, considering its higher R^2 value and simpler description of the data. The broken-line analysis for weight gain (WG) indicated that dietary requirement of black seabream juveniles is 0.55% available P. However, dietary available P requirements based on phosphorus contents in whole fish, vertebrae and scale were estimated as 0.81%, 0.87% and 0.88%, respectively.

Table 6　Curve estimation for weight gain（WG），whole-body P, vertebrae P and scale P in black seabream fed diets with various levels of available phosphorus for 8 week[1]

	Corrected R^2			
	Broken-line	Simple linear	Quadratic	Cubic
WG	0.949	0.646	0.915	0.910
Whole-body P	0.940	0.616	0.948	0.956
Vertebrae P	0.920	0.715	0.946	0.919
Scale P	0.952	0.750	0.958	0.968

[1] The data were subjected to curve estimation procedure of the Statistical Program for Social Sciences（SPSS 10.0）.

4　Discussion

Signs of phosphorus deficiency in this experiment were characterized by poor growth（Table 3）, slightly reduced mineralization（Tables 4, 5）and an increase in body lipid content（Table 4）. These signs have also been observed by Andrews et al.（1973）, Dove（1976）, Ogino and Takeda（1976）, Ketola（1975）and Watanabe et al.（1980）, in channel catfish, common carp and two species of salmon. In the present study, growth response, feed efficiency（FE）and protein efficiency ratio（PER）of juvenile black seabream were significantly improved by the supplementation of dietary available P. Weight gain was lower for fish fed with the basal diet due to insufficient phosphorus being available for growth after being allocated for utilization in other physiological processes（Brown et al., 1992）. Our finding agrees with that of Japanese seabass（Zhang et al., 2006）, juvenile haddock（Roy and Lall, 2003）, large yellow croaker（Mai et al., 2006）and juvenile milkfish（Borlongan and Satoh, 2001）. On the contrary, Shear and Hardy（1987）and Hardy et al.（1991）reported that growth of rainbow trout fed with a phosphorus deficient diet did not differ from fish fed with phosphorus adequate diets. Watanabe et al.（1980）also did not observe differences in growth rates of chum salmon differing in dietary phosphorus after 8 weeks, except when the feed contained less than 0.27% P. Meanwhile, Baeverfjord et al.（1998）found only minor growth depression after severe phosphorus deficiency in Atlantic salmon fingerlings. This may be attributed to several factors such as age, stage of development, diet composition, duration of the experiment, health and rearing condition（Roy and Lall, 2003）.

The whole-body lipid content decreased significantly with increasing levels of dietary available phosphorus. Fish fed the diet with top available phosphorus concentration (1.07%) had the lowest whole-body lipid content (11.9%); however, the body lipid content reached the highest in fish fed with the basal diet. Similar relationships between dietary phosphorus and lipid were reported in common carp (Takeuchi and Nakazoe, 1981), red sea bream (Sakamoto and Yone, 1978), juvenile haddock (Roy and Lall, 2003), Japanese seabass (Zhang et al. , 2006) and large yellow croaker (Mai et al. , 2006). These studies suggest that impaired oxidative phosphorylation because of phosphorus deficiency leads to inhibition of the TCA cycle and accumulation of acetyl-CoA (Skonberg et al. , 1997).

In this experiment, a marked increase of crude ash, calcium and phosphorus contents of whole fish, vertebrae, skin and scale were observed among all the treatments. Ca/P ratios in whole-body, vertebrae and scale were comparable in all groups and showed no obvious trend with the change in phosphorus levels in the diet, while fish fed a P-deficient diet showed significantly lower Ca/P ratio in skin compared to the other treatments. This result partially agrees with that of Watanabe et al. (1980), who found that chum salmon balanced the Ca/P ratio in the body by controlling the absorption or excretion of calcium, and this has also been shown to be the case in carp and rainbow trout (Ogino et al. , 1979). But when the deficiency gets more severe, the Ca/P ratio will change (Baeverfjord et al. , 1998). Until recently, no relative references have been found about the effect of dietary phosphorus on Ca/P ratios in skin of marine fish.

The whole-body ash and phosphorus levels had been commonly used as indicators of dietary phosphorus status in fish nutrition studies (Hardy et al. , 1991; Skonberg et al. , 1997; Mai et al. , 2006). Due to the function of phosphorus in bone structure, the vertebrae phosphorus content is considered to be the most sensitive criterion for P utilization in terrestrial vertebrates (Nelson and Walker, 1964; Ketaren et al. , 1993; Rovindran et al. , 1995), freshwater fish (Ketola, 1975; Watanabe et al. , 1980; Ketola and Richmond, 1994; Rodehutscord, 1996; Åsgård and Shearer, 1997; Baeverfjord et al. , 1998; Jahan et al. , 2001) and marine fish (Sakamoto and Yone, 1978; Dougall et al. , 1996; Borlongan and Satoh, 2001; Mai et al. , 2006; Zhang et al. , 2006). Fish scale is also one of the major sites of phosphorus metabolism and deposition (Lall, 1991). The calcified portion of fish scales contains hydroxyapatite, $Ca_{10}(PO_4)_6(OH)_2$, which represents a potential reservoir of calcium and phosphorus (Skonberg et al. , 1997). Scale phosphorus, as a good indicator of fish phosphorus status, has been observed in red drum (Davis and Robinson, 1987), striped bass (Dougall et al. , 1996) and rainbow trout (Skonberg et al. , 1997). Davis and Robinson (1987) evaluated mineral concentrations in skin and found skin phosphorus to be responsive to dietary phosphorus intake. In the present study, ash and phosphorus contents in whole-fish, vertebrae, scale or skin were all sensitive to dietary phosphorus levels. Regression analysis based on phosphorus contents of these tissues (whole fish, vertebrae and scale) indicated that the optimum dietary phosphorus requirement for black seabream juveniles were 0.81%, 0.87% and 0.88%, respectively, which were higher than the value based on WG (0.55%). Similar results were reported in blue tilapia (Robinson et al. , 1987), red drum (Davis and Robinson, 1987), sunshine bass (Brown et al. , 1993), and rainbow trout (Ketola and Richmond, 1994). These findings suggested that vertebrae and scale have a capacity to buffer changes in phosphorus supply, and phosphorus deposition need not to be at its maximum for the highest weight gain.

Plasma ALP activity decreased with dietary phosphorus levels up to 0.72% and then increased slightly beyond this level in this experiment. ALP is closely associated with the metabolism of Ca and P, and takes part in chondrogenic and osteoblastic activities in birds (Viñuela et al. , 1991). It is influenced by many factors including water chemistry (Bowser et al. , 1989), feed intake (Sauer and Haider, 1979), temperature (Sauer and Haider, 1977; Sakaguchi and Hamaguchi, 1979; Lie et al. , 1988) and life stage (Johnston et al. , 1994). Contrary to our results, Shearer and Hardy (1987) reported plasma ALP activity in rainbow trout was not significantly affected by feeding phosphorus sufficient and deficient diets ($P < 0.05$); however, Sakamoto and Yone (1980) found a low phosphorus intake by red seabream increased plasma ALP activity. Since the importance of plasma ALP in fish nutrition, it is necessary to assess their variability with respect to physiological or environmental factors and determine the normal ranges of variation under different levels of such factors. Influence of phosphorus deficiency on immune defence has been better described in humans and terrestrial animals than in fish. Earlier study on the effect of phosphorus deficiency on the piscine immune system has been found. Eya and Lovell (1998) reported that resistance of channel catfish (*Ictalurus punctatus*) to *E. ictaluri* challenge in fish fed with low-P diet was reduced. Plasma lysozyme (LSZ) level, one parameter of the non-specific defence, remained unchanged regardless of the diet in European whitefish (*Coregonus lavaretus* L.) (Jokinen et al. , 2003), while was improved by dietary available P supplementation less than 0. 54% in black seabream in current study. El-Zibdeh et al. (1995a) found serum triacyglycerol and total cholesterol in yellow croaker reached maximum at the level of 0. 65% dietary phosphorus. In our study, both triacyglycerol and total cholesterol contents were decreased by dietary phosphorus and then leveled off beyond the level of 0. 54% and 0. 72%, respectively. This indicated that dietary phosphorus could influence immunological functions in black seabream, and perhaps the effect of dietary phosphorus on lipid metabolism could explain the reductions of triacyglycerol and total cholesterol contents in the present study.

Broken-line analysis indicated that 0. 55% available P in the diet was adequate for growth of juvenile black seabream (Fig. 2). This level is comparable to the dietary phosphorus requirement reported for tiger barb (0. 52%; Elangovan and Shim, 1998) and chum salmon (0. 5% ~ 0. 6%; Watanabe et al. , 1980). However, the dietary available P requirement of juvenile black seabream is relatively higher than the requirement value reported for sunshine bass (0. 41%; Brown et al. , 1993) and striped bass (0. 35%; Dougall et al. , 1996) and lower than that reported for European whitefish (0. 62%; Vielama et al. , 2002), red seabream (0. 68%; Sakamoto and Yone, 1973), Japanese seabass (0. 68%; Zhang et al. , 2006), large yellow croaker (0. 70%; Mai et al. , 2006), haddock (0. 72%; Roy and Lall, 2003) and gilthead sea bream (0. 75%; Pimentel-Rodrigues and Oliva-Teles, 2001). The difference is probably due to fish species, fish size, diet composition, phosphorus sources and culture system (Schwarz, 1995; Shearer, 1984, 1995, 2000; El-Zibdeh et al. , 1995b; Riche and Brown, 1999; Avila et al. , 2000; Lall and Vielma, 2001; Satoh et al. , 2002). On the other hand, the difference is also due to the response criteria and statistical method/ model employed in these studies (Figs. 3, 4 and 5).

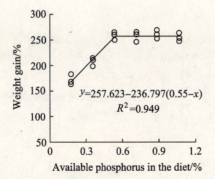

Fig. 2 Relationship between weight gain(WG) and dietary available phosphotus levels for black seabream as described by broken-line regression ($n = 3$). The breakpoint in the broken-line is 0.55% dietary available phosphorus.

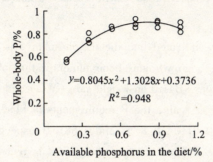

Fig. 3 Polynomial relationship between dietary available phosphorus levels and whole-body phosphorus content of juvenile black seabream, *Sparus macrocephalus* ($n = 3$). The predicted requirement is 0.81% available P.

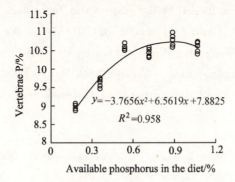

Fig. 4 Effect of the different dietary available phosphorus levels on vertebrae phosphorus content of juvenile black seabream, *Sparus macrocephalus* ($n = 6$). The predicted requirement is 0.87% available P.

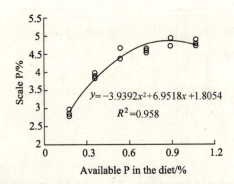

Fig. 5 Effect of the different dietary available phosphorus levels on scale phosphorus content of juvenile black seabream, *Sparus macrocephalus* (*n* = 3). The predicted requirement is 0. 88% available P.

5 Conclusion

The current study indicated that dietary phosphorus is essential for maintaining normal physiology, growth and bone mineralization of juvenile black seabream, *S. macrocephalus*. Based on weight gain (WG) and phosphorus content in whole body, vertebrae or scale, the P requirements of black seabream were estimated to be 0. 55%, 0. 81%, 0. 87% and 0. 88%, respectively. As no negative effect is observed, the P concentration of 0. 55% is recommended for juvenile black seabream to get the best growth performance as well as the least phosphorus discharge into aquatic environment.

Acknowledgements

This research was funded by the Science and Technology Department of Zhejiang Province, P. R. China (Project No. 021101181-1). We thank Liying Zhuo, Yuemei Nie, Ming Wang, Jun Wang and Guang Ma for their valuable help during feeding trial and sample analysis. We also thank Marine Fisheries Research Institute of Zhejiang Province for supplying black seabream used in this study.

References

[1] Andrews JW, Murai T, Campbell C. Effects of dietary calcium and phosphorus on growth, food conversion, bone ash and hematocrit levels of catfish. J. Nutr. , 1973,103.

[2] Åsgård T, Shearer K D. Dietary phosphorus requirement of juvenile Atlantic salmon, *Salmo salar* L. Aquac. Nutr. ,1997, 3.

[3] Association of Official Analytical Chemists (AOAC). Official Methods of Analysis of

the AOAC International, 16th edition. AOAC International, Gaithersburg, M. D. , USA,1998.

[4] Austreng E. Digestibility determination in fish using chronic oxide marking and analysis of contents from different segments of the gastrointestinal tract. Aquaculture,1978, 13.

[5] Avila A M, Basantes H T, Ferraris R P. Dietary phosphorus regulates intestinal transport and plasma concentrations of phosphate in rainbow trout. J. Comp. Physiol. ,2000, 170B.

[6] Baeverfjord G, Åsgård T, Shearer K D. Development and detection of phosphorus deficiency in Atlantic salmon, *Salmo salar* L. , parr and postsmolts. Aquac. Nutr. ,1998, 4.

[7] Bolin D W, King R P, Klosterman W W. A simplified method for the determination of chromic oxide (Cr_2O_3) when used as an inert substance. Science,1952, 116.

[8] Borlongan I G, Satoh S. Dietary phosphorus requirement of juvenile milkfish, *Chanos chanos* (Forsskal). Aquac. Res. ,2001, 32.

[9] Bowser P R,Wooster G A, Aluisio A L, et al. Plasma chemistries of nitrite stressed Atlantic salmon *Salmo salar*. J. World Aquac. Soc. ,1989, 20.

[10] Boyd C E. Phosphorus dynamics in ponds. Proc. Annu. Conf. South Assoc. Game Comm. , 1971, 25.

[11] Brown M L, Jaramillo F, Gatlin III D M. Dietary phosphorus requirement of juvenile sunshine bass at different salinities. Prog. Fish-Cult. ,1992,54.

[12] Brown M L, Jaramillo F, Gatlin III D M. Dietary phosphorus requirement of juvenile sunshine bass, *Morone chrysops* × *M. saxatilis*. Aquaculture,1993, 113.

[13] Bureau D P, Cho C Y. Phosphorus utilization by rainbow trout (*Oncorhynchus mykiss*）: estimation of dissolved phosphorus waste output. Aquaculture,1999, 179.

[14] Davis D A, Robinson E H. Dietary phosphorus requirements of juvenile red drum *Sciaenops ocellatus*. J. World Aquac. Soc. ,1987, 18.

[15] Dougall D S, Woods III L C, Douglass L A, et al. Dietary phosphorus requirement of juvenile striped bass, *Morone saxatilis*. J. World Aquac. Soc. ,1996, 27.

[16] Dove G R. Effects of three diets on growth and mineral retention of channel catfish fingerlings. Trans. Am. Fish. Soc. ,1976,3.

[17] Duncan D B. Multiple F-test. Biometrics,1955, 11.

[18] Elangovan A, Shim K F. Dietary phosphorus requirement of juvenile tiger barb, *Barbus tetrazona* (Bleeker, 1855). Aquar. Sci. Conserv. ,1998, 2.

[19] El-Zibdeh M, Ide K, Yoshimatsu T, et al. Requirement of Yellow croaker *Nibea albiflora* for dietary phosphorus. Fac. Agr. Kyushu Univ. ,1995a, 40 (1－2).

[20] El-Zibdeh M, Yoshimatsu T, Matsui S, et al. Requirement of redlip mullet for dietary phosphorus. J. Fac. Agric. , Kyuchu Univ. ,1995b, 40 (12).

[21] Eya J C, Lovell R T. Effects of dietary phosphorus on resistance of channel catfish to *Edwardsiella ictaluri* challenge. J. Aquat. Anim. Health,1998,10.

[22] Hardy R W, Shearer K D. Effect of dietary calcium phosphate and zinc supplementation on whole body zinc concentration of rainbow trout (*Salmo gairdneri*). Can. J. Aquat. Sci., 1985, 42.

[23] Hardy R W, Fairgrieve W T, Scott T M. Periodic feeding of low phosphorusdiet and phosphorus retention in rainbow trout *Oncorhynchus mykiss*, 1991. Kauchik, S J, Luquet, P, (Eds.), Fish Nutrition Practice. INRA, Paris, 1993.

[24] Hong W S, Zhang Q Y. Review of captive bred species and fry production of marine fish in China. Aquaculture, 2003, 227.

[25] Jahan P, Watanabe T, Satoh S, et al. Formulation of low phosphorus loading diets for carp (*cyprinus carpio* L.). Aquac. Res., 2001, 32(Suppl. 1).

[26] Johnston C E, Homey B S, Deluca S, et al. Changes in alkaline phosphatase isozyme activity in tissues and plasma of Atlantic salmon (*Salmo salar*) before and during smoltification and gonadal maturation. Fish Physiol. Biochem., 1994, 12.

[27] Jokinen E I, Vielma J, Aaltonen T M, et al. The effect of dietary phosphorus deficiency on the immune responses of European whitefish(*Coregonus lavaretus* L.). Fish Shellfish Immunol., 2003, 15.

[28] Ketaren P P, Batterham E S, White E, et al. Phosphorus studies in pigs: 1. Available phosphorus requirements of grower/finisher pigs. Br. J. Nutr., 1993, 70.

[29] Ketola H G. Requirement of Atlantic salmon for dietary phosphorus. Trans. Am. Fish. Soc., 1975, 104.

[30] Ketola H G, Richmond M E. Requirement of rainbow trout for dietary phosphorus and its relationship to the amount discharged in hatchery effluent. Trans. Am. Fish. Soc., 1994, 104.

[31] Lall S P. Digestibility, metabolism and excretion of dietary phosphorusin fish. Cowey, C B, Cho, C Y (Eds.), Nutritional Strategies and Aquaculture Waste. University of Guelph, Guelph, ON, 1991.

[32] Lall S P. The minerals. Halver J E, Hardy R W (Eds.), Fish Nutrition (3rd ed) Academic Press, 2002.

[33] Lall S P, Vielma J. Phosphorus in fish nutrition. Merican Z (Ed.), Inter. Aqua Feed. Issue I. Andrew West. Turret RAI, Middlesex, England, 2001.

[34] Lie O, Waagboe R, Sandnes K. Growth and chemical composition of adult Atlantic salmon (*Salmo salar*) fed dry and silage-based diets. Aquaculture, 1988, 69.

[35] Mai K S, Zhang C X, Ai Q H, et al. Dietary phosphorus requirement of large yellow croaker, *Pseudosciaena crocea* R. Aquaculture, 2006, 251.

[36] National Research Council (NRC). Nutrient requirements of warmwater fishes and shellfishes. National Academic Press, 1993.

[37] Nelson T S, Walker A C. The biological evaluation of phosphorus compounds. A summary. Poultry Sci. ,1964, 43.

[38] Ogino C, Takeda H. Mineral requirements in fish 3. Calcium and phosphorus requirements in carp. Bull. Jpn. Soc. Sci. Fish. ,1976, 42.

[39] Ogino C, Takeuchi L, Takeda H, et al. Availability of dietary phosphorus in carp and rainbow trout. Bull. Jpn. Soc. Sci. Fish. ,1979, 45.

[40] Oliva-Teles A, Pimentel-Rodrigues A M. Phosphorus requirement of European seabass (Dicentrarchus labrax L.) juveniles. Aquac. Res. , 2004, 35.

[41] Oliva-Teles A, Pereira J P, Gouveia A, et al. Utilization of diets supplemented with microbial phytase by seabass (Dicentrarchus labrax) juveniles. Aquat. Living Resour. , 1998,11.

[42] Philips A M, Podoliak H A, Brockway D R, et al. The nutrition of trout. Cortland Hatch. Report,1958, No. 26, Fish. Res. Bull, vol. 21. New York Conservation Department, Albany, NY.

[43] Pimentel-Rodrigues A M, Oliva-Teles A. Phosphorus requirement of gilthead sea bream (Sparus aurata L.) juveniles. Aquac. Res. ,2001, 32.

[44] Riche M, Brown P B. Incorporation of plant protein feedstuffs into fishmeal diets for rainbow trout increases phosphorus availability. Aquac. Nutr. ,1999, 5.

[45] Robbins K R, Norton H W, Baker D H. Estimation of nutrient requirements from growth data. J. Nutr. ,1979, 109.

[46] Robinson E H, Bomascus D L, Brown P B, et al. Dietary calcium and phosphorus requirement of Oreochromis aureus reared in calcium-free water. Aquaculture ,1987,64.

[47] Rodehutscord M. Response of rainbow trout (Oncorhynchus mykiss) growing from 50 to 200 g to supplements of dibasic sodium phosphate in asemipurified diet. J. Nutr. ,1996, 126.

[48] Rodehutscord M, Pfeffer E. Requirement for phosphorus in rainbow trout (Oncorhychus mykiss) growing from 50 to 200 g. Water Sci. Technol. ,1995,31.

[49] Rovindran V, Kornegay E T, Potter L M, et al. An evaluation of various response criteria in assessing biological availability of phosphorus of broilers. Poultry Sci. ,1995, 74.

[50] Roy P K, Lall S P. Dietary phosphorus requirement of juvenile haddock(Melanogrammus aeglefinus L.). Aquaculture, 2003, 221.

[51] Sakaguchi H, Hamaguchi A. Physiological studies on cultured red sea bream: I. Seasonal variation of chemical constituents in plasma, hepatopancreas and other viscera. Bull. Jpn. Soc. Sci. Fish. ,1979, 45.

[52] Sakamoto S, Yone Y. Effect of dietary calcium/phosphorus ratio upon growth, feed efficiency and blood serum Ca and P level in red seabream. Bull. Jpn. Soc. Sci. Fish. , 1979, 39.

［53］Sakamoto S, Yone Y. Effects of dietary phosphorus level on chemical composition of red sea bream. Bull. Jpn. Soc. Sci. Fish. ,1978, 44.

［54］Sakamoto S, Yone Y. A principal source of deposited lipid in phosphorus deficient red sea bream. Bull. Jpn. Soc. Sci. Fish. ,1980, 46.

［55］SAS Institute Inc. SAS/STAT User's Guide Version 6. 12. SAS Institute Inc, North Carolina. 1996.

［56］Satoh S, Takanezwa M, Akimoto A, et al. Changes of phosphorus absorption from several feed ingredients in rainbow trout during growing stages and effect of extrusion of soybean meal. Fish. Sci. ,2002,68.

［57］Sauer D M, Haider G. Enzyme activities in the plasma of rainbow trout, *Salmo gairdneri* Richardson: the effects of water temperature. J. Fish Biol. ,1977,11.

［58］Sauer D M, Haider G. Enzyme activities in the plasma of rainbow trout, *Salmo gairdneri* Richardson, the effects of nutritional status and salinity. J. Fish Biol. ,1979,14.

［59］Schwarz F J. Determination of mineral requirement of fish. J. Appl. Ichthyol. , 1995, 11.

［60］Shearer K D. Changes in elemental composition of hatchery-reared rainbow trout, *Salmo gairdneri*, associated with growth and reproduction. Can. J. Fish. Aquat. Sci. , 1984, 41.

［61］Shearer K D. The use of factorial modeling to determine the dietary requirements for essential elements in fishes. Aquaculture,1995, 133.

［62］Shearer K D. Experimental design, statistical analysis and modeling of dietary nutrient requirement studies for fish: a critical review. Aquac. Nutr. ,2000, 6.

［63］Shearer K D. , Hardy R W. Phosphorus deficiency in rainbow trout fed a diet containing deboned fillet scrap. Prog. Fish-Cult. ,1987, 49.

［64］Skonberg D E, Yogev L, Hardy R W, et al. . Metabolic response to dietary phosphorus intake in rainbow trout (*Oncorhynchus mykiss*). Aquaculture,1997, 157.

［65］SPSS Inc. SPSS forWindows, Release 10. 0. 1. Standard Version. SPSS Inc. , Chicago, Illinois, USA. 1999.

［66］Takeuchi M, Nakazoe. Effect of dietary phosphorus on lipid content and its composition in carp. Bull. Jpn. Soc. Sci. Fish. ,1981, 47.

［67］Talapatra S K, Ray S C, Sen K C. Estimation of phosphorous, chloride, calcium, sodium and potassium in food stuffs. Indian J. Vet. Sci. ,1940, 10.

［68］Vielama J, Koskela J, Ruohonen K. Growth, bone mineralization and heat and low oxygen tolerance in European whitefish (*Coregonus lavaretus* L.) fed with graded levels of phosphorus. Aquaculture,2002, 212.

［69］Viñela J, Ferrer M, Recio F. Age-related variations in plasma levels of alkaline phosphatase, calcium and inorganic phosphorus in chick of two species of raptors. Comp. Biochem. Physiol. ,1991, 99A.

[70] Wang Q, Sun X T, Liu D Y, et al. Pharmacokinetics of oxytetracycline in black seabream. Mar. Fish. Res. ,2001, 22.

[71] Wang Q, Liu Q, Li J. Tissue distribution and elimination of oxytetracycline in perch *Lateolabras janopicus* and black seabream (*Sparus macrocephalus*) following oral administration. Aquaculture,2004, 237.

[72] Watanabe T, Murakami A, Takeuchi L, et al. Requirement of chum salmon held in freshwater for dietary phosphorus. Bull. Jpn. Soc. Sci. Fish. ,1980, 46.

[73] Zhang C X, Mai K S, Ai Q H, et al. Dietary phosphorus requirement of juvenile Japanese seabass, *Lateolavrax Japonicus*. Aquaculture,2006, 255.

Models, driving factors and strategies of Chinese homestead garden ecosystems

Miao Zewei

(*Energy Biosciences Institute*, *University of Illinois at Urbana-Champaign*,
1206 *West Gregory Drive*, *Urbana*, *IL* 61801-3838, *USA*, *E-mail*: *zmiao@ illinois. edu*)

Abstract: This paper reviewes the history, development processes, major types and models, existing problems, driving forces and development strategies of the Chinese homestead garden ecosystems. This paper also analyzes ecological, economic and social benefits of numerous case studies of homestead garden ecosystems in China. This review indicates that the homestead garden ecosystems take a crucial part in improving sustainability of rural ecosystems, rural productivity and farmer's income, and facilitating social harmony and education. The driving forces of the homestead garden ecosystems include family use, market demands, landscape aesthetics, intensive management practices, government incentives and subsides. The priority to stimulate the household garden ecosystems is to ameliorate components, structure, function and services of the ecosystems in accordance with family use, market demands, local resource availability and social culture.

Key words: ecological agriculture; economic and ecological benefit; integrated management practices; intensive farming systems

1 Introduction

As a traditional model of agricultural ecosystems, homestead garden ecosystems (also called household garden ecosystems or house-lot garden ecosystems) play an important role in facilitating Chinese rural sustainable development. With the rapid development of Chinese economics, the homestead garden ecosystems are increasing by 3% every year. The Chinese homestead garden ecosystems are characterized with intensive human management, multiple layers and biodiversity at the home yard scale, and high input of labor. The conventional homestead garden ecosystems encompass 4 components: (1) primary producers including fruit tree, bush, vegetable, flower, perennial grass, etc. ; (2) primary and secondary con-

sumers such as cow, swine, poultry, rabbit, fish, pet, etc. ; (3) product pro-
cessing and home commercial business; and (4) human being including home-
owner and guests.

There are numerous types and models of Chinese homestead garden ecosys-
tems in accordance with local weather, productivity, soil fertility, social custom
and culture. By applying the theories and practices of agro-ecological engineering,
homestead garden ecosystems are mainly managed by household members in their
spare time. Chinese homestead garden ecosystems are thus people-centered, self-
supply and labor-intensive complex ecosystems, especially for traditional Chinese
homestead garden ecosystems. By applying the principles and practices of agro-
ecology, Chinese farmers are able to take full advantage of natural resources, labor
force, recreational time, knowledge and techniques for agriculture, forestry, ani-
mal husbandry, fishery and by-product processing to manage the household ecosys-
tems and meet their demands. As an important supplement, the homestead garden
ecosystems not only ameliorate their living conditions, but also provide farmers
with food, vegetables and economic income.

The Chinese homestead garden ecosystems generally are not large in space. In
the plain areas of China, each homestead garden ecosystem occupies an area of
about 300 ~ 400 m^2. Even in the upland or hilly area, family courtyards usually
don't exceed 600 ~ 700 m^2. With the 180 million total homestead garden ecosys-
tems across the county, the total ecosystems actually occupy as much as 6.7
million hectare of land, about 10% ~ 20% of the national total arable land (Yun
et al. , 1989).

Homestead garden ecosystems are very popular in developing countries such
as Indonesia, India, Srilanka, Vietnam, Thailand, Japan, Bangladesh, Kyrgy-
zstan, Brazil, etc. (Soemarwoto and Conway, 1992; Li, 1993; Li and Min,
1999; Trin et al. , 2003; Nair, 2001; Iftekhar, 2006; Currey, 2009; Goulart
et al. , 2011). In the developing countries, the goal of homestead garden ecosys-
tems is mainly for family use, economic income, household scenic beauty, self-
support and employment (Trin et al. , 2003; Soemarwoto and Conway, 1992;
High and Shackleton, 2000; Goulart et al. , 2011; Meng et al. , 2011). The
household garden ecosystems in the developing countries are very different from the
counterpart in developed countries. The home garden ecosystems in the developed

countries such as the United States of America, Canada, Spain, Italy, etc., are mainly for home garden beauty and labor recreation at leisure time, though some grow vegetables and fruit for food (Niñez, 1984; Mitsch et al., 1993; Nair, 2001; Currey, 2009).

The objective of this paper is to overview the history, development processes, crucial types and models, existing problems, driving factors and strategies of the Chinese homestead garden ecosystems. The major models of homestead garden ecosystems and typical paradigms are introduced and analyzed in terms of ecological, economic and social benefits. The paper ends with discussions of driving factors and strategies for Chinese homestead garden ecosystems' sustainable development.

2 The history and development processes of Chinese homestead garden ecosystems

Chinese homestead garden ecosystems have a long history and evolving processes in the past. About 5 000 years ago (over 3000 B. C.), primitive homestead garden ecosystems were originated in ancient slave society for harvesting timber, picking fruit, hunting animal for food and constructing a living accommodation (Yun et al., 1989; Sun, 1992). As the core component in homestead ecosystems, house style usually reflects the developments of structure, function and services of homestead garden ecosystems. In the following, the evolution processes of homestead garden ecosystems are discussed based on the processes of house development.

2.1 Homestead garden ecosystems in the primitive and slave societies

Chinese homestead garden ecosystems were initiated in the primitive society. The ancient house was very simple, without walls and constructed by man-made tools . Sometimes, people just lived in a tree, in a natural cave or wood shelter to avoid wind and rain. For example, in Zhoukoudian area, Peking man's cave was a true portrayal of hominid life. In clan and paleolithic society, people started to build simple houses by using natural wood, bamboo or stone. In the drought and wood-deficient area, they usually dug out a cave to live in, based on the terrain and landscape (Yun, 1989). By the end of the primitive society, the house structure became complicated and was dominated by one main room and double auxiliary rooms. Unburned earthen brick was used in some adobe houses. During this period, the courtyard gradually took shape in rich family homes. In 1972, for instance, more than 20 earthen brick houses were found in the ruin of the primitive village of Beipiaofengxia, Liaoning Province. In this period, the homestead garden ecosystems originated, though the ecosystem structure was very simple and mainly included fruit-collecting and animal hunting. The ecosystem's function and output were very low and used mainly for daily food.

With the development of private ownership and class division, slave society took the place of primitive society. The slave society was the key period when homestead garden ecosystems were formed. Corresponding to hierarchy society, homestead garden ecosystems appeared at various levels. For instance, most slave houses were semi-underground caves which featured clay walls in irregular shapes (some circle and some square), while slaveholder houses were made of earthen brick and constituted of an obvious yard. Slaveholders began to plant trees, fruit, and raised poultry to beautify their garden scenic.

2.2 Homestead garden ecosystems in the feudal society

In the feudal society from Spring-Autumn age (300 B. C.) to the Qing Dynasty (A. D. 1911), the homestead garden ecosystems gradually became complicated and closed. For example, the shape of Peking Sihe Yard has been gradually formed, which is still popular in rural area of north China today. In this period, however, poor people lived in a simple house, and their homestead ecosystems were simple and open. On the contrary, the landlord lived in a luxury house, and they planted decorated flowers, plants, and raised pets and birds in their courtyard. The Forbidden City and Summer Palace were the very symbols of wooden buildings and complicated homestead garden ecosystems. In this period, numerous models of homestead garden ecosystems were burgeoned, formed and matured in line with natural environments, local productivity and economic conditions.

2.3 The current homestead garden ecosystems

In the past decades, the farmers began to beautify houses and courtyards, and the construction of homestead garden ecosystems made a leap in achievement. In developed rural areas, some rich farmers built high-quality houses or villas, and planted meadow or flowers in their yards. Some built parking lots, swimming pools, fish ponds, and raised pets in their backyards. At this level, the purpose of homestead ecosystems was mainly for landscape aesthetics and improvement of environmental quality. For common farmers, however, they still strived to develop their household garden ecosystems for family self-use or financial income by using integrated or simple management practices. The homestead garden ecosystem was one of the indispensible economic income sources and offered an opportunity of self-support and self-employment for family members. Many products for family daily use such as vegetable, fruit, wood, poultry, egg, milk, meat, etc., were produced in their own garden at spare time. Farmers took their free hours to do intensive farming, especially in the morning and evening. Furthermore, old people and children could also do farming work in the garden ecosystems.

3 Types and models of homestead garden ecosystems

Based on regional geography and climate, homestead garden ecosystems are classified into the northern, southern and transitive types in this paper (Yun et al. , 1989). According to ecosystems' structures and functions, the Chinese homestead garden ecosystems were grouped into the models of courtyard wood, stereo cultivation, planting – animal raising, planting – animal raising – processing and planting – breeding – processing – energy production, respectively.

3.1 Geographical types of homestead garden ecosystems

3.1.1 The northern type

This type was mainly located north of the Yellow River such as Shandong, Hebei, Shanxi, Liaoning and Jilin Pro-vinces and Inner Mongolia Autonomous Region. In these regions, homestead garden ecosystems had an obvious yard with an area of 0.07 ~ 0.13 hectare. The courtyard ecosystems were surrounded by a high wall (very popular in Hebei, Shanxi Provinces and the South of Liaoning Province) or woody fence (more common in Jilin and the North of Liaoning Province and Inner Mongolia Autonomous Region) (Yun et al. , 1989). This type of the ecosystems was dominated with draught-enduring and cold-resistant trees, shrubs, flowers, pigs and chickens.

3.1.2 The southern type

This type was distributed south of the Yangtze River such as Hainan, Guangdong, Guangxi, Jiangxi, Sichuan, and Zhejiang Provinces. The homestead garden ecosystems usually did not have yard fence or wall. Some household were even located in their farming fields, especially in Sichuan Province (Yun et al. , 1989). The structure of the ecosystems was very loose, decentralized, and usually close to a river or a hill. The homestead garden ecosystems usually comprised of subtropi-

cal or tropical trees (e. g. , rubber, citrus, etc.) , shrubs, flowers, and aquatic ani-
mals including fish, crab, goose or duck.

3.1.3　The transitive type of homestead garden ecosystems

The homestead garden ecosystems between the Yangtze Rivers and the Yellow
River such as in the Huai River basin included this type with the compound cha-
racters of above two types. Some households had a courtyard, some did not.

3.2　Structure and function of the homestead garden ecosystems

In terms of ecological structure, the homestead garden ecosystem structure
was categorized into 5 types: courtyard agro-forestry ecosystems; stereo or stratified
ecosystems encompassing trees, fruit, flowers, vegetables, grass, etc. ; planting –
animal raising ecosystems; planting – animal raising-processing complex ecosys-
tems; and planting – animal raising – processing – energy production ecosystems.

3.2.1　Courtyard agro-forestry homestead garden ecosystems

This model aimed at producing timber, wood, fruit and fuel materials to im-
prove environmental quality. Within the homestead garden ecosystems, the trees
often integrated with farming systems into household agro-forestry ecosystems. The
management practices of the agro-forestry ecosystems were relatively simple.

3.2.1.1　The model of timber agro-forestry

This model included an agro-forestry standing in or around the courtyard. In
the model, tree species were dependent upon farmer's interest. Commonly-used
tree species constituted of Chinese poplar (*Populus lasiocarpa* Oliv.), locust (*Ro-
binia* L.), pine (*Pinus* L.), paulownia (*Paulownia* Sieb. et Zucc.), Phoenix
tree (*Firmiana* Mars.), fir (*Abies* Mill.), bamboo (*Phyllostachys* Sieb. et
Zucc.), willow (*Salix* L.), elm (*Ulmus* L.), etc. In successfully afforested areas,
quick growth and high yield monoculture woods were very common. In tropical and
subtropical regions, the woods consisted of rubber (*Eucommia ulmoides*), inter-
cropping with tea (*Camellia sinensis* Kuntze), Chinese Ash (*Fraxinus chinensis*
Roxb.) and cereal crops (Han, 1987; Luo et al. , 1987; Meng and Wang,
2000). In Jiuhua town of Xiangtan county of Hunan Province, for instance, the
total area of homestead garden ecosystems reached 58 hectare in 1985 with a total
volume of 32 000 m^3 standing wood (1. 5 m^3 per capita). For most farmers, tim-
ber was from the homestead garden ecosystems. Most families used the fuel wood
for half a year, and one third of the families no longer needed coal as fuel energy.

In addition, the courtyard agro-forestry ecosystems prevented heavy wind and storm.

3.2.1.2　The model of fruit tree plantation

This model was predominated by fruit trees in and around the courtyard, mostly in the form of an orchard. Sometimes, this plantation had a few fruit trees or even a single big fruit tree with a variety of species. The homestead garden ecosystems included apricot (*Prunus armeniaca* L.), cherry (*Prunus* L.), jujube (*Ziziphus* Mill.), pomegranate (*Punica granatum* L.), apple (*Malus pumila* Mill.), peach (*Prunus persica* (L.) Batsch) or flat peach (*Prunus persica* var. *compressa* Bean), pear (*Pyrus* L.), sweet orange (*Citrus sinensis* (L.) Osbesk), para rubbertree (*Hevea brasiliensis* (H. B. K.) Muell. -Arg.) and north China grape (*Vitis bryoniifolia* Bunge), etc. For example, the farmers in Tuanshan Farm of Yuanjiang county, Hunan Province, had an orange (*Citrus* L.) garden with average area of 530 m², i. e. , sweet orange (*Citrus sinensis* (L.) Osbesk) garden. Financial income of the orange garden was as high as US $3 454. 80 in 1987, about 70% of the total agriculture income.

3.2.1.3　The model of seedlings and other economic woods

In some developed areas, farmers were often engaged in seedling cultivation in their household yard. Some farmers planted the high value medicine species such as magnolia (*Magnolia* L.), eucommia (*Eucommia ulmoides* Oliv.) and honeysuckle (*Lonicera* L.). In Xianfeng village of Yiyang county of Hunan Province, for example, the household Guo Laozhen, who had 4 family members, cultivated 50 diversified tree species and sapling species in his 1 000 m² greenhouse. The average annual income was as high as US $1 400. 00 from 1981 to 1986 and US $1 929. 20 from 1990 to 1995.

3.2.2　The stereo cultivation of homestead garden ecosystems

This type mainly constituted of the three-dimensional complex ecosystems of trees, crops, vegetables, fruit and edible bacteria. Integrated management practices were implemented to make the best use of the space and climatic resources. Sometimes, trees were not directly intercropped with other plants, because trees and crops were managed simultaneously.

3.2.2.1 The model of lumber trees – fruit trees – watermelon (*Citrullus lanatus* (Thunb.) Mansfeld) or vegetables

The model mainly was characterized with intercropping of vegetables and watermelon under timber or fruit trees in the homestead garden ecosystems. In north China, fruit trees such as apricot (*Prunus armeniaca* L.) and apple (*Malus pumila* Mill.) were often intercropped with vegetables like celery (*Apium* L.), green onion (*Allium* L.), garlic (*Allium sativum* L.), tomato (*Lycopersicon esculentum* Mill.), eggplant (*Solanum melongena* L.), red pepper (*Capsicum* L.), pakchoi (*Brassica chinensis* L.), Peking cabbage (*Brassica pekinensis* Rupr.), potato (*Solanum tuberosum* L.), sweet potato (*Ipomoea batatas* Lam.), ginger (Zingiberaceae), etc. In the south, fruit trees usually enclosed Yangtao actinidia (*Actinidia chinensis* Planch), peach, mango (*Mangifera indica* L.) and sweet orange (Li et al., 1999; Li and Min, 1999). Other species such as Chinese poplar (*Populus lasiocarpa* Oliv.) were also applicable to this management. Recently, the model gradually transformed from self-supporting and self-sufficient homestead garden ecosystems into market-oriented ecosystems. Some farmers sold edible bacteria, flowers and medicinal plants to market for economic income.

3.2.2.2 The model of lumber tree – fruit tree – edible fungi homestead garden ecosystems

The lumbertree – fruit tree – edible fungi model included mushroom, lily flower mushroom, phoenix tail mushroom, edible fungus and hedgehog hydnum. In Zhaoban County, Hubei Province, for example, the farmer Tian Wanglin planted 20 tangerine trees (*Citrus sinensis* (L.) Osbesk) in his 40 m^2 courtyard. Under tangerine trees, the flat mushroom was cultured with cotton seed shell nutrient base for food or sale. Flat mushroom waste materials were used as tangerine trees fertilizer. In some cases, the ecosystems included watermelon and vegetable. The total income of the model reached US $840.00 in 1988 (Sun et al., 1992).

3.2.2.3 The model of trees – medical plant homestead garden ecosystems

In recent years, the farmers grow shade-tolerant medical plants under trees such as ural licorice (*Glycyrrhiza uralensis* Fisch), Chinese wolberry (*Lycium chinense* Mill.), Chinese milkvetch (*Astragalus chinensis* L.), Eucommia (*Eucommia ulmoides* Oliv.), common baphicacanthus (*Baphicacanthus cusia* Bremek.), cowparsnip (*Heracleum dissectum* Ledeb) and Asian ginseng (*Panax gin-*

seng C. A. Mey.) (Wang, 1990).

3.2.2.4　The model of fruit tree – flower homestead garden ecosystems

In this model, the intercropping of fruit trees and flowers were intensively managed in the small courtyard. In Changli county of Hebei Province, for instance, farmers planted apple, peach, sunflowers (*Helianthus annuus* L.) and grape in their courtyard and cultivated nearly 100 species of more than 3 000 Chinese roses (*Rosa chinensis* Jacq.) bonsai.

3.3　The model of planting-animal raising homestead garden ecosystems

As the most common model, the homestead garden ecosystems included chicken, duck, fish, hare, ox, horse, pig, sheep, bee, bird, earthworm, dog, marten, scorpion, coypu, etc. Within this ecosystem, the trees and animals had direct food-chain or food-web relationships, e. g. , mulberry to silkworm, flower to bees, rubber to chicken to fish, etc. Most of the time, the trees and animals did not mutually benefit each other, i. e. , not win-win relationships, but these species still coexisted. For instance, Zhang Yang, a farmer of Wuchuan county of Guangdong Province, planted fruit trees and raised chickens in his 267 m^2 backyard. Under the trees, he dug one fish pond. Within the ecosystem, the chicken ate insects from the fruit trees, chicken excrements fed fish, fish excrements and pond mud was used to nourish fruit trees, forming the benign circulation. According to the survey of 170 household of Hetian and Luohe counties of Uhr Autonomous Region, the ratio of farm field input to output was 1 ∶ 45, the average ratio of input to output was 1 ∶ 143 for the homestead garden ecosystems, 3 times as much as farming systems. Within the 170 homestead garden ecosystems in two counties, the percentage of output per component in total value comprised of 33. 6% poultry, 30.5% grape, 13. 3% timber tree, 11. 1% fruit tree, 6. 6% silkworm, 4. 9% vegetables.

3.4　Planting – animal raising – processing homestead garden ecosystems

This model included processing components such as handicraft work and small machinery process industry.

3.4.1　The model of timber – fruit processing homestead ecosystems

With a high income, this model comprised of wood machinery processing, grass waving, bamboo waving, furniture producing, and fruit processing.

3.4.2　The model of grain – beans – meat – vegetable processing homestead garden ecosystems

This model included processing of grains, meat, beans and pickles. In Anyi county of Jiangxi Province, the farmer Zhang Jiaheng planted 30 grape trees, 40 various flower plants, several vegetable species and some quick growing timber trees. He also raised 8 pigs and more than 70 chickens in his courtyard and run grain-grinding business. In 1988, his income from the homestead ecosystems was as high as US $1 020.00, almost accounted for 67% of his total family income.

3.5 The model of planting – breeding – processing – energy production homestead garden ecosystems

Prominent characteristics of this model were to link waste materials with energy generation for family use, i. e. , biogas pond (Fig. 1). The biogas pond provided bioenergy for household use. Corn stalk, people and poultry excrement was used as raw feedstock materials of biogas ponds. Meanwhile, the model was able to extract nutrient elements and improve rural environment. For instance, in Liuminying village of Daxing County of Beijing city, 158 biogas ponds with a volume of $8 \sim 10$ m^3 per pond were constructed by the end of 1984. Farmers integrated biogas ponds with the toilet and pigsty. Above the pigsty, farmers raised chickens and rabbits. They also built a small plastic shed for vegetables and flowers over the biogas pond and formed a bio-energy cycle of chickens – hares – pigs – biogas pond – flowers and vegetables (Bian, 1985, 1988).

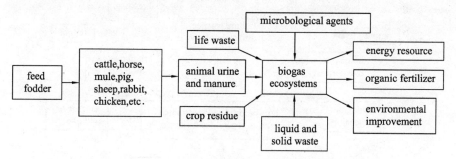

Fig. 1　Structures of the biogas-centered homestead garden ecosystems in Ganshan village, Zhejiang Province

Although biogas has numerous advantages in rural area, biogas production has not developed quickly, because of its high demand of investment and technique, and sensitivity to technology and farmer skill.

4 Characteristics of homestead garden ecosystems

The Chinese homestead garden ecosystems were characterized with strong interferences by human, multiple ecosystem layers, complicated ecological niches and high efficiencies (Ma et al., 1985).

4.1 Strong interactions among human, plant and animal species, and ambient environment

The area of Chinese household ecosystems ranged from less than 300 m^2 to 1 000 m^2. Within the small ecosystems, people, animals and plants are highly concentrated. The interactions among people, plant and animal species and ambient environment are far higher than natural ecosystems and farming systems.

4.2 The significant human's interference

Fig. 2 illustrates the components, driving factors and relationships among man, ambient environment and livestock within the homestead garden ecosystems. In the multi-layer and complex ecosystems, family members' input including labor, capital investment and energy played an indispensible role in the ecosystems. In other words, the human control and regulation kept diversified plant and animal species to coexist in the compact space.

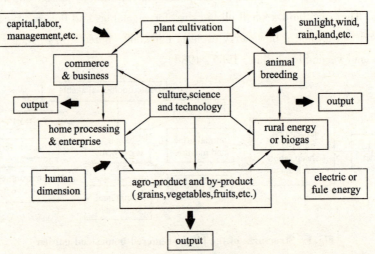

Fig. 2 Components, driving factors and their mutual relationships within the Chinese homestead garden ecosystems

4.3 The artificial ambient environment

Within the homestead ecosystems, house building and human activity significantly changed environmental factors such as sunshine, radiation, temperature, humidity and wind. When the ecosystems were designed, these environment factors should be taken into consideration.

4.4 Complex structure, high efficient function and service

Within the homestead garden ecosystems, the ecological components and structure were considerably diversified and complicated. Regardless of the vertical or horizontal structure of the ecosystems, space was used very efficiently and ecological niche of various species was allocated reasonably. The efficiencies of light, heat and water use were very high. Furthermore, high value vegetables and traditional Chinese medical herbs were often planted in the ecosystems. In the tree – vegetable ecosystems, for example, there existed the bottom layer of onion, garlic, fragrant-flowered garlic, pepper and carrot, the middle layer of melon, beans and flower, and the top layer of fruit, rubber and timber trees.

4.5 The high concentration of organic matters in the homestead garden ecosystems

Man's waste, animal manure, plant deciduous leaf and stalk residue were regarded as an important organic matter source in the eco-systems. Within the eco-systems, 80% of the waste flowed from household into the farm field ecosystem. If treated properly, organic matter could strengthen matter flow of the ecosystems, increase soil fertility and enhance economic income of the ecosystems. Otherwise, it could cause some detrimental eco-environmental problems.

4.6 The harmonious development of the homestead garden ecosystems at multiple levels

As the smallest unit of the social system, the homestead garden ecosystems made a great contribution to sustainability and productivity of rural society (Li et al., 1999; Li and Min, 1999). The homestead garden ecosystems stimulated traditional customs and modern civilizations to merge with each other, and boosted agro-ecosystem matter output and energy flow. However, sustainability and productivity of the homestead garden ecosystems were subject to local ambient ecosystems and environment including hydrology, energy, infrastructure, technology, talent, government policy, village, town planning and design. For example, village or town, public meadow, village forestation, village-run business and polluted water drainage should be planned and optimized in accordance with modern standards and related policies. The design and development of the homestead garden ecosystems were more difficult than other ecosystems owing to space and natural resource limitations. The components, management practices and strategies of the homestead garden ecosystems were specific to local natural resource availability, economic status, culture, religion, and farmer's education levels (Lin, 2011). Optimal planning and scientific design was the priority to develop the high-efficient homestead ecosystems (Miao, 1998; Miao and Marrs, 2001).

5 Benefit analyses of the homestead garden ecosystems

The homestead ecosystems had significant economic, ecological and social benefits. Numerous studies indicated that within the homestead ecosystem, the productivity per unit of land was greater than that of the usual farmland (Zhang and Miao, 1995). In some area, the average output of the homestead garden ecosystems was as much as 6 times of that of the same unit farmland (Yun et al. , 1989).

5.1 Ecological benefit of the homestead garden ecosystems

There is significant ecological benefit in the homestead garden ecosystems. At present, there are about 600 million people in villages and small towns in China. Trees and shrubs around the courtyard are an important component of regional vegetation coverage to improve the quality of the rural ecosystems. Diversified use of products and by-products of the ecosystems lengthened food chain and complicated food web. The ecosystem waste fertilized soil and stimulated ecological benign circulation. For instance, in Ganshan eco-village of Deqing County of Zhejiang Province, the household husbandry-dominated economy included about 262 000 fruit trees and produced 3.77 million kg of fruit per year. Using the dung of chickens, pigs and animal excretions as the raw feedstock, a 13-m^3 biogas pond could produce 1 660 m^3 biogas, equivalent of 5 tons of coal in terms of heating energy. As high-quality organic manure, the remaining liquid and sludge from the biogas was returned to the fields to improve soil fertility and reduce potential crop diseases. The remaining liquid was used to feed fish as well. In addition, farmers integrated the models of the mulberry – silkworm – pig – crop and chicken – pig – mushroom – biogas chain into their homestead ecosystems.

5.2 Social benefit of the homestead garden ecosystems

The homestead garden ecosystems had significant social benefits. The ecosystems absorbed rural surplus labor forces and improved self-employment rate at leisure season. In busy seasons, the farmers went to the farm fields to do farming management. In a leisure season, farmers worked for the highly intensive household ecosystems. All family members including the elder, younger, and disabled people were self-employed by the ecosystems.

The homestead ecosystems were beneficial to farmers' moral construction and improve connections and love between family members. With the household garden ecosystems, the rural environment was more beautiful and hygienic. Family members worked together. In Yongning County of Guangxi Zhuang Automous Region, within the biogas-based eco-sanitation systems, livestock and human excreta were input into biogas pond respectively, and solid and liquid waste of biogas were recycled within the homestead garden ecosystems. Because of environmental improvement, the incidence of enteritis, swamp fever and gynecological disease of local residents were reduced about 20% than other areas (Li et al. , 1999). In addition, owing to the integrated management of the ecosystems, the farmers were trained with new scientific knowledge to improve the sustainability of rural ecosystems.

5.3 Economic benefits of the homestead garden ecosystems

The homestead ecosystems took an important part in improving the farmer's income and living standard. For example, in Cixi city of Zhejiang Province, the household Hu Yumin with 3 family members, developed a complex eco-agricultural model in his courtyard. He dug two 2-m wide and 0. 6 ~ 0. 7-m deep ditches. He planted grape intercropped with strawberries (*Fragaria ananassa* Duchesne). He also raised fish, crabs, 100 German rabbits and ducks along the fish pond. Weed in the field was for the rabbits, and the rabbit manure was used as fertilizer for the grapes and strawberries. In the pond, ducks and three species of fish were raised at different layers. The bottom was for the general carp (*Cyprinus carpio* Linnaeus), the middle for the grass carp (*Ctenopharyngodon idellus*) , the top layers for the silver and variegated carp (*Hypophthalmichthys molitrix* (Cuvier et Valenciennes) and *Aristichthys nobilis* (Richardoson)) , and the surface for the ducks. In four years, Yumin Hu sold 4 250 kg of grape, 747 kg of strawberry, 62 kg of river crab, 670 kg of fresh fish, over 10 000 plants of grape seedling. The net income of the ecosystems was as high as US $8 413.97.

In short, the homestead garden ecosystems facilitated sustainable development of rural ecosystems, increased the local residents' income, and improved environmental quality (Yun, 1989; Miao, 2001).

6　Driving factors and strategies of the homestead ecosystem developments

The Chinese homestead ecosystems varied with local productivity, economic condition, natural resource availability, local infrastructure, technology and talent, government policy, farmers' education level, social culture and religion. With integrated management practices, some homestead garden ecosystems possessed rational components, good ecological structure, functions and services. Some had low economic output and even became a source of pollution. Strategies for Chinese homestead garden ecosystem developments included scientific planning and design, optimizations of ecosystem elements, structure, functions and services, extension and government support in fund, technology, information, talent and management.

6.1　Regional development planning and homestead ecosystems design

Regional development planning and ecosystems design were the priority to establish and develop the homestead garden ecosystems. The homestead garden ecosystems were the multi-layer and species-diversified ecosystems in a small spatial space. Scientific development planning and design were the fundamental step to develop the high-efficient ecosystems. Many of the farmers' house yards were not designed scientifically and professionally. The house, courtyard, pigsty, cow shed, poultry shed and organic manure pile were not planned and arranged rationally. Some farmers did not plant and raise appropriate plant and animal species based on local markets and weather conditions. In some undeveloped areas, people lived together with beef, pigs, chickens, ducks, and pets. Many villages and towns were constrained by narrow streets, three wastes (i. e. , solid, water and air waste), small processing workshops, haystacks and threshing fields. It was very important to make scientific developmental planning, design house building and take advantage of local resources. The planning should include objectives, market demand forecast, local natural resource availability, local infrastructure, components, structure, functions, service, crucial technology, talents, training course, cultural engineering, and integrated management practices (Miao and Marrs, 2000; Meng and Wang, 2000).

6.2 Optimization and improvement of structure, function and service of the homestead ecosystems

Optimization of the components, structure, function and services of the homestead ecosystems was an essential logistics to enhance the sustainability, productivity, and management level of the ecosystems (Mitsch et al. , 1993; Zhang and Miao, 1995). In many rural areas, economic plant and animal species with high added value, high yield and good product quality were not introduced into the ecosystem. The advanced knowledge and techniques have to be employed to improve the productivity, sustainability and economic profits of the homestead garden ecosystems. Information, policy and funding support from local governments is needed to forecast market demands and improve regional economic functions and social services of the ecosystems.

6.3 Extensions of the homestead ecosystem models

Education, training and extensions of the successful models were required to improve the management level of the homestead garden ecosystems. In some rural regions, particularly in the middle west of China, local farmers were not educated well. Many did not understand integrated management practices of the ecosystems and had little knowledge of market demand and advanced planting and animal raising technology. Therefore, it is important to make a training course and extend the integrated management practices for farmers at various levels. The training has to be combined with local culture, local social living habits, religion, psychology, intelligence and consciousness.

Acknowledgments

This paper is dedicated to Professors Zhaoqian Wang and Huicong Shen for their 80th birthday anniversary. I am grateful to Professor Wang for his supervisory of my PhD program from 1993 to 1996. I should like to thank Professors Wang's and Shen's contributions to Chinese ecological agriculture, especially for Professor Wang's tremendous contributions to the development of Chinese eco-county construction.

References

[1] Currey R. Diversity of hymenoptera, cultivated plants and management practices in home garden agroecosystems, Kyrgyz Republic. FIU Electronic Theses and Dissertations. 2009. http://digitalcommons.fiu.edu/etd/124 (verified on April 28, 2011).

[2] Goulart F F, Vandermeer J, Perfecto I, et al. Frugivory by five bird species in agroforest home gardens of Pontal do Paranapanema, Brazil. Agroforest. Syst., 2011,82(3).

[3] Han C. The development of ecological agriculture in our country. Beijing, China. Chinese Environ. Sci., 1987,7(4).

[4] High C, Shackleton C M. The comparative value of wild and domestic plants in home gardens of a South African rural village. Agroforest. Syst, 2000, 48.

[5] Iftekhar M S. Conservation and management of the Bangladesh coastal ecosystem: Overview of an integrated approach. Nat. Resour. Forum,2006, 30(3).

[6] Li W. Integrated farming systems in China. Veroffenlichungen des geobotanischen institutes der eidg. tech. hochschule, stiftung rubel, in zurich, 113, heft. 1993.

[7] Li W, Min Q. Integrated farming systems an important approach toward sustainable agriculture in china. AMBIO,1999,28(8).

[8] Li W, Min Q, Miao Z. Eco-county construction in China. Journal of Environmental Sciences,1999, 11(3).

[9] Lin B B. Resilience in agriculture through crop diversification: adaptive management for environmental change. BioScience ,2011, 61(3).

[10] Luo S, Yan F, Chen Y. Agroecology. Hunan Scientific and Techinical Press, Changsha, China,1987.

[11] Ma S, Li S. Ecological engineering: application of ecosystem principles. Environ. Conserv. ,1985,12(4).

[12] Meng Q, Wang Z. Study on material cycle of rubber-tea-chicken agro-forestry model in tropical area of china. Acta Nat. Resour. ,2000, 15(1).

[13] Meng Q, Miao Z,Wang Z. Developing mechanism of rubber-tea-chicken agro-forestry model in tropical area of China, China Population, Resource and Environment (in press), 2011.

[14] Miao Z. Researches on the industrial structure regulation and their corresponding strategies of Lianyungang City. China Population, Resource and Environment ,1998, 12(4).

[15] Miao Z. Strategies of Chinese agro-industrial structure adjustment. Ecol. Econ. , 2001, 9.

[16] Miao Z, Marrs R. Ecological restoration and land reclamation in open-cast mines of Shanxi Province, China. J. Environ. Manage. , 2000,59(3).

[17] Mitsch W J, Yan J, Cronk J K. Ecological engineering-contrasting experiences in China with the West. Ecol. Engineer. ,1993,2(3).

[18] Nair P K R. Do tropical home gardens elude science, or is it the other way around? Agroforestry Syst. ,2001,53(2).

[19] Niñez V K. Household gardens: theoretical considerations on an old survival strategy. International Potato Center (CIP), 1984.

[20] Soemarwoto O, Conway G R. The Javanese homegarden. J. Farming Syst. Res. Ext. ,1992, 2(3).

[21] Sun H. The origin and development of agroecological engineering and our task. Rural Eco-Environ. 1992, 2.

[22] Trinh L N, Watson J W, Hue N N,et al. Agrobiodiversity conservation and development in Vietnamese home gardens. Agri. Ecosyst. & Environ. ,2003,97(1-3).

[23] Wang Z. Agroecosystem and ecological agriculture. Actra Zhejiang Agricultural University,1990, 5.

[24] Yun Z, Wang Q,Guo S. An overview of Chinese rural homestead garden ecosystem. Hebei Scientific and Technical Press, Shijiazhuang, China, 1989.

[25] Zhang Y, Miao Z. The application of multi-criteria decision measures (MCDM) to agricultural ecosystems management. Agri. Syst. Sci. Integ. Res. ,1995, 11(3).

谈生态旅游*

王兆骞

（浙江大学生态研究所）

联合国发言人在 2002 年 1 月宣布:联合国决定将 2002 年定为生态旅游年。这个决定对于推动生态旅游,特别是对于发展中国家通过旅游事业促进经济发展具有重要意义。该发言人同时告诫要防止借生态旅游的名义行破坏生态环境之实。

笔者认为旅游是以人类为行为主体的活动,是人类为了满足自身的高尚生活情趣,在不同的景观和环境资源中得到感官和心情的舒适、愉悦及享受而进行的活动。在旅游时,人类和环境资源是互动的:人类享受环境资源,而环境资源(包括静止的和能活动的生物)本身的存在和发展给人们以具有美学价值的享受。人类和环境资源是紧密联系、相互作用的,这正是生态学的核心观念,它的最高境界是人与自然的高度和谐。旅游的经济价值是毋庸置疑的,也是旅游区在生态上可持续发展的经济支撑。好的旅游资源理应开发,但不能片面注重经济效益而忽视旅游区生态环境和资源的保护,从而造成退化和破坏。有些地方在没有变成旅游区之前,那里的生物和环境本来是和谐的。人类介入以后情况就发生了变化,介入的程度越深,对旅游区环境资源妨碍和破坏的可能性也越大。当然,旅游资源和生态环境并非注定要退化的,关键在于合理的利用和正确的规划与管理,并建立人与自然和谐发展的良性循环机制,达到旅游区的可持续发展。

1　要从思想上加深对生态旅游的认识

必须纠正"人类主宰一切"和片面强调"旅游是低成本高利润的无烟产业"等错误观念,树立生态伦理学观念。生态学的核心问题是如何使得生物与环境之间在相互作用下保持微妙的相对平衡,并因此保持地球上生命、人类社会、人类生产,以及环境资源的可持续发展。既然这个生态平衡是地球上所有生命和环境资源共同参与、共同构成和维持的,那么所有生命和环境资源都应该有生存和发展的理由和权利,都应该受到尊重。任何对生命和环

＊本文成稿于 2003 年。

境资源的破坏,最终都会破坏生态平衡,从而破坏物质世界的可持续发展。开展生态旅游必须在全社会进行这方面的宣传和教育。生态旅游点更应该把树立这样的观点视为己任,在组织生态旅游的同时做好宣传、教育和有关的科学普及工作。

在我国开展和鼓励发展旅游事业时,常强调旅游是低成本高利润产业。有关地方领导常忽视乃至无视宝贵的旅游资源及其保持、发展的价值,只当是天赐赚钱良机。其实,任何人在开发利用旅游资源的同时就自然负担起了对该旅游资源和地区进行保护与发展的历史责任。只想利用而忽视和放弃对旅游资源的保护发展,只顾赚钱而不愿投资生态环境建设的短视做法,都不利于真正的生态旅游开发,更不利于可持续发展,从而遗祸后代。

笔者认为生态旅游至少包括三层含义:首先是景点区域内外的生态环境协调和谐;其次是景区的生物与非生物资源都能得到很好保护和发展;再进一步做到旅游本身对人民群众爱护、保护自然的思想和科学知识的教育。总的目标还是促进人与自然的协调和谐发展。

2 大范围生态环境是生态旅游的背景和支撑

如果只看到某个自然风景区的旅游价值,一味侈谈在这个点发展生态旅游而不注重整体大范围生态环境整治,那么,这个风景区和旅游点的价值必然有局限,甚至不能可持续发展。这方面的例证不胜枚举。

重庆市大足县有著名的石刻,山西省大同市云冈也有石刻。云冈遗留的公元4世纪北魏时期为主的石刻群有数百窟之多;大足石刻虽然有精致、生动的特色,但其规模远不如大同云冈石刻宏伟。可是,大足石刻早已被认定为世界文化遗产,因为大足县是全国生态农业示范县,到处森林茂密,石刻群在宝顶山上,掩映在葱茏的林木之中,优美的环境不仅烘托出石刻之美,而且清洁的空气非常有利于石刻的保护。而云冈石刻呢? 直到最近通过对周围环境,特别是严重危害石刻群的附近煤矿和严重污染的空气进行大规模整治,云冈石刻群才通过了世界文化遗产的论证。而要真正令人满意,还有大量工作要做。

黑龙江省拜泉县是全国生态农业示范县中的典范。该县经过长期艰苦的努力,使全县的防护林、水源涵养林和适量的经济林组成致密的网络。那里密林高耸、黑土地肥美、水质清净、天空湛蓝,任你站在县域的哪一点上,都能见到同样美丽的蓝天、碧云、绿水、茂林、豆黍、肥畜,任何一处都能尽享生态环境之美,都是休闲旅游的好去处。

浙江省杭州市临安县多年来极其重视以护林、造林为中心的生态建设,由此便有了茂林修竹也就有了清净的山溪水。有了这好山好水的大背景,近些年临安县开发出大量新景点,旅游人气大旺。县域内只要有一点特色的地方,都能开发、建设成新景区,这再次证实大范围生态环境的整治是生态旅游的背景和支撑。

3 景区外生态环境是生态旅游的保障和延伸

生态旅游价值决不仅限于景区之内,景区外围环境也非常重要。如果当人们进入景区之前,就能享受生态环境之美,那么进入景区后会有更好的心情去领略景区之美。当然景区外生态环境更重要的意义在于烘托和保护中心景区。浙江省绍兴市东郊有一座高不逾百米的吼山,十多年前是仅在山顶有几块形状奇特的顽石的荒山。当时正值暮春三月,笔者和当地领导登山瞭望,鸟瞰山下,只见平原无垠,河港纵横,紫云英红花遍野,油菜黄花正盛,再加碧绿的麦田,好一幅江南水乡的天然图卷。当即建议建设吼山景区,借景区外大好生态环境,构成生态旅游的整体。吼山景区建成之后,春季登山,在观赏漫山桃花和奇石小品之余,登山远眺,心胸为之开阔,顿觉个人融入了大自然之中。如此美景着实吸引了大量游客,单门票年收入就有200万元。不料近几年来农村种植结构改变,农民大多不种冬季作物。从吼山向下望,但见空旷的农田,偶有塑料大棚点缀其间,以生态环境为特征的美景不再,再称为生态旅游就颇有名实不符之感。

类似的情况也发生在像杭州西湖这样的著名风景区。天下西湖甚多,不仅在中国,就连远在越南的首都河内,也在市区的边缘有一个美丽的西湖。所有的西湖都各有特色,但是杭州的西湖秀甲天下,就是因为她有"三面云山一面城"的特色。西湖三面的山不在高,却是远观有杂木混交,郁郁葱葱的树林;近看有青翠成行的茶树,更有龙井、九溪、灵隐、三竺隐藏在群山之中,它们和六桥三潭、一湖碧水相辅相成,使西湖成为在自然、人文、历史上都颇具特点的区域景观生态系统。多年来杭州政府大力建设和美化大西湖景观,并提出了"西湖西进"扩大景区,改善区域生态系统的规划。可是,由于经济利益的驱使,商家和当地农民不断在景区内建房、扩村、开店,不但蚕食着茶树和森林,更增加了威胁西湖清净的污染源。至于西湖西进,更有众多商家先看到了商机,若楼堂馆所、豪宅别墅占领地盘在先,就会损害"西进"的初衷。而如果不拥有足够面积、能充分行使生态功能的绿地和湿地,则西湖生态系统的整体就会受损,更难符合生态旅游的要求。

4 景区内的生态协调是生态旅游的核心

景区内的生态协调不仅包括众多生物之间以及生物与环境之间的协调,还包括观赏、游览、生产、生活之间的协调。协调得不好,就有可能产生破坏生态的因素。

在总体生态环境问题中,保护生物多样性、防止土地退化、净化水和空气是生态旅游的基础。笔者应邀担任某一生态旅游基地顾问,该基地过去以农业生产结构和种植业结构多样化,及其构成良性循环的生态系统而著称。近年来该基地致力于开发和增设趣味性游览项目以吸引游客,在相当程度上改变了资源利用的方式和布局。原来由良好生态系统和生产有机化带来的特有景观——众多的各色蝴蝶在花丛上飞舞,已不再现。在这里,各色蝴蝶可以作为良好生态环境的一项综合指标。它暗示着农药用量少,也反映出这里具有多种多样的植物花蜜可供采用,并标志着包括蝴蝶本身在内的生物多样性得到了较好的保护。云南大理著名的蝴蝶泉没有了蝴蝶也是同样令人遗憾。因此,笔者不禁疾呼"蝴蝶归来乎"!近来,有好几处国内著名的旅游胜地因不能正确处理旅游区开发、建筑、生活设施和旅游资源保护的关系,或造成水土流失,或污染水和空气而遭到国内外舆论的批评。这是很好的现象,说明生态旅游的思想已经较广泛地为群众接受和认识,并由此产生群众的监督。

生态旅游点的一切设施用材都应是环保型的。特别应该注意杜绝化学污染,使用有机材料制成的日用品和可降解的化学品在环境负荷很敏感的旅游区就更有必要。能源的节约利用和新能源的开发利用也很重要。当然,更重要的是水资源保护问题。景区的开发和游客的生活需要大量耗水,因此必须查清、探明地面和地下水资源的状况,其中包括储量、全年补给能力在当地不同气候条件的年份发生变化的可能性,可以利用的限制额等。一切开发计划和规划游客容纳量都要以水资源保护为第一要务。试想,如果川西的九寨沟、黄龙或是山东济南的趵突泉发生水荒乃至断了水源,当地著名的水景丧失,则怎能再侈谈生态旅游?

5 旅游区的资源和环境保护是旅游区可持续发展的根本

上面已经述及旅游区的资源和环境保护,可是从人们思想上的认同到行动上的一致,还会有很大的距离。例如,到旅游区吃野味几乎成为旅游必备内容,也是当地招徕游客的重要手段。像是在庐山、黄山吃石鸡已极其普遍,由于石鸡目前还难以人工饲养,越吃越少,价格也越来越高。甚至有人游山要吃娃娃鱼,游湖泊吃天鹅、野鸟。云南的抚仙湖是目前保护较好,水质优良的著名高原湖。然而,到抚仙湖边吃著名的野生冲浪鱼已成为一些人追求的特殊享受。当地的冲浪鱼价格已经上涨到200多元一斤,可见这种鱼已经处于稀少濒危的境地了。这些错误做法亟待纠正,而彻底纠正还在于纠正中国社会爱吃和敢吃野生动物的不良饮食习惯。至于国内到处可见的吃蛇、吃青蛙的恶习,则更要在加强公民的生态意识基础上,身体力行,彻底纠正。

一旦旅游区的生物资源受到破坏,生态平衡便遭到极大干扰,有时会出现严重的连锁反应。这是生态旅游中值得注意和应该纠正的重要问题。在这方面,九寨沟和安徽的黄山已经根据科学分析得出景区适宜的游客承载量,限定每天进入旅游区游客的人数,这是正确和十分必要的措施。有一些生态上十分脆弱的或是只有保护其天然状态才有观赏价值的景点,例如在若干喀斯特地貌区发现的塌陷溶洞——天坑景区,它的价值在很大程度上取决于已往人迹不至的天坑内生存着多种多样的稀有甚至子遗动植物。要保护这样的景观,只能限定旅游者在专门设置的观景台远观,不能下坑。美国的科罗拉多大峡谷范围很大,可是也只允许在指定的观景点参观,当然,还可以乘直升飞机鸟瞰。我国还未开发的西藏雅鲁藏布江大峡谷比科罗拉多大峡谷更险峻、更壮美,生物物种非常丰富,但有识之士已经提出一旦开发其被旅游者破坏的可能性。

因此,生态旅游应重视旅游区的教育职能。在生态旅游教育中,主要内容是生态环境保护和生物多样性保护,以及根据景区资源特点展开的针对景区资源的科普知识。总的核心还是要使旅游者认识自然、爱护自然,在感受自然资源价值、欣赏自然美的基础上提高保护生态环境的自觉性,最终达到人与自然的协调与和谐。生态旅游点都应自觉地担负起这方面的责任。这些教育若在现场进行,容易做到生动活泼,印象深刻。国内外在生态旅游教育方面有不少值得借鉴的经验,比如建设适合当地特点的博物馆、科普廊。例如:香港的红树林保护区是政府指导下的青少年和学生教育基地,旅游路线都是规定的,区内设有以红树林保护区特有的鸟类和其他海岸带生物为中心的生物多样性保护科普宣传馆。这样既达到了宣传教育目的,又吸引了大量青年学生成为生态旅游的客源。有些石灰岩洞穴旅游点建立了喀斯特岩溶洞穴博物馆、岩溶地貌科普馆(廊);浙江省临安县的清凉山自然保护区在景区不同种类的树木上都挂牌说明学名、俗称、分布、用途、价值;浙江省奉化县滕头村和绍兴市的吼山景点特辟某些果树的引种区,并挂牌详加说明。

6 旅游类型转变对生态旅游提出了新的机遇和挑战

随着旅游事业的发展、人民生活水平的提高,以及在职休假制度的逐步实现,旅游的类型必定会逐渐由走马观花的匆忙观光型转变为休闲度假型。旅游转型在世界许多国家都会出现,并正在一些发达国家成为主要趋势。休闲度假型旅游意味着旅游者将较长时间地居住在一个地点,他们把旅游区作为休闲、观赏和娱乐的场所。因此,对美好生态环境的享受将是旅游者的主要目的。旅游类型转变对生态旅游既提供了新的机遇,也提出了新的挑战,我们都必须面对。既要积极开发、改善、美化旅游区和景点的景观和设施,更要加倍努力以不断改进和加强生态环境保护的实际行动来保障实现名副其实的生态旅游。

7 生态旅游是全社会参与的系统工程

无疑,生态旅游是一个系统工程。由于生态旅游的参与者来自四面八方,这个系统工程就带有全社会性。仅仅有旅游区管理工作人员的参与是远远不够的,除了必须在全社会进行生态旅游的教育、宣传,旅游区和旅游点还必须把旅游者的群众参与作为主要方式。群众参与就是要把群众真正作为资源和生态环境保护的主体,让群众不但欣赏,而且要认识资源;不但爱护,并且要人人自觉参加,身体力行地保护生态环境。总之,生态旅游的提出和深化要求将旅游的规划、组织、管理、建设都提高到一个崭新的水平。

安徽省脆弱生态环境区划研究

陈 杰

（阜阳师范学院生命科学学院,阜阳 236041）

摘 要：脆弱生态环境区划是通过分析主要生态环境问题、评价生态系统敏感性,以明确脆弱生态环境的空间分布特征,并划分不同的脆弱生态区单元。本文的研究目的是为合理利用资源、有针对性地开展脆弱生态环境区退化生态系统的恢复重建提供科学基础。以安徽省为案例,本文进行了水土流失、盐渍化、酸雨、水环境污染和综合生态敏感性评价,结果表明安徽省生态环境比较敏感,高度敏感区和极敏感区分别占全省面积的 33.7% 和 31.2%。在生态敏感性空间格局方面,沿淮及淮北平原对水环境污染和盐渍化比较敏感,而水土流失与酸雨敏感区主要分布在江淮分水岭以南的丘陵山地。在敏感性评价的基础上,笔者采用自上而下的分区方法,结合 GIS 技术,提出了安徽省脆弱生态环境区划方案。安徽省可划分为 2 个脆弱生态区、8 个脆弱生态亚区和 26 个脆弱生态地区,为确定安徽省退化生态系统整治恢复的重点、目标和措施提供了重要依据。

关键词：脆弱生态环境;生态敏感性;生态区划;安徽省

Vulnerable eco-environment regionalization of Anhui Province

Chen Jie

(*School of Life Sciences, Fuyang Teachers College, Fuyang 236041*)

Abstract: Vulnerable eco-environment regionalization is a kind of geographic spatial division by analyzing region's major eco-environmental problems and assessing ecosystem sensitivity to distinguish spatial distribution of vulnerable eco-environment. Its target is to provide a scientific basis for rational use of resources and well-targeted implementing restoration of degraded ecosystems in vulnerable areas. Taken Anhui Province as a case study, ecosystem sensitivity assessment was carried out. The eco-environmental problems considered were soil erosion, salinization, acid rain and water pollution as assessment objects. Assessing results showed that the eco-environment in Anhui Province was sensitive to external disturbances, with the extremely sensitive areas and highly sensitive areas accounted for 31.2% and 33.7% of the whole Province, respectively. For the spatial distribution patterns of sensitivity, areas along the Huaihe River and Huaibei Plain were more sensitive to water pollution and salinization, while the areas being sensitive to soil erosion and acid rain were mainly distributed in hills and mountains in central and southern Anhui Province. According to the above assessment, the provincial scheme of vulnerable eco-environment regionalization was proposed by the method of "top-down" and with the support of GIS technology. In the scheme, 2 vulnerable ecoregions, 8 vulnerable sub-ecoregions and 26 vulnerable ecodistricts were divided. It provides an important basis for Anhui Province to determine priorities, objectives and measures of degraded ecosystem restoration.

Key words: vulnerable eco-environment; ecosystem sensitivity; ecological regionalization; Anhui Province

脆弱生态环境是指对外部干扰比较敏感、自身稳定性差,遇到不利干扰时易于向生态退化方向演替的生态环境。脆弱生态环境的形成和发展演变与区域的气候条件、地质地貌、土壤植被、人类活动等因素密不可分,具有显著的地域特征[1,2]。明确脆弱生态环境的空间格局及主要生态环境问题,是加强脆弱生态环境保护,恢复退化生态系统,实现区域社会、经济和生态环境可持续发展的关键。

脆弱生态环境区划是指根据一定的原则和方法,以脆弱生态环境形成原因与状态表现的相似性和差异性来划分区域单元,并为认识脆弱生态环境的特征、成因和脆弱单元划分提供科学方法。目前有关生态区划、生态环境区划研究已经取得了较多的成果[3-6],前者以自然生态系统为基础,划分生态环境的区域单元;后者更多地考虑生态、经济与社会的综合作用,反映土地利用状况和生态环境特征,随着研究的深入,两者之间的差别越来越小。然而作为特殊的生态环境类型,有关脆弱生态环境区划的研究还非常缺乏[7,8],亟须加强。近年来,随着新技术、新方法在生态环境研究领域的应用,以及生态功能区划、主体功能区划等国家重大项目的启动实施[9,10],

为进一步推进脆弱生态环境区划研究奠定了基础。本文以安徽省为案例，在分析生态环境现状、生态环境敏感性空间分异的基础上，提出了安徽省脆弱生态环境区划方案，以期为脆弱生态环境的保护和恢复提供科学依据。

1 研究区概况及研究方法

1.1 研究区概况

安徽省地处中国东部，位于东经 114°52′—119°39′，北纬 29°23′—34°40′之间，面积 13.96×10^4 km²。地势西南高、东北低，地形地貌呈现多样性。淮河、长江横贯全境，将全省划分为淮北平原、江淮丘陵和皖南山区三大自然区域。气候属暖温带向亚热带过渡类型，以淮河为界，以北属暖温带半湿润季风气候，以南为亚热带湿润季风气候；年均气温 14~17℃，平均日照 1 800~2 500 h，平均无霜期 200~250 d，平均降水量 800~1 800 mm。

根据 2008 年安徽统计年鉴，年底该省人口为 6 741 万人，人口密度约为全国的 3.5 倍；国内生态总值 8 874 亿元，人均国内生产总值不到全国平均水平的 2/3。安徽省有较好的资源条件和发展潜力，然而由于人口多、经济基础薄弱等原因，总体上还属于欠发达地区。近 30 年来，随着经济的快速发展，该省生态系统所承受的压力也越来越大，耕地退化、水环境污染、水旱灾害、矿区塌陷、生物多样性下降等越趋于严重，生态环境越来越敏感、脆弱。

1.2 脆弱生态环境区划原则

脆弱生态环境区划要明确脆弱生态环境的空间分布特点和区域分异规律，为退化生态系统的恢复和综合整治服务。脆弱生态环境区划应遵循以下基本原则。

1.2.1 区域分异和等级性原则

区域分异原则是脆弱生态环境区划的理论基础。由于脆弱生态因子的区域分布有显著差异，导致脆弱生态环境在空间上分异明显。等级性原则是脆弱生态环境逐级划分的理论依据。等级性是生态系统的基本特征。

1.2.2 综合分析和主导因素原则

脆弱生态环境的类型多种多样，脆弱成因复杂，包括环境因素和人为活动影响。在众多的成因中，有些因素起关键或主导作用，而其他因素只是起到次要作用。因此，脆弱生态环境区划必须在综合分析脆弱成因和表现形式的基础上，抓住脆弱生态形成的主导因素和主导类型。

1.2.3 相似性和差异性原则

在一定的区域内，相似的自然条件和人类活动使脆弱生态环境的成因和主要问题趋于一致，但在不同区域之间则可能差异显著。脆弱生态环境区划就是通过识别区域内的相似性和区域间的差异性,来划分不同的脆弱单元。

1.2.4 服务脆弱生态环境整治恢复原则

脆弱生态环境区划的主要目的是为管理决策部门制定生态环境脆弱地区的经济发展、资源开发和环境建设的对策提供科学依据,为退化生态系统恢复服务。服务脆弱生态环境的恢复和整治是脆弱生态环境区划的一个重要原则。

1.3 脆弱生态环境区划方法

生态敏感性是脆弱生态环境的主要特性[2],通过敏感性评价可以反映生态环境的脆弱特征。在脆弱生态环境区划原则的基础上,通过评价生态系统敏感性、分析区域生态环境问题的相似性和差异性,明确脆弱生态环境的空间分异规律,划分不同的脆弱生态环境单元。

1.3.1 生态敏感性评价

生态敏感性是指生态系统对自然和人类活动干扰的敏感程度,反映区域生态系统遇到干扰时发生生态环境问题的可能性和程度[11]。生态敏感性评价利用3S技术绘制区域生态环境敏感性空间分布图,包括单个生态环境问题和区域综合生态敏感性分布图,综合生态敏感性以区域中单项生态环境敏感性评价的最高等级表示。

本研究根据安徽省主要生态环境问题及其影响因素,选择对水土流失、盐渍化、酸雨、水环境污染、地质灾害等进行生态环境敏感性评价,所涉及的具体指标包括植被覆盖、降水、地形、土壤、地下水、湿润指数、土地利用等,并按敏感性值范围分为极敏感、高度敏感、中度敏感、轻度敏感和不敏感5个级别。水土流失、盐渍化和酸雨敏感性评价的方法、分级标准参照《生态功能区划暂行规程》(国务院西部开发领导小组办公室和国家环保总局,2002)。水环境污染敏感性评价,根据安徽省水环境质量现状和污染物排放强度选择区域降水径流深作为评价指标[12],分级标准为:100 mm 以下为极敏感,100 ~ 200 mm 为高度敏感,200 ~ 300 mm 为中度敏感,300 ~ 400 mm 为轻度敏感,400 mm 以上为不敏感。

生态敏感性评价所需数据分别来自安徽省的降水资料、土壤资料、数字地形图、植被分布图、地下水位分布、地下水矿化度分布、土地利用及地质灾害分布等。

1.3.2 分区技术方法

分区技术方法主要利用 GIS 工具自上而下进行分区。"自上而下"的区划方法是由整体到部分逐步划分脆弱生态环境单元。先根据生态敏感性评价结果和主要生态环境问题划分出几个大区,再根据地形地貌、脆弱主导类型、生态系统特征、生态敏感性程度、人类活动因素等细化脆弱生态环境单元。

2 安徽省脆弱生态环境区划

2.1 生态敏感性评价结果

总体而言,安徽省不同区域生态环境敏感性空间差异显著,盐渍化敏感区集中分布在淮北平原,中度以上等级的水土流失敏感区、酸雨敏感区主要分布在大别山、江淮丘陵和皖南山区,而水环境污染敏感区则从皖北向南延伸至江淮分水岭两侧。

2.1.1 水土流失敏感性

水土流失敏感区遍及安徽省,轻度及以上敏感区占全省面积的99.2%(见图1)。水土流失敏感性以轻度为主,占88.6%,中度敏感区占9.1%;极敏感区和高度敏感区分布面积较少,分别占0.2%和1.3%。水土流失中度敏感区广泛分布于江淮丘陵、大别山和皖南山区,高度敏感区和极敏感区主要分布在大别山、天目山的省界区域以及贵池、东至等地的丘陵山地。

2.1.2 盐渍化敏感性

盐渍化敏感区分布非常集中,主要是在淮北平原旱作农业地区,该地区不合理的耕作灌溉方式是直接原因;淮河以南地区分布较少(见图2)。敏感性等级以中度敏感为主,占全省面积的31.5%;高度敏感区在天长、凤台、颍上等县市有少量分布,约占0.4%;轻度敏感区面积约占0.3%,其余为盐渍化不敏感区。

2.1.3 酸雨敏感性

酸雨敏感区分布广泛,占全省面积的93.7%(见图3)。与水土流失敏感性以轻度为主不同,酸雨极敏感区比例高达31.2%,高度敏感区、中度敏感区分别占到11.6%和6.8%,也就是说安徽省生态系统对酸雨相当敏感。从不同敏感性等级的地域分布来看,中度以上敏感区主要分布在淮河以南的丘陵和山地,尤其是大别山和皖南山区对酸雨极为敏感。

2.1.4 水环境污染敏感性

水环境污染敏感区面积较大,集中分布在中北部地区(见图4)。轻度及以上敏感区占全省面积的59.8%,其中高度敏感区为22.2%,主要分布在淮河以北;中度敏感区占29.2%,位于淮河沿岸及江淮分水岭两侧;轻度敏感区占7.4%,分布于巢湖流域的西部和南部;大别山区和长江以南地区对水环境污染不敏感。

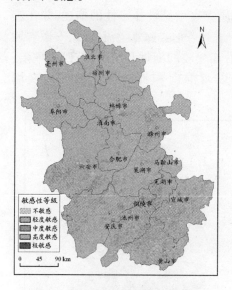

图 1　安徽省水土流失敏感性分布

Fig. 1　Soil erosion sensitivity of Anhui Province

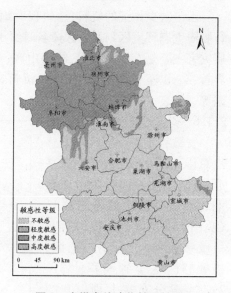

图 2　安徽省盐渍化敏感性分布

Fig. 2　Salinization sensitivity of Anhui Province

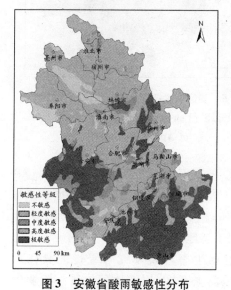

图 3　安徽省酸雨敏感性分布

Fig. 3　Acid sensitivity of Anhui Province

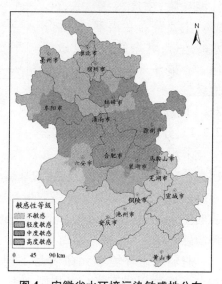

图 4　安徽省水环境污染敏感性分布

Fig. 4　Water pollution sensitivity of Anhui Province

2.1.5 地质灾害敏感性

由于缺少详细的资料,这里仅对地质灾害敏感性作定性的描述,并在进行脆弱生态环境区划及分区命名时给予适当考虑。除水土流失外,安徽省地质灾害主要是皖西大别山、皖南山区、沿江丘陵的崩塌和滑坡,皖西北阜阳、界首、亳州等平原地区的地面沉降,以及淮南和淮北煤矿区的地表塌陷等[13,14]。

2.1.6 综合生态敏感性

安徽省生态环境综合敏感性总体上呈中部沿江、沿淮平原低,皖南和皖西丘陵山地及淮北平原高的空间分布格局(见图5),其中以高度敏感和极敏感为主,没有不敏感区。极敏感区占全省面积的31.2%,主要分布在大别山和皖南山区;高度敏感区占33.7%,主要分布在淮北平原和江淮丘陵;中度敏感区占24.9%,主要分布在沿淮、江淮分水岭地带;其余的为轻度敏感区,分布于长江沿岸平原地区。

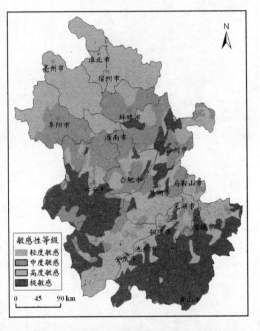

图5　安徽省生态环境综合敏感性分布
Fig. 5　Eco-environment sensitivity of Anhui Province

2.2 脆弱生态环境区划方案

2.2.1 分区等级及命名方法

采用三级分区体系,一级区在参考中国生态区划三级区的基础上,根据安徽省的主要生态环境问题和生态敏感性评价结果,划分脆弱生态区;然后根据中小地形地貌特征和区域脆弱主导类型划分脆弱生态亚区;在此基础上,再根据退化生态系统类型、生态敏感性程度与人类活动因素划分脆弱生态地区。

脆弱生态环境单元命名是不同脆弱生态环境单元等级性的具体标识。各级脆弱生态区命名规则如下:脆弱生态区,以大地理位置 + 脆弱生态主导类型组合表示,反映脆弱生态环境大尺度区域分异规律;脆弱生态亚区,以中小地貌类型 + 脆弱生态主导类型组合表示,具有相似的脆弱生态成因和脆弱生态主导类型；脆弱生态地区，以小地貌类型＋退化生态系统类型＋人类活动因素组合表示，其中脆弱成因、脆弱特性、恢复和整治技术基本相同。

2.2.2 脆弱生态环境区划分区方案

根据脆弱生态环境区划的原则、分区等级和命名方法，在生态环境敏感性分析的基础上，采用自上而下逐级划分、空间叠置等相结合的方法来划分各脆弱生态环境单元。

通过分析生态环境敏感性评价结果可知，沿淮以北主要是对水环境污染和盐渍化比较敏感，而沿淮以南则体现在水土流失和酸雨敏感方面。因此，一级区按照主要生态环境问题以沿淮地区为界划分为两大区域，即沿淮淮北平原水环境污染盐渍化脆弱生态区和淮河以南丘陵山地水土流失酸雨脆弱生态区，在此基础上，再逐级划分出 8 个二级区（脆弱生态亚区）和 26 个三级区（脆弱生态地区）（见图 6）。

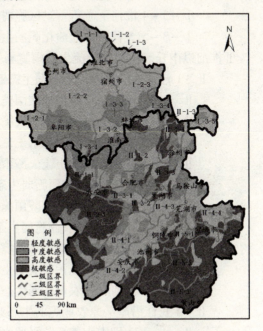

图 6　安徽省脆弱生态区划
Fig. 6　Vulnerable ecological zones of Anhui Province

Ⅰ 沿淮淮北平原水环境污染盐渍化脆弱生态区

　Ⅰ-1 淮北平原北部盐渍化脆弱生态亚区

　　Ⅰ-1-1 宿淮中北部黄泛平原盐渍化脆弱生态地区

　　Ⅰ-1-2 淮萧煤炭开采塌陷脆弱生态地区

　　Ⅰ-1-3 皇藏峪水土流失脆弱生态地区

　Ⅰ-2 淮北河间平原水环境污染盐渍化脆弱生态亚区

　　Ⅰ-2-1 颍洪河间平原水环境污染地表沉降脆弱生态地区

　　Ⅰ-2-2 涡浍河间平原水环境污染地表沉降盐渍化脆弱生态地区

　　Ⅰ-2-3 淮北平原东部水环境污染盐渍化脆弱生态地区

Ⅰ-3 淮河中下游湿地脆弱生态亚区

Ⅰ-3-1 淮河中游行蓄洪区脆弱生态地区

Ⅰ-3-2 淮南煤炭开采塌陷脆弱生态地区

Ⅰ-3-3 蚌埠盐渍化水环境污染脆弱生态地区

Ⅰ-3-4 淮河下游行蓄洪区脆弱生态地区

Ⅰ-3-5 天长平原盐渍化脆弱生态地区

Ⅱ 淮河以南丘陵山地水土流失酸雨脆弱生态区

Ⅱ-1 江淮丘陵水土流失脆弱生态亚区

Ⅱ-1-1 霍寿六丘陵岗地酸雨脆弱生态地区

Ⅱ-1-2 江淮分水岭水土流失脆弱生态地区

Ⅱ-1-3 凤定明丘陵岗地水土流失脆弱生态地区

Ⅱ-1-4 滁西丘陵水土流失酸雨脆弱生态地区

Ⅱ-2 大别山水土流失酸雨脆弱生态亚区

Ⅱ-2-1 大别山水土流失酸雨脆弱生态地区

Ⅱ-3 巢湖-滁河平原农业脆弱生态亚区

Ⅱ-3-1 环巢湖水土流失水环境污染脆弱生态地区

Ⅱ-3-2 巢湖水环境污染脆弱生态地区

Ⅱ-3-3 滁河平原农业脆弱生态地区

Ⅱ-4 长江沿岸平原农业脆弱生态亚区

Ⅱ-4-1 大别山南麓丘陵平原水土流失脆弱生态地区

Ⅱ-4-2 宿松-铜陵沿江湿地脆弱生态地区

Ⅱ-4-3 和无平原农业脆弱生态地区

Ⅱ-4-4 宣芜平原农业脆弱生态地区

Ⅱ-5 皖南山区水土流失酸雨脆弱生态亚区

Ⅱ-5-1 长江南岸低山丘陵水土流失酸雨脆弱生态地区

Ⅱ-5-2 天目山-黄山水土流失酸雨脆弱生态地区

Ⅱ-5-3 新安江上游水土流失酸雨脆弱生态地区

3 结语

脆弱生态环境是一个相对的概念,没有绝对脆弱或稳定的系统,本文是指对各种干扰比较敏感的区域。由于自然条件和人为干扰的综合作用,中国生态环境十分脆弱,脆弱类型多样,不同区域之间差异明显。安徽省地处生态环境相对较好的中东部地区,然而近年来生态退化状况也不容乐观。脆弱区生态系统的破坏与退化已严重影响了当地社会经济的进一步发展。保护与恢复退化生态系统,实现人类与环境的协调发展是人们当前面临的重大问题。脆弱生态环境区划是在生态敏感性评价的基础上进行的脆弱生态单元划分,它不仅明确了各区域存在的主要生态环境问题及成因,而且指出了脆弱特征,为合理利用资源、有针对性地开展脆弱区退化生态系统的恢复重建提供了基础。

目前脆弱生态环境区划研究尚不多见,需要加强相关的基础和应用研究。生态功能区划、主体功能区划是我国正在实施的重大研究项目,它们都涉及脆弱生态环境问题,因此脆弱生态环境区划可以与之结合起来;但是它们的目的有所差异,脆弱区划主要是为脆弱生态环境的保护和退化生态系统的恢复服务,所以仍有必要研究。

相对于西部典型的脆弱生态区,安徽省生态环境问题并不是十分突出。以安徽省为案例,主要是考虑其独特的气候地理特征,同时生态系统也相对敏感,存在潜在的退化趋势。因此,本文以生态敏感性评价来划分脆弱生态区,将全省划分为 2 个脆弱生态区、8 个脆弱生态亚区和 26 个脆弱生态地区,有助于确定退化生态系统整治恢复的重点、目标和措施。

参考文献

[1] 刘燕华,李秀彬:《脆弱生态环境与可持续发展》,商务出版社,2007 年。

[2] 赵跃龙:《中国脆弱生态环境类型分布及其综合治理》,中国环境科学出版社,1999 年。

[3] 侯学煜:《中国自然生态区划与大农业发展战略》,科学出版社,1988 年。

[4] 高密来:《中国生态环境区划初探》,《生态学杂志》,1995 年第 2 期。

[5] 傅伯杰,刘国华,陈利顶,等:《中国生态区划方案》,《生态学报》,2001 年第 1 期。

[6] 岳书平,闫业超,张树文:《中国东北样带生态环境区划研究》,《地域研究与开发》,2010 年第 2 期。

[7] 赵桂久,刘燕华,赵名茶:《生态环境综合整治与恢复技术研究》,北京科学技术出版社,1995 年。

[8] 孔庆云,寇文正,陈谋询:《乌兰察布盟生态脆弱区区划的探讨》,《林业资源管理》,2005 年第 1 期。

[9] 贾良清,欧阳志云,赵同谦,等:《安徽省生态功能区划研究》,《生态学报》,2005 年第 2 期。

[10] 樊杰:《我国主体功能区划的科学基础》,《地理学报》,2007 年第 4 期。

[11] 欧阳志云,王效科,苗鸿:《中国生态环境敏感性及其区域差异规律研究》,《生态学报》,2000 年第 1 期。

[12] 葛丽颖:《河北省水资源与水环境现状及其生态系统服务功能研究》,河北师范

大学,2004 年。

[13] 王国强,徐威,吴道祥,等:《安徽省环境地质特征与地质灾害》,《岩石力学与工程学报》,2004 年第 1 期。

[14] 张鑫,李双应,周涛发:《安徽省环境地质灾害现状及防治对策》,《合肥工业大学学报(社会科学版)》,2003 年第 4 期。

湿地营建与城市更新
——美国纽约城市化过程中湿地变迁对中国的启示

江 天[1] 李萍萍[2,3]

(1. Kohn Pedersen Fox Associates, New York NY 10025, USA;2. 南京林业大学森林资环学院,南京 210037;3. 江苏大学农业工程研究院,镇江 212013)

摘 要:湿地是自然界最富生物多样性和生态功能最高的生态系统。然而自工业革命起,城市化进程就在飞速侵占湿地资源,湿地的减少已经危害到了人类的生存环境。如何寻求城市发展和湿地保护间的平衡点成为急需解决的问题。本文从城市湿地公园和湿地基础设施两个方面分析湿地营建在城市更新中的作用,并借由外国先进城市的经验和教训,探讨城市和湿地如何在现实矛盾中寻求共生。

关键词:湿地;城市更新;城市湿地公园;绿色基础设施

Wetlands construction and Urban renewal
——Enlightenment of wetland change during the urbanization of New York City on China

Jiang Tian[1]　Li Pingping[2,3]

(1. *Kohn Pedersen Fox Associates*, *New York NY* 10025, *USA*;2. *Forestry resource and environment school*, *Nanjing Forestry University*, *Nanjing* 210037;3. *Agricultural engineering institute*, *Jiangsu University*, *Zhenjiang* 212013)

Abstract: Wetlands have the most biologically diversity and highest ecological functions in all the ecological systems. However, ever since the Industry Revolution, urbanism process has been rapidly encroaching on the wetland resources. The wetlands erosions have already endangered the living environment of human beings. It becomes the emergent issue to find a balance between urban development and wetland conservation. This article analyzes the role that wetland construction could play in the urban renovation via two parts of urban wetland park and wetland infrastructure, and discusses how to incorporate urban environment and wetland bodies through the case studies of the advanced practices by developed cities.

Key words: wetland; urban renovation; urban wetland park; green infrastructure

1 城市化与后城市化对自然环境的破坏和诉求

城市化,即为人口从农村向城市转移的过程。

城市赖湿地而生。自新石器时代后期,农业成为主要的生产方式起,人类社会逐渐产生了固定的居民点。生活与农业均离不开淡水资源,而淡水资源又蕴涵于河流、湖泊等湿地中,所以原始的居民点大都靠近河流、湖泊,城市则是在这些居民点的基础上发展形成的。

如果说农耕时代城市的发展与湿地还是相互依存,交融共生,那么工业文明下城市化的不断推进则是对自然湿地赤裸裸地侵占和吞噬。首先,城市化进程与工业化进程息息相关。工业生产方式仰赖航运的通达,河道首当其冲被服务于工业运输中,而工业生产的废弃物则直接排放至河道——在资本原始积累的过程中,这是最廉价的垃圾处理方式。其次,在城市空间扩展的过程中,城市往往尽一切可能开发有经济与社会效益的土地。很长时期内,湿地被认为是无用的土地,被作为垃圾倾倒场,或者开发为建筑用地。例如,江苏省镇江市的第一批高级别墅区阳光世纪花园,就是建造在沿长江而设的垃圾填埋场上的,然而更久前这里为滨江湿地。

很多发达国家进入后工业化时期后,城市建设步伐趋缓,人口已经出现从城市到农村的逆城市化过程。这一阶段城市所面临的新问题促使发达国家城市已经开始思考、探索及着手城市更新的问题。当工业生产大量转移至更低成本地区时,昔日热火朝天的工业地带日益凋敝,成为城市中的灰色地带,而这些工业区大多滨水。铁丝网围起来的工厂隔断了城市与滨水区的联系,这是工业城市最为常见的景象。此时,湿地对于城市的价值才重新被挖掘出来。一方面,工业化对自然的破坏已得到大众的普遍关注;另一方面,湿地的景观价值对于土地价值的提升作用也变得显而易见。

中国由于工业化起步较晚,因此城市化水平远远低于发达国家。据世界银行统计资料,1996年,全世界城镇化水平已达45.5%,发达国家城镇化水平一般都在70%以上,比如美国为76.3%,英国为89.3%,日本为78.3%,同期我国仅为29.4%。根据中国社科院的报告,中国的城市化率在2009年约达到 46%,也仅为 1996 年的世界平均值。

中国现今正在经历着城市化的大跃进,工业化生产无可避免地破坏着自然生态环境,与此同时,全球化进程又让中国受到来自西方后工业化城市发展的思想冲击,部分有直接或潜在经济效益的自然景观也得以保护与开发。例如大理的洱海、江苏的太湖、杭州的西溪等等,均是因为历史盛名在外,湿地的观光旅游价值又得到愈加广泛认可,因而相继被以湿地公园的形式开发保护,发挥着它们的经济、文化、社会效益。但更多的案例是,如同城市动脉的河流被持续污染,如同城市毛细血管的支流水系被填埋,如同城市心肺的湖泊沼泽被围垦抽干。

发达国家城市经历过的破坏,对于中国如火如荼的建设有很好的警示作用,而发达国家正在进行城市更新的探索与实践,则是中国最好的范例,让中国在城市化的过程中可以更具前瞻性,对于很多城市化带来的恶果可以防患于未然。

在城市更新中,对处于城市边缘的大中型湿地,可规划为湿地公园,于综合保护和实际利用之间找到平衡点;对处于城市内部或边缘的小型湿地,根据其损坏程度的差异,可以采取湿地修复、湿地转换、湿地创建等不同的修复手段。本文将从城市中的大型湿地公园及小型湿地基础设施两个方面来探讨城市更新中湿地营建的方式及其作用与影响。

2 城市湿地功能及湿地公园营建

2.1 城市大型湿地的生态价值

城市边缘大型湿地长期以来被认为是荒滩荒地,其生态价值直到近年才逐渐被重视,其中最主要的有调节气候、维持生物多样性以及涵养水源等。

湿地由于导热性差,可为附近区域大气提供充沛的水分。这正好有效缓解了由于钢筋混凝土的高导热性产生的城市热岛效应,平衡了城市和周边地区的温度和湿度,从而使城市热岛效应对人体健康的危害得以缓解。

湿地是许多动植物赖以生存的环境,对保持城市生物多样性有重要作用。城市的建设破坏了自然界的生物链,自然灾害的频发即为生物链破坏的后果之一。对湿地的及时补救与修复不仅在于保护现存的物种,还应致力于复原原有的生态资源。

湿地对于城市最直接的功能是涵养水源及净化水质。在城市化进程中,城内河流湿地的锐减加快了城市地表径流速度,导致出现暴雨后干流河道水量快速增加和地表积水现象。作为城市的天然海绵,湿地含有大量持水性良好的泥炭土、植物及不透水层,可大量蓄积洪水;湿地植物也对水流有阻滞作用,可降低地表径流速度,使毒物和杂质得以沉淀排斥,湿地植物如芦苇等能有效地吸收有毒物质,可净化水源。湿地对于城市水源的涵养与净化功能也是其在城市更新中最主要的应用。

2.2 城市大型湿地的美学价值

城市化的进程,是人口不断从农村向城市集聚的过程。为了在有限的土地里容纳越来越多的人口,城市不得不对内发掘一切可利用土地,对外扩张占领土地,向竖直高度上争取生存空间。在对建设用地的掠夺中,公园绿地等开放空间的面积被压缩得越来越小,很多城市都呈现出没有喘息空间的水泥森林形态。

现代城市发展到一定阶段后,人们对于开放空间的渴求骤增。1821 年至1855 年间纽约市的人口增长了 3 倍,市民为了逃离都市的嘈杂与喧嚣纷纷搬到墓地等开放空间居住。纽约市在 1811 年城市规划中,于曼哈顿岛内贫穷的黑人与欧洲移民居住的若干小村庄的位置上,规划了 3.41 km² 的中央公园,公园中规划了数个人工湖及蓄水池、多处草地与野生动物保护区。如果不是在方格路网规划中有前瞻性地预留出这样大型的开放空间,在之后百年的快速发展中,曼哈顿岛很可能成为一局无子可下的棋盘,密不透风的高楼隔绝了阳光及新鲜空气。正是这 3.41 km² 的绿地和水体的开放空间,使城市得以持续健康发展。

之后纽约中央公园的规划模式被许多城市纷纷效仿,其成为现代城市的经典范例。在城市公园的规划中,水体通常作为不可或缺的景观要素。而在中国古代朴素的城市规划思想中讲究"山环水抱"的原则,"水抱"之地为洪泛滩地水土肥沃之所,即湿地。

在中国的古诗词中,城市风貌与湿地往往相伴而生。例如《诗经》中《蒹葭》一篇:"蒹葭苍苍,白露为霜。所谓伊人,在水一方",描绘出了湿地空灵的景致。崔颢的《黄鹤楼》中"晴川历历汉阳树,芳草萋萋鹦鹉洲",生动地再现了汉阳城与沼泽湿地相生的景象。而韦应物的《夕次盱眙县》里的这一句"人归山郭暗,雁下芦洲白",更是将城市、湿地,以及与城市相生的人、湿地相生的雁交融在一起。

中国的传统美学讲究空间上的"留白",即哲学上"道"与"无"的境界。城市规划亦如此。无论是至高无上的皇城,例如唐朝大明宫和明朝、清朝紫禁城的太液池,还是退隐出世的园林,例如苏州拙政园和沧浪亭,利用大面积的水面拉开空间的层次都是设计中必需的要素。这也是符合中国朴素的"天人合一"的哲学思想的。"天人合一"实际上反映了尊重自然、和谐共生的价值观,这与后工业化时代的现代城市对开放空间的诉求恰恰是不谋而合的。

2.3　可营建为湿地公园的土地类型

2.3.1　未被城市侵占的天然湿地修补

在城市化的过程中,即使本身并未作为城市用地进行开发,城市边缘的自然湿地或多或少都会受到城市污染和人类活动的影响,从而面积大幅减少,生态功能逐步退化。例如,流经纽约的哈得逊河河口(Hudson-Raritan Estuary)沿岸的湿地从 400 年前的 2.6 万 hm² 到如今仅存的 3 626 hm²(见图1)。杭州的西溪湿地面积也从历史上的 6 000 hm² 多逐渐缩小到现在规划保护的 1 008 hm²。

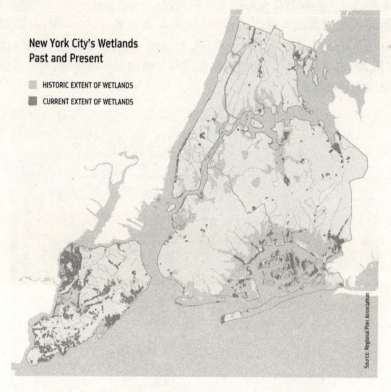

New York City's Wetlands
Past and Present

■ HISTORIC EXTENT OF WETLANDS
■ CURRENT EXTENT OF WETLANDS

Source: Regional Plan Association

图1　纽约哈得逊河河口湿地分布历史和现状对比

此类湿地对于城市来说,不仅是天然的过滤器,洪涝时起到蓄水涵源的作用,拦截了污染物避免影响下游流域,而且还为城市岸线提供了一个软边界,减弱灾害强度,缓解侵蚀。此类湿地受损程度尚不严重,可以通过生态技术或生态工程进行保护、恢复和构建,并达到恢复湿地生态系统健康和功能的目的。

以美国纽约的牙买加湾为例,自 1972 年起,为了保护牙买加湾的水域与盐沼、鸟类与野生动物等,国家公园局将牙买加湾野生动物保护区(Jamaica Bay Wildlife Refuge)纳入系统盖特威国家休闲区(Gateway National Recreation Area),总面积达 3 705 hm^2。其中包括港湾、岛屿、咸水湖、淡水湖、盐沼、陆地和树林等,可看到超过 325 种鸟类及 91 种鱼类,被誉为"鸟的天堂"。

虽然牙买加湾的污染问题大大改善,但是湿地流失现象却仍然存在。自 2003 年起,牙买加湾的沼泽地以每年约 16 hm^2 的速度消失,原因包括海平面上升、非本土物种及泥沙流失等。对此纽约市、州及联邦政府的多个机构参与到了对沼泽流失最为严重的埃尔德斯点岛(Elders Points)的保护和修复中。修复措施包括改善流入湾内的水质(改进雨水径流、减少 CSO、氮排放减半等),并且从纽约港深水底挖掘了约 38.2 万 m^3 的清沙重建东西埃尔德斯点岛(见图 2),岛上播种从牙买加湾收集的本土植物,另一边纽约港也因挖掘而拥有更深的船舶吃水。

图 2　埃尔德斯点岛修复前后对比

从牙买加湾野生动物保护地的发展可以看到,对湿地的保护不是一次性的,由于人类发展而造成的地球自然环境的恶化随时会将苦心经营的湿地公园陷入消失的威胁中。城市和自然的和谐相生需要人们持续不断地关注与努力。如果只是为了一时的经济效益兴起营建湿地公园的热潮,却又缺乏长远保护规划的话,那么有朝一日湿地流失,海水倾入,人类只有自食其果。

2.3.2 已被城市侵占的人工湿地复原

如前所述,工业化进程的限制导致制造业从传统工业区转移到新兴人口聚集中心。城市中心留下了大量工业旧址。由于这些土地长期受到工业设施的污染,环境质量恶劣,成为"棕地"。由于工业用地与湿地的天然关系,这些棕地中很多都是邻湿地而建或者填湿地而建的,因此在清理污染后有复原转换为城市湿地公园的潜质。

纽约市斯塔腾岛正在修复改造的清泉公园(Fresh Kills Park,见图3)。它原先是世界上最大的垃圾填埋场,总面积约890 hm²,其中45%的面积由4个垃圾山组成。即使历经50多年的垃圾倾倒,仍然保留了占地55%的溪流、湿地和干低地。规划中的公园将有704 hm²作为自然生态区,其中146 hm²为湿地。5个公园中,94 hm²的北园区、41 hm²的汇流区都是以湿地为主体的公园,195 hm²的东园区也会将人工湿地与步行道、展览及公共艺术装置等相结合,作为生态教育区。水循环系统等湿地自净项目也在规划当中。该公园的改造将分3个10年阶段性进行。第一阶段:南园区、北园区与汇流区部分向公众开放;初步建立交通系统、娱乐设施、商业及非盈利项目;完成新公园用地的定位,展示生态转型的初步成果;东、西垃圾山关闭并覆膜。第二阶段:东园区开放;在第一阶段基础上增加项目设置,完善生态修复。第三阶段:西园区自然生态区及公共景观显著扩大,公共项目建设完成且有高活力;新的生态物种持续引进。

图3　清泉公园旧貌、现状与远景

由于工业污染的复杂性,棕地的修复重建不是一朝一夕可以完成的,而且需要付出高昂的资金及技术的代价。尤其是长期存在于土壤中的化学污染,处理不善会威胁到公众健康及城市环境。阶段性规划使得在修复重建过程中暴露的新问题有机会在下一阶段得以解决,规划方案也可逐步完善。一次性建设得到所有成果是不符合自然规律的发展方式的。

近日,上海后滩获得美国景观设计师协会(ASLA)公布的 2010 年度全美景观设计杰出奖。它利用原上海第三钢铁厂厂区内原船坞位置因黄浦江潮汐影响形成的一片面积 14 hm^2 的狭长天然湿地,改建成为具有水系统生态净化功能的湿地公园。该项目的实现与上海世博会的推动密不可分。在世博会后该湿地公园将如何保护与发展,我们拭目以待。

2.4 湿地保护与土地开发的博弈

大型湿地公园的保护成本是巨大的。纽约市政府由布隆伯格市长推动的 PlaNYC 项目自 2002 年起投资了 7 400 万美金修复了 70.8 hm^2 的湿地,但这还远远不能满足修复纽约港所有在退化的湿地的目标。为了保持生物多样性,减少人为的破坏,湿地公园只能开发一小部分作为观光、教育的用途,大部分并不宜向公众开放旅游观光,且人数也必须作一定限制。如此,湿地公园的门票及娱乐项目的收入并不足以补偿湿地修复的投入。

不仅是城市边缘的大型湿地需要保护,城市内的小型湿地也同样具备生态价值。但是由于小型湿地分布较分散,而且湿地的位置也会有自然性的迁移,不容易在地图上准确标出,因而在城市的开发过程中常常会被合法填埋。

为了减少湿地的流失,纽约州颁布的舒缓措施要求就地或者在邻近地区修复破坏的湿地。但是这一措施不适合纽约市,因为没有足够的就地补偿的空间。纽约市认为,与其花大价钱保护一小块成效甚微、没有什么栖息价值的湿地,不如集中精力保护大片的湿地,以期减少湿地总量的流失。开发商在不得已填埋一块小型湿地时,就需要支付一笔资金到大型湿地的保护项目基金中作为补偿。这些舒缓策略可以为纳税人和管理者都节约下时间和金钱。

3 城市湿地基础设施建设

3.1 城市化与基础设施

纵观城市发展的历程,基础设施的出现与发展是与城市化和工业化中出现的种种危机与矛盾相伴的。

英文"Infrastructure"一词最初的记载出现于 1927 年美国史上最大洪灾期间,其意义为"建立一套工业经济所依赖的系统、工作与网络"。洪灾造成大量堤岸码头摧毁、农田泛滥、数十万人员伤亡等,使得城市需要及时重建。这样,由洪灾促进了对交通设施、资源保护及能源生产的组织和对城市土地分区的立法。更早以前,1832 年,全球霍乱蔓延到纽约,此次危机迫使纽约市的领导者投资建造了输水管道和水库系统等大型公共设施,也因这一举措,由污水中病菌所助长的全球性霍乱没有于 1860 年大蔓延时在纽约爆发。

城市基础设施的完善与更新一直是城市发展的重要议题。近几十年来,自然生态的持续恶化引起了人们的注意,在城市建设已基本完成的后城市化阶段,西方城市将目光投向了绿色基础设施的发展与建设。中国城市大多正在进行大规模城市开发建设,这是一个很好的机会,可以将最先进的基础设施一步到位运用在城市建设中。

3.2 城市湿地的雨水处理系统

由于水环境对人的健康有重要影响,因此不断推动着城市基础设施的发展和改善。西方发达城市 19 世纪建立的地下排水设施,虽然预防了疾病的出现,但同时也恶化了城市天然地下水源的水质。

雨水处理系统是城市更新中的一个重要环节。除了防洪排涝外,雨污分流和雨水收集系统等都成为了当今城市可持续发展关注的焦点。而湿地有涵养水源及净化水质的重要功能,在雨水处理系统中可以发挥巨大作用。

生物洼地(Bio-swale)和生物滞留池(Bio-retention)(见图 4)作为人工小型湿地的一种,现在正在被越来越多地引入到城市基础设施中,参与到雨水处理的生态过程中。生物洼地,是一种在倒梯形洼地的双坡面上覆盖植被、堆肥或碎石,以减缓地表径流速度、沉淀污染和淤泥从而净化水质的绿色排水设施。生物滞留池,是由植草缓冲带、沙床、池区、有机层、种植土、植物等有序组成的减缓地表径流速度、沉淀污染的雨水的过滤设施。

图 4　生物洼地与生物滞留池

生物洼地和生物滞留池的工作原理是:将地表径流引入透水、栽种湿地植物的低洼区,通过湿地植物和土壤的吸收净化后渗入土壤补充城市地下水资源,或者直接进入土壤下埋的蓄水池再利用。生物洼地常常沿道路路肩铺设,而生物滞留池常常设置于停车场旁。生物洼地是生物滞留池的沟状形式,二者常常结合使用,以适应不同的地形状况,并由此创造出丰富的城市空间。

2010年春季,纽约哥伦比亚大学城市设计专业的工作室受邀为牙买加首都金士顿作城市设计,其中一个小组提案关注金士顿城内的有百年历史的自然露天排水系统(Gully)。金士顿旧城内有5条约3 km长的排水沟从新金士顿一泻而下直通金士顿港,不期而至的暴雨造成排水沟径流对沿岸行人、住家有人身安全的威胁,加上排泄雨水的同时也将大量有毒污水排入海港,并伴有大量生活垃圾滞留于排水沟及港岸,使得排水沟遭到市民和政府的排斥与疏远,也因而成为罪犯躲避警察的天堂。

该提案(见图5)的主要设想为将露天排水沟改造为生物洼地;并且在城市街道沿路设小型生物洼地,将地表径流引入排水沟中;同时在沿岸空地、公园等设生物滞留池。排水沟的驳岸改造成生物洼地的种植缓坡,成为人与排水沟的缓冲带,隔离了垃圾掷入,更在强降雨期间可以防止人被洪水沿排水沟冲走——这在金士顿是一个严重的问题。沿岸的生物滞留池在强降雨期间可以容纳更多的雨水,分担排水沟的流量。这一绿色基础设施不仅可以改善金士顿城内的卫生状况,减少污水和生活垃圾通过排水沟对港口的污染,治理排水沟引发的安全问题,而且可以激活排水沟沿岸的地区作为娱乐与商业带,缓和当地社会贫富生存环境的落差。

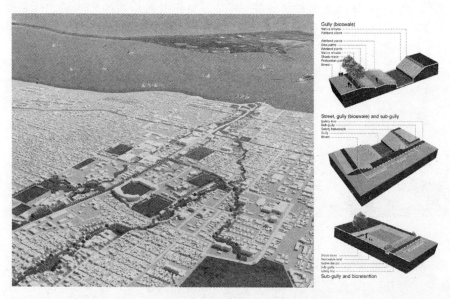

图5　牙买加金士顿城排水沟改造的提案

但可惜的是牙买加的评委对所有有关排水系统的改造均不理睬,他们认为该提案里最有价值的部分是排水沟入海口的公园,这样他们可以在旁边建造一座大酒店尽览海景。在城市化过程中对于高大标志性建筑物的渴求是可以理解的,但是如果为了追求城市的建筑物建设而忽略了绿色基础设施的重要性,眼光未免太过于狭隘。这也是中国在大规模城市建设中需要警惕的。

4 结语

中国城市人口众多,在城市化进程中,为了在有限的土地里容纳如此大量新增人口,便很容易忽略城市空间的张弛之道,从而为了现实利益而摒弃传统哲学思想中很有智慧的"留白"空间,摧毁着城市的自然生态。

在追求 GDP 建设速度的同时,如果忽略了空间的"留白",不及时保护日益退化的湿地环境,不愿投资绿色基础设施的建设,则西方城市曾经产生的危害与绝望,必将加倍地出现在未来的中国城市。到那时将要付出的代价将远远超出现在的一点点投资的增加。

从学术界到广大民众,湿地的价值已经被逐渐认识,但湿地的保护、修复和营建非朝夕之工,非一蹴可就之事,生态与城市的和谐发展还需要全社会长期坚持不懈的共同努力。

参考文献

［1］Mohsen Mostafavi, Gareth Doherty. Harvard university graduate school of design. ecological urbanism, Baden: Lars M ller Publishers, 2010, 05.

［2］Douglas Farr. Sustainable urbanism: Urban design with nature, Hoboken: Wiley, 2007, 11.

［3］Kelly Shannon, Marcel Smets. The landscape of contemporary infrastructure, Rotterdam: NAi Publishers, 2010, 03.

［4］PlaNYC 2011 Full Report. The city of New York mayor Michael R. Bloomberg, 2011, 04. http://www.nyc.gov/planyc.

［5］Fresh Kills Park Project. The city of New York department of city planning. http://www.nyc.gov/html/dcp/html/fkl/fkl_index.shtml.

［6］Professional Practice-Green Infrastructure. American society of landscape architects. http://www.asla.org/ContentDetail.aspx? id=24076.

［7］Bioswales, Rainwater Management, Capital Regional District, PO Box 1000, Victoria, BC V8W 2S6 Canada. http://www.crd.bc.ca/watersheds/lid/swales.htm.

［8］Biofilters (bioswales, vegetative buffers, & constructed wetlands) for storm water discharge pollution removal, Dennis Jurries, State of Oregon Department of Environmental Quality, 2003,01. http://www.deq.state.or.us/wq/stormwater/docs/nwr/biofilters.pdf.

[9] William W. Groves, Phillip E. Hammer, Karinne L. Knutsen, Sheila M. Ryan, Robert A. Schlipf. Analysis of bioswale efficiency for treating surface runoff, Donald bren School of environmental science and management, University of California, Santa Barbara, 1999. http://www. bren. ucsb. edu/research/finaldocs/1999/bioswale. pdf.

[10] 安树青:《湿地生态工程——湿地资源利用与保护的优化模式》,化学工业出版社,2003 年。

[11] 赵思毅,侍菲菲:《湿地概念与湿地公园设计》,东南大学出版社,2006 年。

[12] 王建国:《城市设计》,东南大学出版社,1999 年。

[13] 杨冬辉:《城市空间扩展与土地自然演进——城市发展的自然演进规则研究》,东南大学出版社,2006 年。

[14] 潮洛蒙,俞孔坚:《城市湿地的合理开发与利用对策》,《规划师》,2003 年第 7 期。

城市园林复合生态系统

祁素萍　朱明丽

（天津科技大学环境艺术设计系，天津 300457）

摘　要：城市园林是许多生物的栖息地，也是人们接触和了解大自然的重要场所。在人的参与下，城市园林成为与自然生态系统具有明显不同结构、功能和特征的，更加复杂开放的自然—社会—经济复合生态系统，对城市生态系统功能的提高和健康发展有重要作用。复合生态系统的组分和结构要与一定的自然环境及社会经济需要相适应。本文从系统的角度探索生态环境与社会经济对园林发展的影响，旨在为未来城市的园林发展及综合决策提供一定的理论依据。

关键词：城市园林；复合生态系统；协调性

The complex ecosystem of urban landscape architecture

Qi Suping　Zhu Mingli

(*Department of Environmental Art Design*, *Tianjin University of Sciences & Technology*, *Tianjin*, 300457)

Abstract: Urban landscape architecture deals with urban natural ecosystems that provide wildlife habitat and a place for people to experience and appreciate nature urban landscape architecture was a nature – social – economic complex e-cosystem under public participation; it's more complex and open with distinct structure, function and features than natural ecosystem. It plays an important role for improving the health and function of the urban ecosystem. The components of ecosystem must be designed to fit the specific needs of each urban area. In this paper the effect of natural, social and economic components to open spaces were explored from the system point of view. The purpose of the study was to provide a theoretical basis for development and the future decision – making of urban landscape architecture.

Key words: urban landscape architecture; complex ecosystem; harmony

从古到今,人们一直为寻找自己的理想家园而不懈地努力,放眼历史的长河,园林的产生、发展与繁荣,从一个侧面揭示了人类历史发展的轨迹,表明了人类文明的进程。一个世纪以来,人们对园林有了更清晰的认识。我们有辉煌的过去,而我们的未来将会是什么样的? 随着时代的发展,园林的含义、功能、营建方式将得到不断丰富与扩展。我们曾经建造了许多优秀的园林,今后我们必须重新寻找新的园林类型,以使园林经济持续增长,同时保持生态环境的健康和美丽。纵观世界园林的发展,虽然由于国内外人们审美情趣的不同导致园林形式存在差异,但园林渐进式发展以及当前人们对生态环境的关注是相同的。更加注重提高生态环境质量和景观质量是人类经过漫长的探索而找到的正确的园林发展之路,是未来城市园林建设的方向。虽然这一点已经被大多数人所认识,但如何搞好城市园林建设,实现可持续发展,是一项长期而又十分繁重的任务。

城市园林是一个需要社会、经济和自然生态环境协调发展的半自然生态系统,又是一种由相互作用着的子系统所构成的复杂系统[1],如何衡量自然—社会—经济的协调发展已成为决策人员和公众日益关注的重要问题。近年来随着社会发展和经济实力的增强,以及人们对生活环境要求的提高,我国城市园林虽然得到了很大的发展,但目前还缺乏对该系统的深入研究。在此情形下,进行对园林复合生态系统的研究,不仅可以为园林的系统化建设奠定一定的理论基础,有助于社会、经济、自然生态环境三个子系统的协调运转,而且有益于更好地建设人们生存和生活的城市环境,以获得最大的社会效益、经济效益和生态环境效益,从而实现园林复合生态系统的可持续发展。目前我国城市园林理论研究与实践之间还存在一定的距离,有待澄清和解决的问题还很多。

1 我国城市园林建设中存在的问题分析

我国城市园林建设从公元前 11 世纪最早的城市园林形式"囿"开始,已经有 3 000 多年的造园历史[2],特别是古典城市园林体现的"本于自然,高于自然","建筑美与自然美融糅"等特点,具有丰富的生态学思想基础和实践经验。但过去的辉煌不能掩盖我国现代城市园林建设的不足。我国城市园林建设的理论常常滞后于实践,表现为在城市园林规划设计和实践中缺乏科学的理论指导。在我国当前的城市园林建设过程中,许多人不了解世界城市园林的发展历史和趋势,对西方发达国家城市园林形式盲目推崇而加以仿造。随着人们对园林生态服务功能认识的不断提高,园林绿化作为改善城市环境的一项重要措施正在进一步得到体现。许多城市做了有益的实践与探索,对我国园林的整体发展产生了积极的推动作用。但同时也应该清醒地认识到我国城市园林建设中存在的问题,主要包括以下几个方面。

1.1　我国园林基础理论研究薄弱,理论研究滞后于实践

虽然从明代计成的《园冶》和文震亨的《长物志》等一些造园理论书籍问世以来,人们一直没有间断过对园林理论的探索,国内许多学者对城市园林生态服务功能、结构、布局等多方面进行了研究,但这些研究多为定性描述与理论分析,实践操作性不强,缺乏对构成城市园林要素的广泛深入的研究,特别是关于城市园林系统性方面的研究更少。

1.2　多学科交叉不够

园林是一门综合性学科,不仅涉及生态学、规划设计等内容,还涉及生物学、社会学、心理学与美学等多门学科,它们与园林的动态发展及其效应有着密切的联系。园林设计与营建更需要多学科理论指导、技术支持和多部门配合,而目前我国园林建设在多学科融合方面较薄弱。此外,园林建设从业人员的文化程度不容乐观,从业人员职业后教育需要进一步提高。

1.3　园林规划与管理作为一种社会活动,不仅受到文化的影响,而且受到社会经济的影响

不少地方出于商业竞争考虑,注重短期经济效益,环境生态效益没有得到应有的重视,导致侵占绿地,破坏水面、湿地和文物的事情仍有发生。由于受客观条件的限制,我国城市园林绿地面积较小,动物栖息环境质量差,生态系统及食物链不完整。

1.4　公众的参与意识和参与程度较低

目前公众参与多集中在后期植树造林与部分养护工作这一层面,事实上前期的规划设计直接涉及园林功能的发挥和公众的利用状况。公众参与是园林生态规划设计的重要组成部分,而我国公众在园林规划设计及其决策方面参与程度较低,且缺乏有效的参与途径。

1.5　园林生物多样性保护从观念到行为都需要进一步加强

生物多样性的保护是城市园林建设的重要内容,我国园林只见繁花而难觅蜂蝶,只有树木而无栖鸟的情形仍随处可见。

除以上因素外,我国严重的人口问题,以及市场经济利益驱动下对园林生态环境的不健全管理和决策,都成为我国城市园林持续发展的障碍。

2　城市园林自然—社会—经济子系统分析

2.1　城市园林自然生态环境子系统

不同的自然条件形成不同的自然景观,一个城市的园林景观变化往往受

气候、环境等自然因素的影响。有人曾对德国柏林市影响城市园林生物的小气候影响因素进行调查研究,发现不同建筑尺度、不同环境下的园林植物光照强度差异较大,并且强调在景观规划设计中进行小气候调查是非常重要的[3]。园林景观内部各要素是有机融合的,其中景观的内部如能量的流动、生态型的变化,必然会引起其他各要素相应的变化,进而影响景观的特性导致景观的改变。不同的园林景观,例如景观面积、山体景观、水体景观、人文景观、植物景观等等,是影响城市园林景观效应及其利用状况的直接因素。园林不仅包括植物、山、水等自然景观成分,而且涉及系统多样性、生态平衡、结构、干扰、尺度效应、食物链等多个现代生态学的基本理论问题。该系统内部是由生物系统和环境系统组成的,生物系统包括生产者、消费者和分解者;环境系统包括太阳辐射以及各种有机及无机成分,各成分依附于系统而存在。系统各成分之间或子系统之间,通过能量流、物质流、信息流而有机地联系起来,通过相互制约、相互作用形成一个有机的整体。

2.2 城市园林社会子系统

人类活动及文化的不同可以引起景观的急剧变化,在当今地球上几乎难以找到没有人类影响的地方,所有人类改变、使用的半自然景观和农业景观占全部开放景观的95%。即使有少量的自然或近乎自然的景观,也都受到人类活动直接或间接的影响,并正在快速缩小和消失,它们的命运像地球上其他土地和海景一样取决于人类社会的行为[4]。城市园林景观也不例外,人类对城市园林景观的游憩性利用,对各景观要素产生了一定的影响,使得城市园林生态系统受到一定程度的干扰破坏。例如游人对鲜花、苗木的采集,会引起植物组成的变化,旅游活动的踩踏对地被植物的破坏也非常严重。此外,游人量增多、土壤板结程度增加、水分渗透减少、地面径流增加,将导致水土流失,同时也直接影响植物的生长以及野生动物的分布等等。

社会文化因素对园林的影响也是非常重要的。随着时间的推移,人类文化与物理景观元素之间互相交叉,许多景观都受社会文化和历史传统的影响[5]。世界各国由于文化、历史、地理等差异形成了不同的园林体系和不同的景观布局形式,如规则式的法国古典主义园林风格,与我国古典园林中崇尚自然、创造自然的造园艺术是两种不同的景观布局形式。在我国不同的历史发展阶段,受不同的社会和文化影响,形成了不同的园林。殷末周初时期,由于人们对山岳的崇拜出现了"台——积土四方而高"这一最初的园林构筑物[2];东汉时期,受佛教的影响在我国出现了寺观园林;魏晋南北朝时期,由于人们急于摆脱战争的苦闷,追求解脱与个性的解放出现了"南朝四百八十寺,多少楼台烟雨中"的佛寺园林盛行的景观;隋唐时期,随着封建社会经济、政治、文化的进一步繁荣,许多皇家园林规模宏大,形成"皇家气派";两宋时期,由于文化政策一定程度的宽容性,文人园林大为兴盛(如苏州沧浪亭等);明、清时期,由于自然景观与人文景观的完美结合形成了中国古典园林的不朽之作(如圆明园、避暑山庄、网师园、拙政园等)。我国园林在不断成熟与完善的过程中,人类是影响园林最重要的因素,而且许多园林景观都受自然与文化之间的交叉影响。Nassauer 曾说过"文化构造景观,景观影响文化",他对景观文化总结了 4 点:(1) 人类对景观的理解、认识和评价直接影响景观同时又受景观的影响。(2) 文化习俗影响自然景观的生境和外形格局。(3) 文化的概念不同于科学的生态功能的概念。(4) 景观的外形表达着文化价值[6]。因此,只有真正了解人类的文化以及人类文化赋予园林的含义,才能管理好园林并使其保持持续发展。然而我国还有许多传统的文化景观没有得到很好的保护,特别是由于自然科学与社会科学分离,人们对园林景观多样性以及园林文化多样性缺乏系统科学的认识。

2.3 城市园林经济子系统

城市园林的形成与发展除了受自然生态过程、人的主观因素、社会文化因素影响外,还受到媒体宣传、政府宏观政策、经济因素等其他多种因素的影响。其中经济因素是影响城市园林发展的一个非常重要的方面。城市园林复合生态系统各子

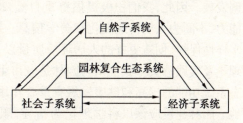

图1 城市园林复合生态系统各子系统关系

系统关系如图 1 所示。园林景观的设置、基础设施的维护与更新,甚至园林景观的广告宣传都是经济推动的结果。因此,影响园林景观发展的因素还包括经济要素在系统内的流动与累积,及其在一定程度上反映着园林经济结构的相对变化。城市园林复合生态系统在一定程度上是由经济推动运行的,系统的经济输入使得许多园林保护措施得以实施,园林得到维护与利用,同时也产生系统的经济输出。园林生态系统的运转状况和承载能力直接影响自然资源环境,进而影响经济的输出和社会经济的发展。

3 城市园林自然—社会—经济复合生态系统

城市园林是许多生物种群的栖息地,也是人们接触和了解大自然的重要场所,对园林进行系统的研究对于生物多样性保护、创造更好人居环境质量以及合理利用自然资源具有非常重要的作用[7]。同时城市园林又是以人的

活动为主体的开放性系统,是以规划设计为基础,强调"人"这一重要组成成分的使用与管理作用,并在人参与下成为与自然生态系统具有明显不同结构、功能、特征,更加复杂开放的系统。这种复合生态系统的成分与结构必须与一定的自然环境及社会经济需要相适应。随着人们对园林认识的逐步深入、环境保护工作的深入发展以及可持续发展战略的实施,我们不仅需要掌握园林生态系统的结构和功能,更需要从系统的角度全面地探索城市园林生态环境与社会经济的相互关系。只有从各子系统出发,把城市园林生态系统看做各子系统相互联系的有机整体,通过全方位、多视角的研究,才能寻求系统的最佳运行状态。因此,我们应该明确认识到这一复合系统的客观存在,并遵循其平衡规律,既重视经济数量增加,又重视环境质量改善和人们的合理利用,促进城市园林的可持续发展。

4 结束语

城市园林复合生态系统具有丰富的内容,它不仅重视美化环境、改善环境功能,而且强调人与自然的和谐,追求社会、经济、资源和环境多因素的协调发展。因此,我们积极提倡尊重自然,保持园林自然生态系统的生态再生能力,不断为人们传递文化和美学信息。园林复合生态系统的研究对于生物多样性保护、创造更好的人居环境质量以及对园林的合理利用等具有重要的理论及实践意义。我们认为园林是城市生态系统的重要组成部分,对城市生态系统功能的提高和健康发展有重要作用,同时也是人与自然万物交流的天地。园林建设应该以科学理论为指导,顺应生态学规律,并满足人们精神世界的需求;不仅要考虑对园林使用者达到最优化利用,还要考虑对自然生态过程达到最优化协调,并尽可能地保护环境或恢复环境,使其对环境的破坏达到最小,同时为人们创造满足视觉景观美、内涵丰富、有益健康、令人愉快和安全的休憩环境。因此,城市园林的建设应该是全方位的、多层次的协调发展,以期达到合理利用资源和满足人们的需要,最终实现可持续发展的目标。

参考文献

[1] Crawford D, Timperio A, Giles-Corti B, et al. Do features of public open spaces vary according to neighborhood socio-economic status? Health & Place, 2008, 14(4).

[2] 周维权:《中国古典园林史》,清华大学出版社,1990年。

[3] Mertens E. Bioclimate and city planning-open space planning. Atmospheric Environment, 1999,33(24-25).

［4］Pimentel D, Stachow U, Takacs DA, et al. Conserving biological diversity in agricultural system. Bioscience, 1992, 42(5).

［5］Bridgewater P B. Biosphere reserves: special places for people and nature. Environmental Science and Policy, 2002, 5(1).

［6］Nassauer J I. Culture and changing landscape structure. Landscape Ecology, 1995, 10(4).

［7］祁素萍,王兆骞,陈欣:《城市园林的生物多样性保护》,《世界林业研究》,2004 年第 1 期。

道家的生态观与现代养生旅游

严力蛟[1]　苏萤雪[1]　彭　莹[1]　徐孝银[2]　张　帅[3]

（1. 浙江大学生命科学学院生态规划与景观设计研究所,杭州 310058; 2. 金华市农业科学研究院,金华 321017; 3. 浙江大学基础医学系,杭州 310058）

摘　要：本文论述了道家的基本宇宙观,即人与自然的和谐。道家生态学思想的核心内容应包括三个方面:自然是大美的,存在是合理的,生命是宝贵的。本文分析了养生旅游产生的背景和内涵,认为养生旅游与道家思想是一脉相承的。最后,阐述了武义县发展养生旅游的优势和对策建议。

关键词：道家思想;自然生态观;养生旅游

Ecological views in Taoism and modern health tourism

Yan Lijiao[1]　Su Yingxue[1]　Peng Ying[1]　Xu Xiaoyin[2]　Zhang Shuai[3]

（1. *College of Life Sciences, Zijingang Campus, Zhejiang University, Hangzhou* 310058; 2. *Jinhua Academy of Agricultural Sciences, Jinhua* 321017; 3. *School of Basic Medical Sciences, Zhejiang University, Hangzhou* 310058）

Abstract: This paper discussed the basic universal viewpoint of Taoism, viz. the harmony between human and nature. The core of Taoism's ecological idea covered three aspects, including the beauty of nature, the rationality of existence and the invaluableners of life. Based on the analysis of the background and intension, this paper concluded that health tourism was consistent with the Taoism ideas. Based on this, some advices on developing health tourism in Wuyi were raised according to the advantages of this county.

Key words: Taoism thinking; nature ecology view; health tourism

1　道家的基本宇宙观就是人与自然的和谐

"人法地,地法天,天法道,道法自然"（《道德经·二十五章》）,是老子在研究宇宙各事物的矛盾以及人、地、天、道之间的联系后,得出的结论。其中"道法自然"揭示了宇宙中事物间的关系,是人们处事必须遵循的原则。在广阔无垠的宇宙中,人受大地的承载之恩,所以其行为应该效法大地;而大地又受天的覆盖,因此大地应时时刻刻效法天的法则而运行;然而,"道"又是天的依归,所以天也是效法"道"而周流不息的;"道"是化生天地的万物之母,其性是无为的,其发展变化是自然而然的,这又好像"道"是效法"自然"的行为,因此"自然"是最高境界。也就是说,人和自然乃至宇宙万物都是一个整体,而非割裂甚至对立的存在。所以,要站在整体的立场上看待人和自然的关系,尊重并顺应自然法则[1]。

《庄子》则进一步以"理"来解释"道",将形而上的道向下贯通。庄子的"理"有多种含义,其中最主要的是物所固有的确定性含义,即"天道之理,万物之情"(《庄子·秋水》)。对于这个"理",庄子认为,"圣人者,原天地之美而达万物之理",得道之人必然把握住自然之理,而不应违拗[1]。由此得之,在对自然的认识上,应把握住其固有的内在,而不能擅自以人的意念穿凿、违逆自然。

魏晋玄学中,竹林一派"任自然"的思想,指出天地万物的常态是和谐的,即自然,"天地生于自然,万物生于天地。自然者无外,故天地名焉;天地者有内,故万物生焉"(阮籍,《达庄论》),这继承了老庄将天地宇宙万事万物看做一个整体的思维方式,更指出这个整体中万物相生的和谐关系。而"人"也是这个整体的一部分,"人生天地之中,体自然之形。身者,阴阳之精气也;性者,无行之正性也;情者,游魂之变欲也;神者,天地之所以驭者也"(阮籍,《达庄论》)[1],这不仅仅将人与天地看做整体,更将人的形体、精神看做自然的体现,即人与自然的契合。

《太平经》指出:"夫天地人本同一元气,分为三体,各有自祖始",把天、地、人三者看做一体三分的统一体,而三者相通相合,即是"太平",也就是一种和谐的理想状态[1]。从生态观的角度来看待,即要达到自然与人的和谐统一。这正是被表述为"天人合一"的思想核心。

2 道家生态学思想的核心内容

2.1 自然是大美的

道家以"道"为核心构建了一个以自然主义为特色的完整的生态美学体系[2]。在道家的思想中,有"道法自然"的自然主义审美境界;有天为父、地为母、人为子的将任何天地自然视为一个家庭的思想;有五行生克、相反相成、相推相荡、逆反归一的平衡之美;有在天、地、人三才之间寻求相互取、与的动态平衡,形成一种生态平衡的和谐美。自然是一种无处不在的大美。在道家看来,人只要效法自然、无为处事,美就会自然而然地呈现在眼前。这种生态美学思想,对一般民众的心理产生了很大影响,塑造了中华民族敬天崇道的心理人格特征。基于这些审美思想,道家的审美方式是直觉体验型的,坚持面对"道"本身,与"道"合一,才能达到与天地万物融合在一起的"天乐"至美境界[2]。

2.2 存在是合理的

在道家看来,人和万物共同构成一个有机整体,天地万物有机关联,自然界有其自身发生、发展的内在规律,一座山、一条河、一棵树都有存在的道理,人类不要轻易去破坏,否则有可能会遭受自然的报复,也就是说自然的存在才是合理的。人作为大自然的一部分和"道"的化生物,理应效法自然、遵循自然的规律和法则[3,4]。人与自然不是敌对的,而是共生共存的关系,人不仅要爱护自然、保护自然,而且要向自然学习,达到和睦相处、和谐发展的理想状态。道家认为,应抛弃人在天赋价值方面比其他生命优越的观念,才会去尊重自然,最终达到"与天和"、"与地和"的理想状态[6]。

2.3 生命是宝贵的

道家认为,人与万物具有同源同质、同本同根的特点,互相之间平等而没有高低贵贱之分,因此必须尊重人之外的任何一种生物的习惯和方式[5,6]。道家思想的另一大特点或基本向度便是表现在对生命的关爱上,它强调要以仁爱之心来善待生命,因为所有的生物都是相互平等的。道家的生命关怀,不仅表明人类应善待自然的生态理念,而且还要求人们在关心生物时必须考虑生物各自的本性、生活方式、需求和欲望[4]。道家还告诫人类的行为决策必须重视万物自身的价值及其实现方向,强调人类的一切行为必须与其他物类协调共作,使人类的便利性与生物链的协调性保持一致[7]。

3 道家思想对养生旅游的启发

在当前社会对人类中心主义的反思下,道家思想重新被重视起来。以调和人与自然关系为核心的道家思想,更贴近现代养生回归自然的精神需求和追求绿色天然的发展趋势。因此,在现代养生旅游的开发中,道家思想、道家元素都有着不可忽视的分量。

3.1 养生旅游的内涵

3.1.1 养生旅游产生的背景

工业化的日益发展和城市化进程的加速推进,导致城市人口不断增加,社会、经济、环境、交通、教育、就业、土地、能源、治安等压力与负荷加大,造成城市交通拥挤,环境污染日益加剧,城市生态系统失衡,这直接或间接地对城市居民身心健康造成了极大的威胁。因此,在现代高节奏的紧张生活中,各种压力使亚健康的人群不断增加,许多老年病如高血压、高血脂、高血糖等

"三高"症逐渐年轻化、扩大化,有些恶性肿瘤如胃癌、肠癌、肝癌、白血病等逐渐被列为常见病和多发病。此外,我国老龄人口不断增加,目前已达到 2 亿,预计到 2050 年,老年人口总量将超过 4 亿,老龄化水平将达到 30% 以上[8]。随着生活水平的不断提高,在物质生活得到极大的满足后,人们对生活质量的要求提高了,对"健康、愉快、长寿"的期望值也越来越高,养生保健已成为人们广泛关注的重要问题。

随着保健意识的提高,人们对养生休闲、健康理疗产品的需求将逐步加强,养生保健产业随之应运而生,且发展迅速。养生保健会所、养生理疗会馆、养生坊、养生中心等养生场所在各大城市不断涌现,加上名目繁多的保健品不断向老年人群推销,使人们无所适从,心理与经济负担加重。然而这些养生场所的环境,往往因经营者求利心切,使顾客并不能真正体验到纯天然的养生产品。正是在这样的大环境下,越来越多的人希望到环境幽静、空气清新、配套服务齐全的城镇乡村旅游、度假、疗养,在观赏自然美景的同时,放松身心、健体养生,在旅游中养生——养生旅游正顺应了这种趋势。养生旅游起源于 20 世纪 30 年代的美国、墨西哥,以健身活动与医疗护理项目为特征,满足旅游者追求放松、平衡的生活状态和逃避工业城市化所带来的人口拥挤、环境污染等问题的需求。我国的养生旅游始于 2002 年海南省三亚保健康复旅游和南宁中药养生旅游,随后在四川、山东、安徽、黑龙江等省市发展迅速,于 2007 年演绎成为全国时尚旅游热点。

3.1.2 养生旅游的定义

在我国,养生古称摄生、道生、养性、卫生、保生、寿世等。所谓养,即保养、调养、补养的意思;所谓生,就是生命、生存、生长的意思[9]。"养生"一词最早由我国道家学派代表人物庄子提出[10],他强调人类要主动按照自然的规律去调理身心、养护生命[11]。自宋代以来,我国的药物养生、食物养生、老年养生和环境养生都有了迅速的发展。在明、清时期,我国发展了相对完善的养生理论,虽然对养生的外延认识与发展方向存在分歧,但本质都归于人体的物质形体与精神、自然的整合统一。

在欧美国家,养生(wellness)一词产生于 1961 年,由美国医师 Halbert Dunn 提出,由 wellbeing(幸福)和 fitness(健康)结合而成。Halbert Dunn 医生认为,自我丰盈的满足状况为较高的养生境界[11]。

养生旅游从字面意思来看,即以养生为目的的旅游。但是目前养生旅游却还没有一个确切统一的定义,国内外不同的学者对养生旅游的认识不同,因而对其所下的定义也不同[11,13-15]。张跃西[15]在综合不同学者观点的基础上,提出养生旅游的定义:发掘利用中国养生文化和养生产业的旅游资源,整合地方文化特色,围绕优化人类生存环境与提升人类生存质量的养生目标,根据生态旅游方式设计开发养生活动系列化旅游产品,实现养生产业旅游价值最大化的一切现象与关系的总和。

3.1.3 养生旅游资源

发展养生旅游业,需要具备养生品质的旅游资源。养生旅游资源专指对人的身心具有康体、延年益寿功效的资源[16]。有学者认为养生旅游资源包括5类,即空气资源、气候资源、植物资源、水体资源和养生文化资源,其中养生文化资源包括养生民俗和养生文化遗迹[17]。实际上,养生旅游资源可归纳为自然养生旅游资源与人文养生旅游资源两大类。

自然养生旅游资源是指大自然环境中有益于人类身心健康和延年益寿的资源,主要包括具有养生品质的空气、山、水、动物、植物5类资源[16]。山地气候有很好的疗养效应,如山地空气中富含有益于人体健康的负氧离子。山地环境中对人体健康有利的高度范围是中、低山区,即海拔高度在500~2 000 m左右的区域[16]。矿泉水是最为突出的水养生旅游资源,矿泉浴可促进机体的免疫功能,有延年益寿的功效。动物脂肪中含有一种能延长寿命的物质——脂蛋白,它可以预防高血压等血管疾病。植物能释放精气(含氧气),特别是鲜花,不仅颜色令人赏心悦目,而且在花香中含有一种既能净化空气、又能杀菌灭毒的芳香油。此外,很多食用植物都具有防老抗衰作用,除了各类畜、禽、蛋、奶、鱼外,如芝麻、桑葚、枸杞子、龙眼肉、胡桃、橄榄油、猕猴桃、香榧、山核桃、黄瓜、苦瓜、南瓜、米仁、芡实、茶叶、莲子、荸荠、花生、绿豆、赤豆、大豆、大蒜、番茄、青菜、白萝卜、胡萝卜、青枣、燕麦、玉米等,都有一定的抗衰延寿作用。

中国的人文养生旅游资源,主要是人们对健体、延年益寿等养生的经验、方法、技能的总结,包括古代养生术、武术、文化、医学4类资源。中国古代养生术,历史悠久,是一种涉及很广的保持身体健康、延缓人体衰老、延长人类寿命的方法。从先秦到明、清各代都有很好的养生术总结,如彭祖养生术和儒、道、佛的养生术。对于某些疾病来说,通过民间传统的秘方、单方和验方,或者通过药疗与食疗结合治疗则颇有奇效。中医学体现“天人合一”和“阴阳协调”理念,讲究天、地、人和精、气、神,因人因病,辨证施治,标本兼治,防治结合,疗养并行。因而祖国医学,名扬天下,为世人所瞩目。医学,即中医养生旅游资源,提出的形神共养、协调阴阳、顺应自然、饮食调养、谨慎起居、和调脏腑、通畅经络、节欲保精、益气调息、动静适宜等一系列的医疗原则,是中国养生学的理论基础和指导原则,使食养、食节、食忌、食禁的饮食养生和利用药养、药治、药忌、药禁等药物保健养生,以及针灸、按摩、推拿、拔火罐等养生旅游活动具有科学的依据[16]。

3.2 养生旅游与道家思想一脉相承

3.2.1 钟情山水的道家与回归自然的城里人

道家崇尚自然,以山水为家,他们游山玩水,把身心融于大自然作为至上的幸福,他们是真正的旅游爱好者、自然享受者。很多现代人尤其是身居大城市的居民,生活空间狭小,工作节奏紧张,他们回归自然、返朴归真的愿望非常强烈。因此,每每到了双休日,他们就成群结队的通过自驾车或公交车纷纷来到幽静美丽的农村,边观光游览,学农习农,访贫问苦,关注"三农",边吃农家菜,享受当地的真山、真水、真氧吧,使疲惫的身心得到放松。不管是道家还是城里人,他们热爱自然的本性和在自然中获得养生的效果都是一样的。

3.2.2 智者乐水和仁者乐山的动静统一

子曰:"智者乐水,仁者乐山;智者动,仁者静;智者乐,仁者寿"(《论语·雍也》)。欧阳修在《醉翁亭记》中感叹:"醉翁之意不在酒,在乎山水之间也。山水之乐,得之心而寓之酒也。"(《欧阳文忠公文集》)。自古以来,人们把山水作为乐、寿的源泉,认为动静结合是养生的根本,两者不可或缺。智者乐水和仁者乐山的表述,是道家和大众对动静认识论统一的写照,是养生旅游与道家思想一脉相承的诠释。

3.2.3 养生旅游的兴起是历史的必然

养生是道家思想的一个重要组成部分,"长命百岁"是道家所向往追求的目标之一。随着社会的发展、生活水平的提高,人们对生活及生存质量的要求也在不断提高。研究道家的生态观,开发道家的养生理论和方法论体系,对于现代人更好地处理工作、生活、养生、康体的关系,促进人的健康长寿,具有非常重要的意义。近几年,随着生态旅游、产业旅游、休闲度假业的快速发展,人们寄希望于通过旅游活动,徜徉于山水、森林、温泉养生以及运动、中药、饮食、农业养生的过程中,使身心在大自然当中得到彻底放松。因此,养生旅游的兴起是历史的必然,是经济、社会、文化发展的需要,是国家文明进步的象征。

4 武义县发展养生旅游的优势和对策建议

武义县地处浙江中部,金华市东南部。东与永康市、缙云县接壤,南与丽水市相依,西南与松阳县毗连,西与遂昌县为邻,西北与正北分别与金华市婺城区、金东区相接,东北与义乌市交界,总面积 1 577 km², 呈"八山半水分半田"的地貌特征,总人口 33 万人。武义县生态环境优越,自然山水资源和人文旅游资源十分丰富,有历经 800 年风雨横跨母亲河的熟溪桥;有被誉为"浙江第一、华东一流"的武义温泉;有堪称中华一绝的国家级文物保护单位、神秘村落俞源太极星象村;有被誉为"江南第一风水村"的省级文物保护单位郭洞古生态村;有寿仙谷、刘秀垄、清风寨等 10 多处省市级景区;有斗牛、道情、龙灯、抬阁等民俗风情[18-20]。

在农业产业方面,武汉县已有两个著名品牌:有机国药基地——寿仙谷药业(包括铁皮石斛、灵芝、藏红花等深加工产品)和更香有机茶。此外,武义县的"农家乐"不但量多质优,且各有特色。而萤石、茶叶、蜜梨、宣莲、米仁、猕猴桃、荸荠等已是当地闻名于世的大宗经济特产。

优美的自然生态、深厚的人文积淀、丰富的温泉资源、众多的旅游景点、完备的基础设施、绿色的农副产品、鲜美的农家菜肴,为发展武义县的养生旅游提供了优越的条件。

笔者认为,武义应依托于已有的优势资源和条件,在已开发的产业旅游和生态旅游的基础之上,做大、做强、做好养生旅游的文章,具体措施包括:(1) 深入挖掘和大力弘扬唐代真人叶法善的养生之道,并对之进行科学研究,汲取其精华,为现代人科学养生服务;(2) 利用媒体、旅游产品推介会和学术研讨会等形式,加大武义县养生旅游的宣传力度,不仅要抢占周边市场和"长三角"市场,更要拓展大陆其他地区和港澳台地区以及国际市场;(3) 结合比较成熟的产业,做足饮食养生、运动养生、中药养生、温泉养生、休闲养生、生态养生的文章,提升"农家乐"的品位,把生态、农业、旅游、休闲、度假、养生等项目进行一体化打造;(4) 做出特色、突显亮点,以差异性、错位发展、补位发展取胜,力求在周边竞争日益强烈的旅游景点中脱颖而出。

5 结论与展望

武义县有着底蕴深厚的道家文化基础和养生传统,在武义县开展现代养生旅游,需要吸收道家思想中论证人与自然关系的精神内涵,结合武义县旅游本身所具有的道家元素。在当前武义县旅游开发的基础上,交融传统养生方式和现代科技手段,打造有武义特色的现代养生旅游大品牌、大产业、大市场。

参考文献

［1］孔令宏：《中国道教史话》，河北大学出版社，1999 年。

［2］孔令宏，曹仁海：《道家、道教的生态美》，《自然辩证法通讯》，2009 年第 4 期。

［3］闫永利：《论老庄生态美学思想》，《管子学刊》，2006 年第 3 期。

［4］李玉用，李海亮：《"道法自然"与"德及微命"——道家道教伦理思想的生态—生命向度》，《青海社会科学》，2008 年第 2 期。

［5］刘福兴：《"道法自然"：人与自然和谐相处的重要准则》，《理论学刊》，2006 年第 6 期。

［6］吴晓华：《生态意识的觉醒：道家"万物齐一"思想的意义》，《南昌大学学报（人文社会科学版）》，2008 年第 2 期。

［7］许建良：《道家"无用之用"的思想及其生态伦理价值》，《哲学研究》，2007 年第 11 期。

［8］唐建兵：《开发森林养生旅游，打造阳光健康产业——以德阳市和新镇旅游开发为例》，《商场现代化》，2008 年第 25 期。

［9］姜晓娜，梁留科：《河南省养生旅游初探》，《濮阳职业技术学院学报》，2009 年第 2 期。

［10］王先谦：《庄子集解》，《诸子集成》，上海书店出版社，1991 年。

［11］王燕：《国内外养生旅游基础理论的比较》，《技术经济与管理研究》，2008 年第 3 期。

［12］许志铭，石沐子：《黑龙江养生度假旅游市场培育》，《中国林业经济》，2008 年第 5 期。

［13］陈雪婷，徐淑梅，由明远：《黑龙江省旅游业发展的新契机——养生旅游》，《北方经贸》，2008 年第 2 期。

［14］杨铭铎，陈心宇：《休闲、养生、度假旅游概念辨析》，《改革与探讨》，2009 年第 29 期。

［15］张跃西：《产业生态旅游理论及养生旅游开发模式探讨》，《青岛酒店管理职业技术学院学报》，2009 年第 1 期。

［16］周作明：《中国内地养生旅游初论》，《林业经济问题》，2010 年第 2 期。

［17］吴利，陈路，易丹：《论养生旅游的概念内涵》，《边疆经济与文化》，2010 年第 3 期。

［18］朱连法：《悦读武义》，上海人民出版社，2007 年。

［19］朱连法：《品味武义》，上海人民出版社，2007 年。

［20］武义县风景旅游管理局：《休闲武义》，上海人民出版社，2007 年。

发展农家乐与新农村建设的耦合研究

——以浙江省德清县为例

严力蛟　赵雪玲　郑军南

(浙江大学生命科学学院生态规划与景观设计研究所,杭州 310058)

摘　要：本文在简述农家乐、社会主义新农村建设的基础上,介绍了德清县新农村建设的框架思路和德清县杨墩休闲农庄农家乐的发展概况,并对其耦合关系进行了研究。发展农家乐是新农村建设的一个重要环节,要做好一个农家乐,必须重点做好"十六"字的文章:规划设计、建设施工、管理运行、市场营销;并要围绕这"十六"字,做好 6 个提升:理念提升、规划提升、建设提升、管理提升、市场提升、实力提升。同时,新农村建设的关键是做好农业产业,做好农业产业的关键是提升农家乐品位,提升农家乐品位的关键是注重细节。

关键词：农家乐;新农村建设;耦合;品位提升

Study on the coupling relationship between agritainment development and socialist countryside construction by the case of Deqing County, Zhejiang Province

Yan Lijiao　Zhao Xueling　Zheng Junnan

(*Institute of Ecological Planning and Landscape Design, Zhejiang University, Hangzhou 310058*)

Abstract: Based on illustrating agritainment and socialist countryside construction(SCC), this paper introduced a new framework for SCC of Deqing County and the development of Yangdun (Deqing County) Leisure Farm of agritainment, and studied the coupling relationship between the two sides. The paper proposed that the development of agritainment was an important link in SCC. Successful development of the agritainment needed complete planning and design, building and construction, management and operation, and marketing. Furthermore, it was important to focus on six "promotions": idea promotion, planning promotion, construction promotion, management promotion, marketing promotion, and capacity promotion. Meanwhile, SCC needed to improve the taste of agritainment, because building a new socialist countryside was vitally important to do the agriculture well, while the key factor of constructing the agriculture was to improve the taste of agritainment. Furthermore, the crucial point of having a refined taste of agritainment is to be cautious of the details.

Key words: agritainment; socialist countryside construction; coupling; taste improved

1 农家乐与新农村建设的关系

农家乐的兴起具有客观必然性。一是生活在"钢筋水泥丛林"、"柏油沙漠"中的人们,被"都市综合症"所困扰,紧张的工作、生活方式和狭小的生活空间迫使其有一种回归自然、返朴归真的强烈愿望;二是随着生活水平的提升、闲暇时间的增加和文化素质的提高,人们越来越向往高质量的精神生活和文化生活,去农村吃农家菜、干农家活、住农家屋、享农家乐成为都市人追求的一种时尚;三是农业功能的进一步拓展(包括生产、加工、配送、物流、农产品集散、休闲、观光、旅游、文化传承等),使农家乐成为农村一种重要的产业形态。

农家乐是农业"接二连三"的综合体现。农民要增加收入,农业的"接二连三"是一条重要的路子。作为第一产业的农业,必须与第二产业(加工业)、第三产业(旅游服务业)结合,拓展农业的功能,延长农业的产业链,使农产品得到深度开发。农家乐可以说是六产产业,是三大产业的融合,即:一产+二产+三产=六产。农家乐的功用可以概括为10个字,即:补脑、清肺、洗胃(健胃)、养性、健身。

发展农家乐对于拓展农业的经营范围、延伸生态产业链条、减少农产品运销环节、缩小城乡差别、提高农民的综合素质、带动当地经济发展、促进社会主义新农村建设均具有十分重要的意义。

同时,农家乐的发展创造了新的经济增长点,促进了农产品加工、商贸、物流、饮食服务等相关产业的发展,吸纳了农村的剩余劳动力,减少了利润流失的中间环节,使农产品的附加值大大地增加了。农家乐的发展拓展了农业的发展领域与范围,使农业不再依靠单纯的农产品生产,而是通过增加农业发展空间,不仅赚农产品的钱,更赚服务业的钱,从而促进经济效益、生态效益和社会效益的协调统一以及农村的可持续发展。农家乐的发展促使了资源要素的有效整合,克服了土地利用限制等瓶颈制约,有效利用了土地、生态、劳力、资金等资源,使这些要素得到有效的整合。农家乐的发展实现了城市乡村的相互交融,推动了城乡一体化进程,为城市居民提供了走近农村、亲近自然、体味田园之乐的好去处。农民通过与城市居民之间的交流与沟通,使其思想观念得到更新,缩小了学习和接受现代文明生活方式的距离,这样既丰富了农民的物质生活,也丰富了居民的精神生活,进一步推动了新农村建设、城乡经济社会的相互交融和城乡一体化进程。

《中共中央关于制定国民经济和社会发展第十一个五年规划的建议》中明确提出:要按照"生产发展、生活宽裕、乡风文明、村容整洁、管理民主"的要求,稳步扎实地推进社会主义新农村建设。在社会主义新农村的建设过程中,农家乐作为实现"工业反哺农业,城市支持农村"的一个重要而有效的途径,将会在拓宽农民创收渠道、增加农民就业机会和收入、改善村容村貌、提升农村文明程度等方面发挥重要的作用。以农业、旅游为龙头,利用地域优势、生态优势、资源优势、人文优势和政策优势,在保护生态环境的前提下,加速产业转型和提升,延长产业链条,对于促进当地社会经济的全面发展具有十分重要的战略意义和实践价值。

综上所述,农家乐对新农村建设的促进作用,集中表现在:(1)农家乐可以促进农村经济发展;(2)农家乐可以改善农村生态环境质量;(3)农家乐可以保护传统乡村的景观与文化完整性;(4)通过农家乐可以实现环境教育和城乡交流。

2 德清县新农村建设框架思路

2.1 德清县基本情况介绍

德清县地处长江三角洲腹地,东望上海、南接杭州、北连太湖、西枕天目山麓。全县总面积936 km²,辖11个乡镇、166个行政村,总人口43万人。德清县"五山一水四分田",素有"鱼米之乡、丝绸之府、竹茶之地、文化之邦、名山之胜"的美誉。德清县历史悠久,人文荟萃,是有着五千年文明史的良渚文化发祥地之一。在近1 800年的建县历史中,曾孕育了南朝著名文学家沈约、唐代诗人孟郊、一代红学大师俞平伯等一大批历史文化名人。

近年来,德清县充分发挥区位、生态、人文等方面的比较优势,深入实施"开放带动、接轨沪杭"战略,打出"名山、湿地、古镇"、"杭州北郊、人居天堂"、"杭州北区,创业新城"等品牌,突出"强工业、精农业、扩城市、兴三产"4个工作重点,社会经济得到持续健康发展。德清县先后8次进入全国百强县(市)行列,被评为全国卫生县城、国家级生态示范区、全国科技工作先进县、全国体育先进县、全国文化先进县、省示范文明城市、省级园林城市、全省首批生态县、全省首批平安县、全省首批教育强县、全省首批科技强县、全省农村基层组织建设先进县等。

德清县是全国 51 个生态农业试点县之一（浙江省仅 1 个），德清县的杨墩是全国 100 个省部共建新农村之一（浙江省仅 3 个），也是全国新农村建设气象示范县。同时，德清县是 2005 年开始建设的浙江大学—湖州市校市合作一十百工程（一个实验示范县、十个实验示范镇、一百个实验示范村）中唯一的一个实验示范县。

2.2 德清县新农村建设背景

2008 年，安吉县人民政府委托本研究所制订了"安吉县中国美丽乡村建设总体规划"，通过一年的建设，取得显著成效。德清县在参观学习了安吉县的经验以后，受到很大的启发，提出建设"中国和美家园"的构想，并要求本研究所做一个规划。德清县主要领导提出要以统一规划、分步实施、突出主题、体现特色为原则，并按照"一镇一品牌、一村一特色、一路一风景"的要求，以"中国和美家园"建设作为抓手和载体，全面推动、推进、提升德清县的新农村建设。

德清县的特色可以概括为："山水德清，杭州近郊，生态乡村，休闲天堂。"

"中国和美家园"建设就是德清县新农村建设整体化实施、品牌化经营、项目化管理的有效探索，也是促进该县新农村建设走在全市第一、全省前列、全国前茅的主抓手。

2.3 "中国和美家园"规划思路

"中国和美家园"建设总体规划的建设任务为四大工程、三类重点建设区域。四大工程是指"环境整治再提升工程"、"经济发展再加快工程"、"社会和谐再推进工程"、"体制机制再创新工程"。三类重点建设区域是指包括"三沿五区四环"在内的重点道路沿线、主要风景区、主要环线建设区域。其中，"三沿"是指沿 09 省道、104 国道、德桐公路三条主要公路的节点村庄。"五区"是指莫干山风景区、下渚湖湿地风景区、环莫干山生态旅游风景区、新市古镇风景区和杨墩生态休闲区五个风景区。"四环"是指莫干山生态环线、下渚湖湿地公园景观环线、省部共建（循环经济示范）环线和农村新社区环线，尤其"四环"是"中国和美家园"近中期建设的重点区域。

"中国和美家园"建设以建立促进城乡经济社会发展一体化的体制机制为核心，通过四大工程持续十年的建设，实现"山水美、农家富、社会和、机制新"四项目标，为德清城乡居民生产生活提供优美的生态环境，创造富裕的物质环境,营造和谐的社会环境,构筑健全的制度环境。

"中国和美家园"建设遵循"统一规划、分步实施、注重主体、彰显特色、整合资源、塑造品牌"六项工作原则。

"中国和美家园"建设努力创新三大机制,即构建一个"政府主导、农民主体、社会参与"的投入机制,形成"政府主导推动、群众自主参与、社会多方支持"的工作局面;完善"提升基础、突出重点、整村推进"的建设机制,达到基础迅速提升、重点分步展开、亮点迅速凸显的建设效果;建立"三级负责、以村为主、人人参与"的长效管理机制,逐步形成县镇村分级负责、日常管理以村为主、农民群众人人参与的工作局面。

以十年(2009—2018年)为规划期限,根据串点连线扩面的整村推进方法,将"中国和美家园"建设分近期、中期、远期三步骤,实现"近期三年打造精品,打响品牌;中期三年串点连线,联网扩面;远期四年整体推进,全国领先"的目标。

3 德清县杨墩生态休闲农庄农家乐发展概况

杨墩生态休闲农庄(杭州三白潭绿色农庄)地处杭嘉湖平原腹地的浙江省德清县雷甸镇杨墩村,距杭州市中心20 km,近临杭州西湖,竹乡安吉,德清莫干山、下渚湖,湖州南浔,桐乡乌镇,紧靠09省道、杭宁高速公路和320,104国道,交通便捷。农庄占地1 500亩,其中果园800亩,鱼塘460亩,由八景、六园、一塘、四港、五大功能区连环交叉组成,是一个以果业、渔业为主,集农业生产、生态旅游、科普教育、人文历史等多功能于一体的综合性、参与性极强的农家乐旅游点。

近年来,农庄拥有全国农业旅游示范点、浙江省三星级乡村旅游点、浙江省休闲渔业示范点、浙江省科技农业示范基地、浙江省高效生态农业示范园等荣誉称号。农庄四面环水,拥有400多亩水域,自然湿地空气清新,风景优美,环境极佳,处处洋溢着江南浓厚的水乡风情。园区四季佳果不绝、鱼跃花香,游客身临其中,乡村田园风光尽收眼底,可体会大自然生态带来的全新感受。

农庄内建有乡村特色的庄园宾馆和枇杷林小木屋,可同时容纳百余人住宿,500人同时就餐。300 m² 的多功能厅可接待大型会务,开展丰富多彩的娱乐活动。

综上所述,杨墩生态休闲农庄基础建设扎实,区位、交通优势明显,市场营销广泛深入,在周边地区已经有很高的知名度,尤其是其体验性、参与性做得较好。

4　发展农家乐与新农村建设的耦合关系

4.1　提升农家乐品位是一个系统工程

要使农家乐健康、可持续发展,必须做好"十六"字的文章:规划设计、建设施工、管理运行、市场营销,并要围绕这"十六"字,重点要做好六个提升:理念提升、规划提升、建设提升、管理提升、市场提升、实力提升。

4.1.1　理念提升

理念提升是做好农家乐的第一要务。假如能给杨墩村策划出一句高度概括(独一无二,与主题紧紧相扣)、朗朗上口(读起来很顺口,且通俗易懂)、一听不忘(具有震撼力,听了印象深刻)的形象广告宣传语,就先胜人一筹了。而要策划一句好的广告词,必须有新颖的理念、超前的思维方式作为支撑。

4.1.2　规划提升

策划、规划、设计非常重要。要求规划主题明确,亮点突出,特色鲜明,差异明显,文化融入,个性彰显,游线合理,功能全面,标志建筑有震撼力,旅游景点有凝聚力,项目设置有吸引力,土特产品有购买力,城乡游客有回头力。

4.1.3　建设提升

游客来农村休闲观光,是为了吃环境、吃生态,住环境、住生态,玩环境、玩生态,买环境、买生态。所以我们就要做足、做透、做好环境和生态的文章。因此在建设农家乐时,要突出其个性、特色、差异性。

4.1.4　管理提升

除了硬件建设以外,软件的建设也非常重要。一个人的精力、时间、知识面、能力有限,这就需要充分利用外力——脑力和财力。一个好的农家乐管理者,能抓住问题的主要方面,包括加强员工培训、注重优质服务等,使农家乐企业的管理走上正轨。

4.1.5　市场提升

一是要做好市场营销,管理层要始终能搭住市场的脉搏,出奇制胜;二是要注意项目设置,管理层需要不断研究:市场需要什么? 游客需要什么? 项目的设置能经常推陈出新、翻新花样,使项目跟上市场的步伐、游客的需求。

4.1.6　实力提升

实力主要是指财力。没有财力,你有最好的想法也实现不了。同时,人才也是一种实力,有时候甚至可以说,实力的竞争也就是人才的竞争,要高度重视人才的培养和引进。

4.2　新农村建设需要农家乐提升品位

如何促进农家乐的健康发展,使其与新农村建设相耦合,提升农家乐的品位至关重要。要提升农家乐的品位,首先要做好三个方面工作:一是要炒作和包装一系列响当当、能够震撼人心的战略定位、目标定位、主题定位、形象定位、性质定位和宣传口号;二是要寻找出一个能吸引眼球、使人向而往之的市场引爆点;三是要有一系列与之配套的,独创性、科学性和操作性兼具的支撑项目。

其次,如何使山水景观线通过注入文化、人文、情感的内容,使其变成情感故事线。有了情感故事线,就可使山水这种自然资源得到提升,更能吸引人。说到底,农家乐属于大旅游的范畴,而旅游从根本上来说是一个创意产业和文化产业,因此,文化是促使农家乐品位提升的生命和灵魂。

再次,促使农家乐品位提升的因素还包括以下一系列措施:政府主导的连续性、社会参与的广泛性、景区建设的高起点、包装策划的高水平、营销推介的强力度等等。

通过农业的转型升级,发展高品位的农家乐,使新农村建设具有基于第一产业的加工业和旅游服务业。尤其是农业与第三产业的结合,使新农村建设有了良好的经济基础。否则,没有强势的产业作为基础,经济发展不起来,新农村建设就会成为无本之木,无源之水。

参考文献

[1] 严力蛟,薛紫华,程文祥,等:《浙江省开发休闲观光型农业的条件与对策》//严力蛟,等:《生态研究与探索》,中国环境科学出版社,1997。

[2] 杨辉嘉:《嘉善休闲观光农业启示录》,《农村信息报》,2007年6月23日。

生态文明——和谐社会的终极标杆

唐建军

(浙江大学生态研究所,杭州 310058)

1 生态、文明及生态文明

最近几年来,"生态"、"文明"、"生态文明",尤其是"生态文明",成了热门词汇。

"生态"一词在不同的时代有不同的含义。在古代,"生态"一词通常指美好的姿态、生动的意态以及生物和生活习性,如"丹荑成叶,翠阴如黛。佳人采掇,动容生态"(简文帝《筝赋》),"隣鸡野哭如昨日,物色生态能几时"(杜甫《晓发公安》),"依依旎旎、嬝嬝娟娟,生态真无比"(刘基《解语花·咏柳》)。在现代,"生态"一词通常指生物的生活状态,特别是在一定的自然环境下生存和发展的状态。当然,有时也指事情的状态和过程,例如,"语言生态"、"教育生态"、"行政生态"、"官场生态"、"金融生态"、"文学生态"。而科学范畴中的"生态",则是一个舶来品。现代自然科学里的生态学(Ecology)是指研究生物与生物、生物与环境相互关系的科学。所以,严格地说,"生态"就是指一切生物的生存状态以及它们相互之间和它们与环境之间环环相扣的关系。今天我们所认识、论述的"生态",其实指的就是一种关系,一种包含生物和生命过程在内的关系。生态的,就是和谐的、美好的、健康的、发展的。万事万物,如果停顿,如果不发展,如果没有吐故纳新,如果没有与时俱进,就进入死亡的状态,即"生态"的对立面——"死态"。

随着科学的不断发展,生态学已经渗透到人类文明的各个领域,如今的生态学,已经是一门介于自然科学、社会科学和工程技术科学之间的交叉学科,不再是一门纯粹的自然科学。科学研究领域里的"生态"概念,和公众心目中及媒体报导中的"生态"含义,几乎渐行渐远。今天,人们常常用"生态"来定义许多美好的事物,如健康的、美的、和谐的事物均可冠以"生态"修饰。

"文明"一直有多种释义:(1)指一种无形物存,基本等同于文化,指人类所创造的财富的总和,特别是指精神财富,如文学、艺术、教育、科学;(2)指社会发展到较高阶段表现出来的状态,反映为文治教化、文教昌明。虽然不同的人,不同的社会制度,不同的历史时期,对"文明"一词可能存在不同的理解。但共通的理解是,文明是人类社会发展的产物和标志,是人类有别于其他野性动物的重要特征,是人类思想走向高层次的产物,也是人类社会生产生活方式和和谐理念不断完善和发展的结果,是人类社会真善美的思想的积累。可以说,文明就是社会进步的象征,也是人类社会不同历史发展阶段持续不懈的追求。

人类文明包括四个方面或者四个阶段,即物质文明、精神文明、政治文明、生态文明。四者之间也是相互关联的。生态文明是指人类认识自然客观规律,并科学地遵循人、自然、社会和谐发展这一客观规律而取得的物质与精神成果的总和,是以人与自然、人与人、人与社会和谐共生、良性循环、全面发展、持续繁荣为基本宗旨的文化伦理形态。

2 生态文明是人类社会文明的终极目标

生态文明是人类文明的一种形态,它以尊重和维护自然为前提,以人与人、人与自然、人与社会和谐共生为宗旨,以建立可持续的生产方式和消费方式为内涵,以引导人们走上持续、和谐的发展道路为着眼点。生态文明强调人的自觉与自律,强调人与自然环境的相互依存、相互促进、共处共融,既追求人与生态的和谐,又追求人与人的和谐,而且人与人的和谐是人与生态和谐的前提。可以说,生态文明是人类对传统文明形态特别是工业文明进行深刻反思的成果,是人类文明形态和文明发展理念、道路和模式的重大进步。所以,生态文明,更多的是人类的一种态度,一种认识自然、看待自然、顺应自然、利用自然、管理自然、合乎自然、与自然共生共荣的世界观。

人类应该用生态学的理念规范和实施人们的生产和生活方式,包括正确处理人与人、人与其他生物、人与自然环境的相互关系,正确定位人类在整个生态系统中的作用和责任,正确树立合乎自然内在规律的生物伦理和生物道德理念,用生态学的理念规范人类的一切行为。比如说,消灭贫困,政治清明,山清水秀,使人类的欲望合理而有节制地得到满足,保持人类社会健康持续发展。

建设生态文明,是一项长期而艰巨的任务。生态文明绝不是像某些人简单理解的那样,只是青山绿水、空气洁净;也不是几句简单的口号,如多种树,少砍伐,不随地吐痰,多发展沼气等。生态文明要以生态文化作支撑,以生态道德作规范,以生态伦理为准绳,以生态生产为手段,以生态生活为指标,以生态和谐为目标。生态文明是以公民生态意识强、生态产业发达、生态环境良好为主要内容的文明形态。

3 加快生态建设，高标准实现生态文明

在内在需求和外在影响下，特别是在广大生态科技工作者的不懈努力宣传下，浙江省社会生态环境意识逐步觉醒，生态环保理念逐步萌芽，生态文化氛围日渐形成。（1）政府政策法规层面上，机制完善有力。2003 年省政府出台了《关于生态省建设的决定》，随后出台的《浙江生态省建设规划纲要》正式提出"建设生态文化"。2006 年，省政府出台并逐步完善了《浙江生态省建设目标责任考核及奖励办法》，与之相配套，又出台了一系列的专项规划和政策法规，如《浙江省生态环境建设规划》、《浙江省大气污染防治条例》、《关于深入学习实践科学发展观，加快转变经济发展方式，推进经济转型升级的决定》、《浙江省人民政府关于进一步加快发展服务业的实施意见》等。（2）社会大众层面上，生态理念深得人心，被广为推崇，社会公众的生态认知水平和责任意识逐步增强。各地通过社区等各阵地充分发挥舆论导向作用，推动公众响应政府"节能减排"号召、投入"绿色家园"创建活动、投入生态文化建设。大批环保志愿者和公益使者自觉参与环境保护，网民对环境保护的关注与评判程度也在逐渐加大，公众环保维权意识增强。低碳意识正在全社会广泛形成。（3）实践效果层面上，成绩显著，相关建设已经进入全国领先。以点带面，样板辐射，已经基本形成全省性绿色创建网络，相继产生了一批国家级环保模范城市、文明城市、园林城市、生态城市、生态乡镇。迄今，全省已有 1 个国家级生态县，43 个国家级生态示范区，6 个国家环保模范城市，20 个省级生态县（市、区），138 个全国环境优美乡镇，总数位居全国前列。安吉县建成了全国首个国家级生态县并被环境保护部列为全国生态文明建设试点地区。

从生态文明建设角度出发，笔者认为，浙江省在生态文明建设道路上取得的重要成就包括以下几个方面：（1）消除城乡体制差别，取消农村户籍，取消暂住证制度，尊重外来人员，为浙江人民的持久健康生活提供了社会基础；（2）科学布局主体功能区划，加强浙西南生态屏障建设，确定钱塘江等主要水系流域综合治理目标，为浙江人民持久健康生存提供了空间保障；（3）通过加强生态农业工程技术研究，不断发展绿色有机农业，促进生态系统物质循环、能量流动、信息传递等生态过程，多级利用、循环再生、天敌诱捕，确保食品安全，为浙江人民持久健康生存提供了物质基础；（4）高度关注生态系统健康与生物安全，积极加强入侵生物风险评估与生态控制技术研究，为浙江人民持久健康生存提供了环境支持。

随着经济社会快速发展，生态建设形势依然严峻。挑战依然存在，形势依然不容乐观，压力持续加强，新型环境问题不断显现，系统性生态问题（如

食物链污染、流域污染、污染源因人为原因转移、企业安全事故、交通安全事故、不法商人集体违规违法、行业利益中所谓的"潜规则"、环境评估行业的职业责任下降、经济落后地区地方当局少数官员的环保意识和经济发展意识的权衡不当、大面积异常气候不断显现且频度增大）日渐突出。结构层面上突出体现在全省人口资源环境等自然禀赋存在素质性结构性矛盾（人口压力增大、资源禀赋不足、环境灾害加剧），导致生态环境失衡的风险将长期存在。传统粗放型经济发展模式在短期内难以根本扭转，生态经济基础尚未夯实，产业结构调整任重道远，农业经济结构有待调整，工业经济结构不尽合理，企业组织方式和总体素质落后，现代产业集群发展缓慢。生态环境保护在经济社会发展中的地位尚未牢固确立，全社会保护生态环境的自觉意识相对滞后，体制机制依然不健全。一些企业自律不足，公众参与仍须鼓动。社会公众对生态环境问题的解决往往表现出"政府依赖性"，即认为环境保护是政府职责而非个人的义务，企业获利少数人得利，生态环境破坏全社会来担当的局面没有根本好转。

要更好地开展生态文明建设，必须切实做好以下诸方面：(1)必须进一步认识到，生态文明建设不等于环境保护，生态文明是一种文化、一种理念、一种态度、一种行为风格、一种生活方式、一种社会状态，生态文明建设必须依靠全社会共同努力。(2)生态文明绝不只是多栽几棵树，放倒或移走几个烟囱，也不是圈围山林、保护野生动物那么简单，而是涉及全人类持续的健康生存。(3)必须广泛依靠政府、学校、媒体、志愿者、民间团体的共同努力，让生态文明成为一种精神时尚、一种舆论常态、一种伦理道德、一种社会风气。